普通高等院校计算机类专业规划教材·精品系列

Java 程序设计
（第二版）

杨厚群　主　编
陈　静　王业统　副主编
靳　婷　邢诒杏　符　发　参　编

内 容 简 介

本书是《Java 程序设计》的第二版，继续保持了原教材的特点——注重理论传承和实用为先。本书拓展了面向对象程序设计的知识，重新编排了所有例题，并对部分内容做了调整，增加了新知识和新例题。本书重点讲解 Java 程序设计知识及其编程方法，包括 Java 概述、Java 基本编程结构、字符串和数组、对象和类、继承与多态、异常处理、图形编程、Java Swing 与事件处理、Applet 基础、多线程、输入/输出流及文件、Java 的网络编程等。本书有配套的习题与实验指导书。

本书适合作为高等院校计算机类专业的基础教材，也可作为使用 Java 语言的工程技术人员和科技工作者的自学参考书。

图书在版编目（CIP）数据

Java 程序设计/杨厚群主编．2 版—北京：中国铁道出版社，2015.8

普通高等院校计算机类专业规划教材·精品系列

ISBN 978-7-113-20553-9

Ⅰ. ①J… Ⅱ. ①杨… Ⅲ. ①JAVA 语言—程序设计—高等学校—教材 Ⅳ. ①TP312

中国版本图书馆 CIP 数据核字（2015）第 152966 号

书　　名：Java 程序设计（第二版）
作　　者：杨厚群　主编

策　　划：周海燕　　　　　　　　　　　　读者热线：400-668-0820
责任编辑：周海燕　徐盼欣
封面设计：穆　丽
封面制作：白　雪
责任校对：汤淑梅
责任印制：李　佳

出版发行：中国铁道出版社（北京市西城区右安门西街 8 号，邮政编码 100054）
网　　址：http://www.51eds.com
印　　刷：北京海淀五色花印刷厂
版　　次：2009 年 1 月第 1 版　　2015 年 8 月第 2 版　　2015 年 8 月第 1 次印刷
开　　本：787mm×1092mm　1/16　印张：19　字数：423 千
书　　号：ISBN 978-7-113-20553-9
定　　价：42.00 元

版权所有　侵权必究

凡购买铁道版图书，如有印制质量问题，请与本社教材图书营销部联系调换。电话：（010）63550836
打击盗版举报电话：（010）51873659

前言（第二版）

本书在第一版的基础上，全面讲解了 Java 的基础内容和编程方法，在内容的深度和广度方面都给予了仔细考虑，在类、对象、继承、接口等重要的基础知识上侧重深度，在实用类的讲解上侧重广度。在第二版中增加了泛型等面向对象的知识，对部分内容如多态、算法的讲解以及各章例题内容做了调整，并根据 JDK 版本的演进增加了一些新的知识内容和例题。

通过本书的学习，读者可以掌握 Java 面向对象编程的思想和 Java 在网络编程中的一些重要技术。

全书共分 12 章。第 1 章主要介绍 Java 语言的特点和开发环境，读者可以了解到 Java 是如何做到跨平台的。第 2 章介绍 Java 基本编程结构，包括 Java 程序的基本构成和结构化编程的内容。第 3 章介绍最常用的字符串和数组知识。第 4 章和第 5 章是本书的重点内容之一，讲述了类、对象、继承、接口、多态及泛型等面向对象程序设计的重要知识。第 6 章介绍异常处理，包括了检查型和非检查型异常的知识和异常处理的技巧。第 7 章讲述的是图形编程，介绍了常用的框架和容器，涉及 Color、Font 和 FontMetrics 等类的使用。第 8 章介绍 Java Swing 与事件处理，主要包括布局管理器和组件的使用，事件处理的原理和如何掌握窗口事件、鼠标事件、键盘事件的应用。第 9 章为 Applet 基础，介绍 Applet 的运行原理及其多媒体应用。第 10 章讲述多线程技术，这是较难掌握的一部分内容，在这一章通过许多有启发性的例子来帮助读者理解多线程编程。第 11 章讲解 Java 中的输入/输出流技术。第 12 章讲解 Java 在网络编程中的一些重要技术，涉及 URL、Socket、InetAddress、DatagramPacket、UDP 等重要的网络概念。

本书的章节编排与内容以人们学习与认知过程为基础，保持"注重实验"的风格，尽可能将面向对象编程和 Java 自身的特点紧密结合，在内容编排上充分反映 Java 语言这些年来的发展，并兼顾项目管理和环境的要求；注重内容的可读性和可用性，与实际需求相匹配，帮助读者全面理解 Java 程序设计的整体情况与近期发展情况。本书内容力求简明，许多例题都经过精心设计，既能帮助理解知识；又具有启发性；每章都包含了图、表、例程以及类和接口的相关内容，希望读者能在轻松和愉快的氛围之中迅速地理解与掌握 Java 程序设计的知识和方法，并将其应用到实践中去。

本书的例题全部在 JDK 1.7 环境下编译通过。本书还配套了习题与实验指导书，对应主教材的每一章都有练习题，通过完成练习题可以使读者加深对知识的理解。

本书由杨厚群任主编，陈静、王业统任副主编，靳婷、邢诒杏、符发参编，海南大学陈传汉教授承担书稿的审阅，陈明锐教授对本书的编写给予了大力支持，对此表示由衷的感谢。

由于 Java 程序设计覆盖面广，发展又很迅速，加之编者水平有限，书中疏漏与不妥之处在所难免，诚恳希望读者不吝指正。

编　者
2015 年 5 月

目 录

第1章 Java 概述 1
1.1 Java 发展简史 1
1.2 Java 的特点 2
1.3 Java 和 Internet 4
1.4 Java Application 程序 5
1.5 Java Applet 程序 6
1.6 图形界面与字符界面输入/输出 7
1.7 JDK 开发工具 11
1.8 Eclipse 集成开发环境 13
    1.8.1 安装 13
    1.8.2 界面介绍 13
    1.8.3 创建 Java 项目并运行 14
    1.8.4 Java 程序调试 15

第2章 Java 基本编程结构 17
2.1 简单的 Java 程序 17
2.2 注释 18
2.3 基本数据类型 19
2.4 变量 20
    2.4.1 声明变量 21
    2.4.2 变量的使用 22
    2.4.3 变量的作用域 23
2.5 常量 24
2.6 操作符 25
    2.6.1 赋值运算符 25
    2.6.2 算术运算符 25
    2.6.3 关系运算符 27
    2.6.4 逻辑运算符 28
    2.6.5 位运算符 29
    2.6.6 其他运算符 30
    2.6.7 运算符优先级与结合性 31
2.7 控制语句 32
    2.7.1 分支语句 32
    2.7.2 循环语句 36
    2.7.3 与程序转移有关的跳转语句 39

第3章 字符串和数组 42
3.1 字符串 42
    3.1.1 String 类 42

  3.1.2　StringBuffer 类 45
  3.1.3　StringTokenizer 类 46
  3.1.4　Character 类 47
 3.2　数组 48
  3.2.1　一维数组 48
  3.2.2　多维数组 51
 3.3　排序 53
  3.3.1　选择排序 53
  3.3.2　插入排序 54
  3.3.3　冒泡排序 54
 3.4　查找 56
  3.4.1　线性查找 56
  3.4.2　二分查找 57

第 4 章　对象和类 58
 4.1　面向对象程序设计 58
  4.1.1　面向对象方法学的形成 58
  4.1.2　面向对象的基本概念 60
  4.1.3　UML 静态视图简介 63
 4.2　创建用户类 66
  4.2.1　类的定义 66
  4.2.2　成员变量的定义与初始化 68
  4.2.3　成员方法的定义 70
  4.2.4　成员方法的重载 73
  4.2.5　构造方法的定义与重载 74
  4.2.6　将消息传递给方法或构造器 75
  4.2.7　嵌套的类 77
 4.3　对象实例化 79
  4.3.1　创建对象 79
  4.3.2　使用对象 80
  4.3.3　清除对象 81
 4.4　访问属性控制 82
  4.4.1　默认访问属性 82
  4.4.2　public 83
  4.4.3　private 84
  4.4.4　protected 87
 4.5　静态成员 87
  4.5.1　静态成员变量 87
  4.5.2　静态成员方法 90
 4.6　final、this 和 null 91
  4.6.1　final 92
  4.6.2　this 93

		4.6.3 null 93

- 4.7 包 94
  - 4.7.1 包的声明 94
  - 4.7.2 包的使用 95
  - 4.7.3 常用系统包简介 96
- 4.8 综合应用示例 96

第 5 章 继承与多态 102

- 5.1 类的继承 102
  - 5.1.1 子类的定义 102
  - 5.1.2 子类的构造方法 104
- 5.2 类成员的隐藏与重载 106
  - 5.2.1 类成员的继承 106
  - 5.2.2 成员变量的隐藏 106
  - 5.2.3 成员方法的重载与覆盖 108
  - 5.2.4 构造方法的覆盖 110
- 5.3 多态性 111
  - 5.3.1 多态概念 111
  - 5.3.2 多态的应用 112
- 5.4 Object 类和 Class 类 115
  - 5.4.1 Object 类 115
  - 5.4.2 Class 类 116
- 5.5 抽象类与接口 117
  - 5.5.1 抽象类 117
  - 5.5.2 接口 119
- 5.6 泛型 122
  - 5.6.1 泛型声明 122
  - 5.6.2 泛型类 123
  - 5.6.3 泛型方法 124
  - 5.6.4 通配符泛型 125
- 5.7 对象克隆 126
- 5.8 对象转型和类的设计原则 128
- 5.9 综合应用示例 131

第 6 章 异常处理 140

- 6.1 异常和异常类 140
- 6.2 已检查和未检查的异常 143
- 6.3 异常处理 144
  - 6.3.1 try…catch…finally 语句 144
  - 6.3.2 再次抛出异常 145
- 6.4 异常处理技巧 146
- 6.5 创建自己的异常类 147
- 6.6 综合应用示例 148

第7章 图形编程 151
7.1 Swing 概述 151
7.2 框架 152
7.2.1 创建并显示框架 153
7.2.2 给框架定位 154
7.2.3 在框架中创建组件 154
7.3 在面板中显示信息 155
7.4 颜色 157
7.5 绘制几何图形 158
7.5.1 绘制图形 158
7.5.2 写字 160
7.6 文本和字体 161
7.6.1 Font 类 162
7.6.2 Fontmetrics 类 162
7.7 图像 165
7.7.1 加载图像并显示图像 165
7.7.2 图标 166
7.8 综合应用示例 167

第8章 Java Swing 与事件处理 170
8.1 布局管理介绍 170
8.1.1 顺序布局（FlowLayout） 171
8.1.2 网格布局（GridLayout） 172
8.1.3 边框布局（BorderLayout） 174
8.1.4 箱式布局（BoxLayout） 175
8.2 文本输入 177
8.2.1 文本框 JTextField 177
8.2.2 JPasswordField 178
8.2.3 文本域 JTextArea 178
8.3 按钮与标签 180
8.3.1 按钮 180
8.3.2 标签 181
8.4 选择组件 182
8.4.1 复选框 182
8.4.2 单选按钮 182
8.4.3 列表 186
8.4.4 下拉列表和组合框 186
8.4.5 选项卡 188
8.4.6 滚动条 189
8.4.7 多个窗口 191
8.5 菜单 191
8.6 复杂的布局管理 194
8.6.1 卡片布局（CardLayout） 194
8.6.2 网格袋布局（GridBagLayout） 196

8.7	对话框	197
8.8	事件处理基础	201
	8.8.1 事件和事件源	201
	8.8.2 事件注册监听和处理	201
	8.8.3 事件处理	202
8.9	AWT 事件继承层次	203
8.10	AWT 的语义事件	203
8.11	低级事件类型	203
	8.11.1 窗口事件	203
	8.11.2 鼠标事件	204
	8.11.3 键盘事件	207
8.12	综合应用示例	209

第 9 章 Applet 基础 214

9.1	Applet 运行原理	214
	9.1.1 运行原理	214
	9.1.2 关于 repaint()方法和 update(Graphics g)方法	216
9.2	Applet 的 HTML 标记和属性	216
	9.2.1 Applet 定位属性	217
	9.2.2 Applet 代码属性	218
	9.2.3 用于非 Java 兼容浏览器的 Applet 属性	219
	9.2.4 向 Applet 传递消息	219
9.3	多媒体应用	220
	9.3.1 在 Applet 中播放声音	220
	9.3.2 在 Applet 中绘制图形和图像	221
	9.3.3 在 Applet 中显示图像	225
9.4	JAR 文件	227
9.5	综合应用示例	229

第 10 章 多线程 233

10.1	Java 中的线程	233
10.2	线程的生命周期	234
10.3	线程的优先级和调度管理	236
10.4	扩展 Thread 类创建线程	238
10.5	实现 Runnable 接口创建线程	239
10.6	常用方法	241
10.7	线程同步	242
10.8	线程组	244
10.9	综合应用示例	245

第 11 章 输入/输出流及文件 248

11.1	Java 输入/输出类库	248
	11.1.1 流的概念	248
	11.1.2 基本输入/输出流类	249
	11.1.3 其他输入/输出流类	250

　　　　11.1.4　标准输入/输出 251
　　11.2　字符的输入与输出 253
　　　　11.2.1　输入字符 253
　　　　11.2.2　输出字符 254
　　11.3　数据输入/输出流 255
　　11.4　Java 程序的文件与目录 257
　　　　11.4.1　创建 File 类对象 258
　　　　11.4.2　获取文件或目录属性 258
　　　　11.4.3　文件或目录操作 258
　　　　11.4.4　顺序文件的访问 260
　　　　11.4.5　随机文件的访问 262
　　11.5　综合应用示例 266
第 12 章　Java 的网络编程 269
　　12.1　网络基础知识 269
　　　　12.1.1　IP 地址 269
　　　　12.1.2　端口 270
　　　　12.1.3　客户机与服务器 270
　　　　12.1.4　URL 概念 271
　　　　12.1.5　TCP/IP 网络参考模型 272
　　12.2　Java 网络编程概述 272
　　12.3　Java 网络类和接口 273
　　12.4　基于 URL 的网络编程 274
　　　　12.4.1　URL 类和 URL 对象 274
　　　　12.4.2　使用 URL 读取网络资源 276
　　　　12.4.3　通过 URLConnetction 连接网络 277
　　12.5　基于 Socket 的网络编程 279
　　　　12.5.1　Socket 类 279
　　　　12.5.2　ServerSocket 类 279
　　　　12.5.3　Socket 通信的过程 280
　　　　12.5.4　客户端 Socket 280
　　　　12.5.5　服务器 Socket 280
　　　　12.5.6　C/S 环境下 Socket 的应用 281
　　12.6　数据报通信的应用 284
　　　　12.6.1　数据报概述 284
　　　　12.6.2　发送和接收工作流程 285
　　　　12.6.3　利用数据报通信的客户机/服务器程序 285
　　12.7　综合应用示例 288
　　　　12.7.1　HTTP 协议的作用原理 288
　　　　12.7.2　Web 服务器功能实现过程 288
　　　　12.7.3　Web 服务器实现程序代码 288
　　　　12.7.4　运行 Java 服务器 291
参考文献 293

Java 概述

Java 作为一种优秀的语言,具备面向对象、体系结构中立、安全、稳定和多线程等优良特性,是目前软件设计中功能极为强大的编程语言。Java 不仅可以开发大型的应用程序,而且特别适合 Internet 的应用开发。Java 具备了"一次编写,到处运行"的特点,因此,它已成为网络时代最重要的语言之一。也许现在还无法评估 Java 为整个 IT 行业带来的影响,但是有一点却毋庸置疑:Java 将不可避免地影响一代又一代的程序员。

本章要点

- Java 发展简史。
- Java 的特点。
- Java 和 Internet。
- 安装 JDK 开发环境。
- 使用命令行工具。
- 使用集成开发环境。

1.1 Java 发展简史

Java 最初是由 James Gosling 领导的小组在 Sun 公司开发的。该公司以其产品 Sun 工作站而闻名于世。Sun 公司于 1991 年投资启动了一个内部研究项目,代号为 Green。项目的副产品便是诞生了一种类似 C++的语言,当时 James Gosling 把它命名为 Oak(橡树),名字起源于其办公室窗外的一棵橡树,后来发现已经有一种计算机语言叫作 Oak。当一天一群 Sun 公司编程人员在咖啡馆里喝着 Java(爪哇)咖啡时,有人灵机一动,举荐了 Java 这个名称,得到了其他人的赞赏,于是 Java 这个名字就传开了,并沿用至今。

面向对象的 Java 具备"一次编写、到处运行"的特点,成为服务提供商和系统集成商用以支持多种操作系统和硬件平台的首选解决方案。Java 作为软件开发的一种革命性的技术,其地位已确定。

1996 年 1 月，Sun 公司发布 Java 1.0，各大公司（包括 IBM、Apple、HP、Oracle、Microsoft 等）相继从 Sun 公司购买了 Java 技术许可证，开发相应的产品。

1998 年 12 月，Sun 公司发布 Java 2 平台。该平台不仅可以驾驭智能卡和小型消费类设备，还可以驾驭大型数据中心服务器等一系列系统。这一开发工具极大地简化了编程人员编制企业级 Web 软件的工作，把"一次编写、到处运行"的特点应用到服务器领域。

1999 年 6 月，Sun 公司发布 Java 企业平台——J2EE，成为开发商创建电子商务应用的事实标准。J2EE 平台作为一种可扩展的、全功能的平台，可以将关键的企业应用扩展到任何 Web 浏览器上，并可适合各种不同的 Internet 数据流。

2002 年 2 月，Sun 公司推出了 JDK 历史上最成熟的版本 JDK 1.4。自此，Java 在企业平台上大放异彩，基于 Java 创建的开源框架，如 Spring、Struts、Hibernate 等涌现出来，大量企业应用服务器也开始涌现，如 WebLogic、WebSphere、JBoss 等。

2004 年 10 月，JDK 1.5 推出，并改名 Java SE 5，与此同时，J2ME、J2EE 分别改名为 Java ME、Java EE。这个版本里添加了泛型类型，还添加了几个来源于 C#的实用语言特性，如 foreach 循环、自动打包和元数据。

2009 年初推出版本 6，经过版本 5 的大改，版本 6 中没有对语言方面再做改进，而是改进了其他性能，并增强了一些实用类库。同年 4 月，Oracle 公司宣布收购 Sun 公司，经过长时间的等待后，该公司于 2011 年推出了版本 7，这是本书所使用的版本，也是目前较新的 Java SE 版本。与前一版相比，Java SE 7 对语言方面做了一些小改进，使得 Java 语言更加灵活、方便。

目前，Oracle 公司已经推出了 Java SE 8，在不久的将来还会继续推出 Java SE 9 等。

1.2 Java 的特点

Java 目前非常流行。Java 的迅速发展和被广泛接受归功于它的设计和程序特征。正如 Sun 公司在 Java 白皮书开始所说：Java 是简洁的、面向对象的、分布式的、解释型的、健壮的、安全的、体系结构中立的、可移植的、高效的、多线程的、动态的。

1. Java 是简洁的

大多数计算机语言是复杂的，但与 C++相比，Java 的语法实际上是 C++语法的"缩减"版本。Java 摒弃了头文件、指针算法、结构、联合、操作符重载、虚基类等，并用接口（interface）的简单语言概念取代了 C++的多重继承。

Java 还采用自动内存分配和回收，而 C++则要求程序员手动去完成这项工作。语言概念变少了，再加上清晰的语法，使得 Java 程序容易编写和阅读。

Java 是简洁的，它的基本解释器和类支持的大小仅约为 40 KB。增加基本的标准库和线程支持，大约仅需要增加 175 KB。

2. Java 是面向对象的

简单来说，面向对象设计是一种把重点放在数据（等于对象）和对象接口的编程技术，因为世界上的任何事物都可以抽象为对象，如一个人是对象，一个窗口也是对象；Java 以对象为模型描述现实世界，进行对象创建、对象处理，并使对象协调工作。

Java 的面向对象特性和 C++相似。两者的主要区别在于对多重继承的处理（Java 使用单继承和接口技术解决），Java 元类模型、反射机制和对象序列化特性使得实现持久对象和 GUI 构建器更为简单和方便。

3．Java 是分布式的

分布式计算涉及多个计算机通过网络协同工作。Java 的设计使分布式计算变得简单起来，这是由于 Java 带有一个扩展例程库，用以处理 HTTP 和 FTP 等 TCP/IP 协议族。Java 应用程序能够通过 URL 打开和访问网络上的对象，其方便程度如同访问本地文件一样。由于 Java 的网络能力强大且易于使用，远程方法调用机制能够进行分布式对象间的通信。

4．Java 是解释型的

运行 Java 程序需要一个解释器。Java 程序编译成 Java 虚拟机（Java Virtual Machine，JVM）字节码，如图 1.1 所示。字节码是独立于计算机的，也就是说，只需要编译一次源代码，编译器生成 Java 字节码，Java 解释器可以在任何移植了 Java 解释器的机器上执行 Java 字节码。

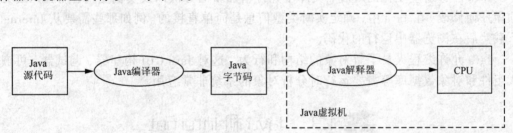

图 1.1　Java 解释器执行 Java 字节码

5．Java 是健壮的

Java 非常重视进行早期问题和后期动态（运行时）的检查，以及消除致错状态。Java 编译器可以查出许多其他语言运行时才能发现的错误。Java 抛弃了其他语言中容易引起错误的某些程序概念类型，如它不支持指针，避免了内存分配错误，以及必须预防内存泄漏。

Java 具有实时异常处理的功能，这有助于提高程序的健壮性。Java 强制程序员编写处理异常的代码，使其能够捕获并响应异常情况，从而使程序在发生运行时错误时能够继续正常执行错误处理代码。

6．Java 是安全的

作为 Internet 程序设计语言，Java 用于网络/分布式环境。Java 执行多层安全机制用于保护系统不受恶意程序破坏。Java 安全机制禁止 Java 程序进行一些操作。

（1）禁止运行时堆栈溢出，避免如蠕虫所做的破坏。

（2）禁止在自己的处理空间外破坏内存。

（3）禁止通过安全控制类装载器来读写本地文件，即当用户下载并运行一个 Java

Applet 时，它不会损害本地系统。

7. Java 是体系结构中立的

传统的编译式语言，源代码必须能被编译成二进制代码或机器代码的可执行形式。而 Java 源代码不会针对一个特定平台进行编译，而是被转换成一种中间格式——字节码，字节码无关体系结构，可在任何运行 Java 虚拟机的计算机上运行，而 Java 虚拟机是与平台相关的。由此可见，Java 程序在 Java 虚拟机上运行，而 Java 虚拟机又在操作系统上运行。Java 虚拟机用来解释和执行 Java 字节码。

使用 Java，软件开发商无须为了适应多个平台为产品开发多个版本，只需编写一个版本就能在各种平台上运行。

8. Java 是多线程的

Java 通过流控制来执行程序流，程序中单个顺序的流控制称为线程，多线程则指的是在单个程序中可以同时运行多个不同的线程，执行不同的任务。多线程意味着一个程序的多行语句可以看上去几乎在同一时间同时运行。Java 将线程支持与语言运行环境结合在一起，提供了多任务并发执行的能力。

9. Java 是动态的

Java 能够适应变化的环境，类库中允许增加新的方法以及实例变量，而客户端无须做任何修改。在 Java 中，确定实时类型信息是简单直接的。例如那些需要从 Internet 下载然后在浏览器中运行的代码。

Java 允许编程人员了解对象的结构和行为，这对 Java GUI 构建器、调试器、可嵌入组件和对象数据库等需要运行时分析对象的系统非常有用。

1.3 Java 和 Internet

Internet 的发展实现了资源共享，为人们的工作、学习和生活带来了极大的方便；网络应用要求程序代码必须具备安全、可靠的特点。同时，还要求能运行于不同平台和机器，Java 凭借它在语言上无法比拟的优势，如安全性、平台无关性、硬件结构无关性、语言简洁、面向对象等特性成为网络编程的首选语言之一。

Internet 的飞速发展伴随着新技术、新概念和新产品的不断产生，这些新生事物不仅仅是 Internet 发展的产物，也是 Internet 进行再次飞跃的直接推动力。在 Internet 的发展史中，Java 影响非常深刻，是对计算机产业发展促进作用极大的一种新兴技术。

Java 根植于网络，网络的发展促进了 Java 的规范。Internet 的服务种类丰富，应用最广泛的有 WWW（World Wide Web）服务、Gopher 服务、文件传输服务、远程终端服务、E-mail 服务、网络论坛、各电子公告栏信息服务、网上购物等。Web 页是发布消息、相互交流的重要方式之一。Web 页由网络浏览器装载。由 Java 编写的 Applet 程序代码可以嵌入 Web 页中在浏览器上运行，可以轻松地实现动画、人机交互和事件处理等功能，Java 与 Web 联系十分紧密，Java 在 Web 上的应用充分显现出它的强大功能。

Intranet（内部网）通常指企业或部门内部，利用 Internet，特别是 Web 技术构造的供内部工作人员进行信息共享、分布计算的网络环境。Intranet 一般通过"防火墙"（Firewall）与 Internet 相连接，从而使得内部人员可以通过 Intranet 访问 Internet 的资源，而外界对 Intranet 网络资源的访问则受到一定的限制。由于 Intranet 技术是一个企业或部门内部计算机互连网络的基础，利用它可以提高产品设计、制造和营销方面的效率和效益，因此受到了产业界和用户的普遍重视，众多大型软、硬件供应商都提出了自己的 Intranet 构造和解决方案。随着 Java 的广泛应用，Java 技术对 Intranet 的影响日益扩大，使得 Intranet 的构造、应用和管理方式都发生了相应的变化。

1.4 Java Application 程序

Java 程序可分为 Application（应用程序）和 Applet（小程序）两种类型，这两类程序的开发原理是相同的，但是运行环境有所不同。Application 程序有以下主要特点：

（1）Application 程序是独立完整的程序。
（2）在命令行调用独立的解释器即可运行 Application 程序。
（3）Application 程序的主类必须有一个名为 main 的方法，作为程序的入口。
（4）Application 程序的图形界面需要在程序中自己构建。

例 1.1 是一个简单的 Application 程序，它的功能是在字符界面上输出"This is my first Java program!"。

【例 1.1】 Application 程序示例：MyFirstJavaProgram.java。

```
import java.io.*;
public class MyFristJavaProgram
{
    public static void main(String[] args)
    {
        System.out.println("This is my first Java Program!");
    }
}
```

集成开发环境适合开发含多个源文件的大程序。对于简单程序来说，在编辑完源文件后，可打开一个 Shell 或终端窗口，使用 SDK 自带的 Java 命令实现编译、运行或监视等操作，使得这类程序的开发更加容易快捷。

Java 程序开发包括源代码编写、编译成字节码文件以及运行。由于 J2SDK 本身没有提供编写源代码的编辑工具，所以可使用任何文本编辑器来编写源代码。所有的 Java 程序都是由类或者说类的定义组成。

在编辑 Java 源程序定义类的时候，需要注意如下问题：

（1）Java 是对大小写敏感的语言，关键字的大小写不能搞错，如果将 class 写成 Class 或者 CLASS，都会导致错误。
（2）在一个类内部不能定义其他的类（内部类除外），类与类是平行的，而非嵌套的关系。
（3）一个程序内可有一个或多个类，但只能有一个主类。

（4）源程序编辑完成后，应该以主类名命名文件名，以 java 为其扩展名，保存在磁盘上。

保存好文件后，执行编译的步骤，即在命令行下运行 Java 的编译器 javac.exe。下面的语句将编译 MyFirstJavaProgram.java 程序：

```
C:\>javac MyFirstJavaProgram.java
```

编译成功后，将生成一个或多个字节码文件，每个字节码文件对应源程序中定义的一个类，该文件名就是所对应的类的名字，并以 class 为统一的扩展名。

运行一个编译好的 Java 字节码程序，需要调用 Java 的解释器工具 java.exe。解释器负责字节码载入、代码校验和解释执行的工作。下面的语句运行已生成的 MyFirstJavaProgram.class 文件：

```
C:\>java MyFirstJavaProgram
```

当程序有多个字节码文件时，运行时只需要指出主类名即可。

1.5　Java Applet 程序

Java Applet 是另一类非常重要的 Java 程序，它有如下特点：

（1）Applet 程序不是完整的独立程序，而更像是一个已经构建好的框架程序中的一个模块。

（2）Applet 程序只能在 WWW 浏览器环境下运行，因此还必须建立一个 HTML 文件来调用 Applet 程序。

（3）Applet 程序的主类必须是 java.applet.Applet 类的子类。

（4）Applet 程序不用在程序中构建图形界面，而是直接利用 WWW 浏览器提供的图形用户界面。

【例 1.2】Applet 程序示例，在 WWW 图形界面上输出 "This is my first Java Applet!"：MyFirstJavaApplet.java。

```java
import java.applet.Applet;
import java.awt.*;
public class MyFirstJavaApplet
{
    public void paint(Graphics g)
    {
        g.drawString("This is my first Java Applet!");
    }
}
```

因为 Applet 程序不能单独运行，必须要有一个 HTML 页面来调用使它在 WWW 浏览器上运行，可以通过记事本编写以下的 HTML 文件内容，文件保存为 Applet.html，与 MyFirstJavaApplet.java 的存放路径一致。

```html
<html>
<head><title>SimpleGraphicsInOut</title></head>
```

```
<body>
<hr>
<applet  code=MyFirstJavaApplet.class
        width=300
        height=200>
</applet>
</body>
</html>
```

运行查看 Java Applet 程序首先用编译器 javac.exe 编译 MyFirstJavaApplet.java 程序:

```
C:\>javac MyFirstJavaApplet.java
```

编译成功后,将生成一个字节码文件 MyFirstJavaApplet.class,然后直接双击运行 Applet.html 即可。有关 Java Applet 的详细内容,在后续章节里有介绍。

1.6 图形界面与字符界面输入/输出

输入/输出是应用程序与用户交互的主要途径,Java 将输入/输出功能封装在若干标准类中,这样既符合面向对象的设计思想,又便于用户掌握,同时还为将来的扩展提供了足够的空间。它把输入/输出分为图形界面和字符界面两种。字符界面用 Java 应用程序来实现。本节中介绍针对于 Java Application 程序如何编写具有基本输入/输出功能的 Java 程序。

1. 图形界面的输入/输出

图形用户界面(Graphics User Inteface,GUI)是目前大多数应用程序使用的输入/输出界面。Java 里利用 javax.swing 包中的 JOptionPane 类的方法可构造出各种简单的可以进行数据的输入/输出的对话框。常用方法有:

(1) showConfirmDialog 方法:确认对话框,询问问题,带有 YES、NO 和 CANCEL 按钮。

确认对话框:

```
  JOptionPane.showConfirmDialog(null, "内容","标题", YES_NO_CANCEL_OPTION);
```

单击 Yes 返回值:JOptionPane.YES_OPTION 或者 0;
单击 No 返回值:JOptionPane.NO_OPTION 或者 1;
单击 Cancel 返回值:JOptionPane.CANCEL_OPTION 或者 2。

(2) showInputDialog 方法:输入对话框,用来接收文本输入并用字符串存储。
输入对话框:

```
  JOptionPane.showInputDialog(null,"内容","标题", WARNING_MESSAGE);
```

带有默认提示语的输入对话框:

```
  JOptionPane.showInputDialog(null, "提示内容", "标题", INFORMATION_MESSAGE, null, null, "提示语");
```

（3）showMessageDialog 方法：消息对话框，用来显示消息。

消息对话框：

```
JOptionPane.showMessageDialog(null,"Hello");
```

带标题和内容的消息对话框：

```
JOptionPane.showMessageDialog(null,"内容","标题",JOptionPane.INFORMATION_MESSAGE);
```

注意：使用对话框，程序最后一条语句必须为 System.exit(0);。这是因为每打开一个对话框，相当于启动一个线程，System.exit()是结束线程的语句。

【例1.3】 从键盘输入一个不大于12的整数，计算其阶乘并输出结果。（效果如图1.2所示）

```java
import javax.swing.JOptionPane;
public class TestOptionPane {
    public static void main(String args[])
    {   int n;
        String s;
        s=JOptionPane.showInputDialog("请输入一个不大于12的整数");
        n=Integer.parseInt(s);
        if(n>12){
            JOptionPane.showMessageDialog(null,"输入的整数超出范围!");
            System.exit(0);
        }
        JOptionPane.showMessageDialog(null, "数"+n+"的阶乘是"+fact(n));
    }
    static long fact(int n)
    {
        long t=1;
        for(int i=1;i<=n;i++)
            t=t*i;
        return t;
    }
}
```

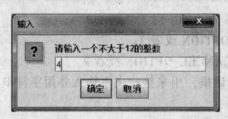 

图1.2 例1.3程序运行结果

2. 字符界面的输入/输出

字符界面是指字符模式的用户界面。在字符界面中，用户用字符串向程序发出命令传送数据，程序运行结果也用字符的形式表达。虽然图形用户界面已经非常普及，但是在某些情况下仍然需要用到字符界面的应用程序。在 Java 中，字符界面的输入/输出有 Java 标准输入/输出、使用命令行参数接收输入和使用 Scanner 接收输入等。

（1）Java 标准输入/输出

Java.lang.System 类提供了三种有用的标准流 System.in、System.out、System.err。

① 标准输入流 System.in。用于程序的输入，常用于读取用户从键盘的输入或用户定义的输入设备的输入。常用的方法有：

int read()：返回一个字节数据；

int read(byte []a)：返回一组字节数据，并保存于字节数组 a 中；

int read(byte[] a,int off,int len)：将输入流中最多 len 个数据字节读入字节数组。

② 标准输出流 System.out。用于程序的输出，通常用来在屏幕或用户指定的输出设备上显示信息。

常用的方法有：

System.out.print(data)：输出 data 到指定的设备，不换行；

System.out.println(data)：输出 data 到指定的设备并换行。

③ 标准出错流 System.err。用于显示出错信息，常用方法同 System.out。

（2）使用命令行参数接收输入

命令行中执行某个 Java 程序时直接将一些参数发送给程序入口的形参 args,可以在程序中获取这些参数的值，并运用到程序的执行过程中，不需抛出例外。

从键盘接收数据，使用命令行参数的格式如下：

```
Javac    filename.java
Java     filename  参数1    参数2   …
```

所谓命令行参数是指命令（如 java CmdLineParam）以后的参数，它不包含命令本身。

【例 1.4】 使用命令行参数，从键盘接收矩形的长和宽值，求矩形的面积。（效果如图 1.3 所示）

```
public class RectangleArea
{
    static double Area_Rectangle(double l,double w)
    {
        return l*w;
    }
    public static  void main(String args[])
    {
        System.out.println("你输入的长是："+args[0]+" 宽是："+args[1]);
        double c1=Double.valueOf(args[0]).doubleValue();
        double k1=Double.valueOf(args[1]).doubleValue();
        System.out.println("长方形面积是：  "+Area_Rectangle(c1,k1));
    }
}
```

先编译 RectangleArea.java 文件，生成 RectangleArea.class，然后打开 cmd，进入该 RectangleArea.class 文件的存放路径，输入"java RectangleArea 5 4"。

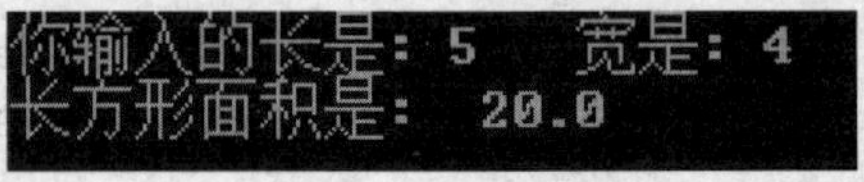

```
你输入的长是：5    宽是：4
长方形面积是：  20.0
```

图 1.3 例 1.4 程序运行结果

（3）使用 Scanner 接收输入

Scanner 类在包 java.util.Scanner 中，其构造方法有：

① Scanner(File source)：构造一个新的 Scanner，数据源是指定的文件。
② Scanner(InputStream source)：构造一个新的 Scanner，数据源是从指定输入流。
③ Scanner(String source)：构造一个新的 Scanner，数据源是指定字符串。

例如：

```
Scanner input=new Scanner(System.in);
```

该语句创建从键盘接收输入数据的 Scanner 对象。

java.util.Scanner 类中的几个用于读取数据的成员方法及描述如表 1.1 所示。

表 1.1 java.util.Scanner 类中的用于读取数据的成员方法及描述

方法	描述
String nextLine()	读取输入的下一行内容
String next()	读取输入的下一个单词
int nextInt()	读取下一个表示整数的字符序列，并将其转换成 int 型
long nextLone()	读取下一个表示整数的字符序列，并将其转换成 long 型
float nextFloat()	读取下一个表示整数的字符序列，并将其转换成 float 型
double nextDouble()	读取下一个表示浮点数的字符序列，并将其转换成 double 型
boolean hasNext()	检测是否还有输入内容
boolean hasNextInt() boolean hasNextLong()	检测是否还有表示整数的字符序列
boolean hasNextFloat() boolean hasNextDouble()	检测是否还有表示浮点数的字符序列

【例 1.5】 从键盘输入一个不大于 12 的整数，计算其阶乘并输出结果。（效果如图 1.4 所示）

```
import java.util.Scanner;
public class TestScaner
{
    public static void main(String args[])
    {
        int n;
        Scanner in=new Scanner(System.in);
        System.out.print("请输入一个不大于 12 的整数:");
        n=in.nextInt();
        if(n>12)
        {
            System.out.println("输入的整数超出范围！");
```

```
            System.exit(0);
        }
        System.out.println("数"+n+"的阶乘是"+fact(n));
    }
    static long fact(int n)
    {
        long t=1;
        for(int i=1;i<=n;i++)
        t=t*i;
        return t;
    }
}
```

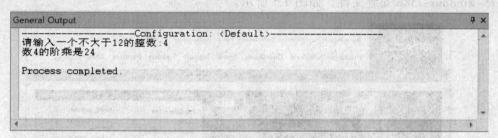

图 1.4　例 1.5 程序运行结果

1.7　JDK 开发工具

1. JDK 基本命令

Java 工具集为开发人员提供了创建和运行 Java 代码的命令，位于"Java 安装目录\bin"下，Java 2 SDK 基本命令及说明如表 1.2 所示。

表 1.2　Java 2 SDK 基本命令及说明

命　　令	说　　明
javac	Java 编译器，用于将 Java 源程序编译成字节码
java	Java 解释器，用于解释执行 Java 字节码
appletviewer	小应用程序浏览器，用于测试和运行 Java Applet 程序
javadoc	Java 文档生成器
javap	Java 类文件反编译器
jdb	Java 调试器
javah	C 文件生成器，利用此命令可以在 Java 类中调用 C++代码
jar	打包工具，将相关的类文件打包成一个文件
javadoc	文档生成器，从源码注释中提取文档

2. JDK 构成

JDK 目录里的基本构成：

（1）bin：包含编译器、解释器等可执行文件。

（2）demo：存放一些示例文件。
（3）include：存放与 C 相关的头文件。
（4）jre：存放与 Java 运行环境相关的文件，即 Java Runtime Environment。
（5）lib：存放程序库，即 Java 类库。

从初学者角度来看，采用 JDK 开发 Java 程序能够很快理解程序中各部分代码之间的关系，有利于理解 Java 面向对象的设计思想。

3. JDK 安装与配置

要编译运行 Java 程序，首先要安装 Java 运行环境，下面介绍如何安装 JDK 1.7：

（1）从 Oracle 官网（http://www.oracle.com/us/downloads/index.html）下载 jdk-7u75-windows-i586 安装文件，如图 1.5 所示。

图 1.5　Java 站点提供的最新版本

（2）运行文件 jdk-7u75-windows-i586.exe，可按默认完成 JDK 的安装。注意：在安装时需要指定文件的安装目录，安装完成后的环境配置都与这个目录有关。在此将 JDK 安装在 C:\Program Files (x86)\Java\jdk1.7.0_75 目录中。

（3）设置 Windows 7 系统环境变量。具体方法如下：

右击"计算机"图标，在弹出的快捷菜单中选择"属性"命令，在系统弹出的对话框里选择"高级系统配置"选项，接着在系统弹出的"系统属性"对话框里选择"环境变量"选项，弹出"环境变量"对话框，如图 1.6 所示。

在"系统变量"选项组中，编辑变量 Path，在变量值的最前面加上"；C:\Program Files (x86)\Java\jdk1.7.0_75\bin"。如果曾经设置过环境变量 Path，可单击该变量进行编辑操作，将需要的值加入即可。

在"系统变量"选项组中，单击"新建"按钮，弹出"新建系统变量"对话框，如图 1.7 所示。新建变量名为 classpath，变量值将"．；c:\Program Files(x86)\Java\jdk1.7.0_75\lib\tools.jar; C:\Program Files (x86)\Java\jdk1.7.0_75\lib\dt.jar"。如果曾经设置过环境变量 classpath，可单击该变量进行编辑操作，将需要的值加入即可。

设置完系统环境变量后，Java 语言的编译器和 Java 虚拟机就可以找到支持编译和运行 Java 程序的环境了。

图 1.6 "环境变量"对话框

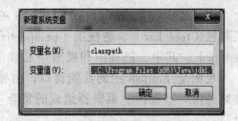
图 1.7 "新建系统变量"对话框

1.8　Eclipse 集成开发环境

本节主要介绍 IBM 公司的 Eclipse。Eclipse 是一个功能强大的集成开发环境，用户可以从 Eclipse 的官方网站（www.eclipse.com）下载 Eclipse 软件包。本书使用的是 4.4.2 版本的 Eclipse。

1.8.1　安装

安装 Eclipse 的步骤非常简单：不需要运行安装程序，不需要往 Windows 的注册表写信息，只需要将下载的 Eclipse 压缩包解压就可以运行 Eclipse。然后将语言包解压并用解压出来的 plugins 文件夹和 features 文件夹去覆盖 eclipse 文件夹下的同名文件夹即可。

1.8.2　界面介绍

启动 Eclipse 后，各种工具条和窗口被加载，如图 1.8 所示。

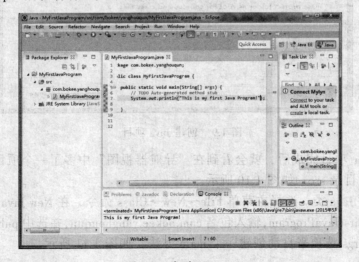

图 1.8　启动 Eclipse

第一次启动时，会弹出一个对话框，在该对话框中设置工作空间的路径为 D:\eclipse，选中"关闭提示框"选项，这样以后启动 Eclipse 就不会再弹出该对话框。单击 OK 按钮，就可以运行 Eclipse 程序。运行完毕后，出现一个 Welcome 的欢迎页面，表示 Eclipse 已经安装成功。

图 1.8 中的整个窗口称为 Eclipse 的工作台，主要由以下几部分构成：菜单栏、工具栏（tool bar）、透视图（perspective），而透视图又分为视图（view）、编辑器（editor）。其中，透视图和视图是 Eclipse 界面中比较重要的概念。

视图是 Eclipse 中的功能窗口，由导航器视图、大纲视图和任务视图构成；透视图则是由一些视图、编辑器组成的集合。

1.8.3 创建 Java 项目并运行

Java 项目包含用于构建 Java 程序的源代码和相关文件。创建一个 Java 项目主要分为以下步骤：

（1）新建一个 Java 项目。选择主菜单中 File→New→New java project 命令，打开 New Java Project 窗口，创建 Java 项目，如图 1.9 所示。

图 1.9 创建 Java 项目

创建 Java 项目完成后，就会看到在"导航器视图"中多了一个项目，展开后可见到多了个空目录 src，如图 1.10 所示。

（2）新建 Java 类。选择主菜单 File→New→Class 命令，在 New Java Class 窗口中输入类名 MyFirstJavaProgram，输入包名 com.bokee.yanghouqun，并选中 public static void main(String[] args) 选项来自动创建一个 main 方法，如图 1.11 所示。

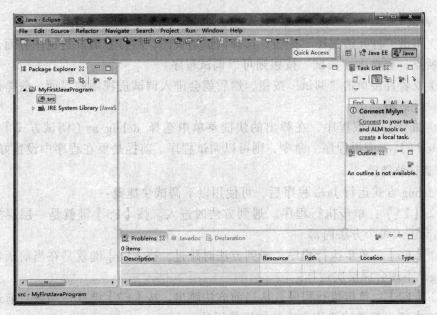

图 1.10 导航器视图

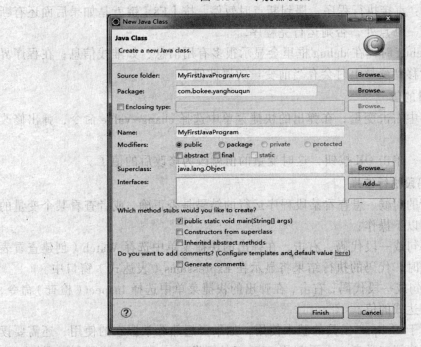

图 1.11 New Java Class 窗口

（3）编写程序，无错误后即可运行项目。选择 Run→Run 命令，或者直接单击 ⏵ 按钮，在控制台视图上就可以看到程序运行的结果。

1.8.4 Java 程序调试

1. 设置断点

在程序里面放置一个断点，也就是双击需要放置断点的程序左边的栏目。

2．调试

（1）单击"打开透视图"按钮，选择调试透视图，则打开调试透视图界面，然后先设置断点，再单击"调试"按钮则可以调试程序。

（2）或者直接单击"调试"按钮，然后就会进入调试透视图的界面。前提是要在程序中设置好断点。

（3）或者右击该程序，在弹出的快捷菜单中选择 debug as（调试方式）→java application（Java 应用程序）命令，则可以调试程序。前提是要在程序中设置好断点。

3．调试快捷键

以 debug 方式运行 Java 程序后，可使用以下调试快捷键：

（1）【F5】：单步执行程序，遇到方法时进入。按【F5】键就是一层层深入的 debug，会进入每个方法内部。

（2）【F6】：单步执行程序，遇到方法时跳过。按【F6】键就是在当前函数一步步 debug，不理会深层次运作。

（3）【F7】：单步执行程序，从当前方法跳出。按【F7】键就是如果当前进入了某个方法内部，都跳转到该方法的结尾代码处。

（4）【F8】：直接执行程序，遇到断点时暂停。按【F8】键就是如果后面还有断点，则运行到下一断点处，否则运行完程序。

另外，在 debug 时，在 debug 框里会显示很多有用信息，如堆栈信息；在程序界面里，鼠标指针移到变量上时会有当前变量的属性值。

4．改变变量的值

在变量窗口中右击变量，在弹出的快捷菜单中选择 change value 命令，弹出修改界面。

改变其值后，单击 OK 按钮，这时变量的值就改为修改后的值了。

5．检查代码段执行结果

在程序运行的时候，想查看某段程序运行的结果是否正确，或者查看某个变量的值时，可以进行以下操作：

（1）选择一句或一段代码，右击，在弹出的快捷菜单中选择 Watch（创建查看表达式）命令，此时，代码的执行结果将显示在 Expressions（表达式）窗口中。

（2）选择一句或一段代码，右击，在弹出的快捷菜单中选择 Inspect（检查）命令，可以直接显示表达式的值。

以上就是关于 Eclipse 工具的基本使用，如果要想熟练掌握它的使用，还需要读者多用多练。不建议初学者一上手就用 IDE 工具开发 Java 程序，这不利于理解 Java 程序开发的细节，以及自己解决一些编写代码时出现的小错误。初学者应该先使用文本编辑工具来编写 Java 代码，例如 Windows 系统自带的"记事本"程序。当对 Java 编程基础知识有了一定理解后，再使用 IDE 工具来提高开发效率。

第 2 章 Java 基本编程结构

在本章中，将学习 Java 的基本数据类型和相关主题，如变量、常量、数据类型、操作符和控制结构，学习如何利用基本数据类型以及操作符来编写简单的 Java 程序。

本章要点

- 掌握 Java 语言的基本元素。
- 理解 Java 程序的基本构成。
- 掌握结构化程序设计的 3 种基本流程。

2.1 简单的 Java 程序

首先用 Windows 下的记事本程序建立一个名为 Test.java 的源文件。在实际操作中，常常会用到一些更好的工具软件，例如 Jcreator 等，它们有很多记事本程序不能比拟的优点。例如：支持用不同的颜色标记关键字、类名；能自动显示行号，以便于更加方便地查找所需要的代码；能够自动缩进，减少了书写程序代码的工作量；能够同时编辑多个文件，方便在多个文件之间反复切换；还可以正常显示 Linux 格式的文本文件。简单就是美，为了不让工具软件的操作干扰读者的学习视线，初学者开始时还是用记事本程序作为 Java 源文件的编辑器为好。

【例 2.1】 输出"欢迎进入 JAVA 世界！"的程序。

```
public class Test
{
    public static void main(String [] args)
    {
        System.out.println("欢迎进入 JAVA 世界! ");
    }
}
```

在编译和运行这个程序之前，先对这个程序的内容进行简要介绍：
（1）Java 中的程序必须以类（class）的形式存在，一个类要能被解释器直接启动运行，这个类中必须有 main()函数，Java 虚拟机运行时首先调用这个类中的 main()函数。main()函数的写法是固定的，必须是 public static void main(String [] args)，等到大家学到后面的章节内容，就明白这个函数的各组成部分的具体意义了。由于以后的每个例子几乎都要用这个函数，因此需要读者现在先硬记下来。

（2）如果要让程序在屏幕上打印出一串字符信息（包括一个字符），可以使用 System.out.println("填写要打印的字符串")语句，或是 System.out.print("填写要打印的若干字符")语句。前者会在打印完的内容后再多打印一个换行符（\n），而后者只打印字符串，不增加换行符。另外，println 等于 print("\n")。

（3）如果在 class 之前没有使用 public 修饰符，源文件的名可以是一切合法的名称。带有 public 修饰符的类名必须与源文件名相同，如上面程序第一行改为 public class Test，则源文件名必须是 Test.java，但与源文件名相同的类却不一定要带有 public 修饰符。

（4）在命令行窗口中，用 cd 命令进入 Test.java 源文件所在的目录，使用命令 javac Test.java 编译该文件。命令执行完后，能看到该目录下多了一个 Test.class 文件，这就是编译后的 Java 字节码文件。最后，使用 java Test 命令就可以运行该字节码文件了。

2.2 注 释

在程序中添加注释可以解释程序的某些部分的作用和功能，提高程序的可读性。此外，注释还可以用来暂时屏蔽某些程序语句，让编译器不要理会这些语句，等到需要时，只需简单地取消注释标记，这些程序语句又可以发挥作用。因此，希望读者在编写程序时培养成在程序中添加注释的好习惯。Java 里的注释根据不同的用途分为三种类型：单行注释、多行注释、文档注释。

（1）单行注释：在注释内容前面加双斜线（//），Java 编译器会忽略掉这部分信息。例如：

```
    int c=10;          //定义一个整型变量
```

（2）多行注释：在注释内容前面以单斜线加一个星形标记（/*）开头，并在注释内容末尾以一个星形标记加单斜线（*/）结束。当注释内容超过一行时一般使用这种方法。例如：

```
    /* int c=10;       //定义一个整型变量
    int x=5;
    */
```

（3）文档注释：是以单斜线加两个星形标记（/**）开头，并以一个星形标记加单斜线（*/）结束。用这种方法注释的内容会被解释成程序的正式文档，并能包含进诸如 javadoc 之类的工具程序生成的文档里，用以说明该程序的层次结构及其方法。

2.3 基本数据类型

Java 的数据类型可划分为基本数据类型和复杂数据类型（在以后章节再详细介绍）。Java 的基本数据类型与其他编程语言不同，它们在任何操作系统中都具有相同的大小和属性。在所有系统中，Java 变量的取值都是一样的，其基本数据类型如表 2.1 所示。这也是 Java 跨平台的一个特性。

表 2.1 Java 的基本数据类型

类　型	关　键　字	长度（字节）	十进制下取值范围	默　认　值
布尔型	boolean	8	true|false	false
字符型	char	16	0～65 535	\u0000
整型	byte	8	$-2^7 \sim 2^7-1$	0
	short	16	$-2^{15} \sim 2^{15}-1$	0
	int	32	$-2^{31} \sim 2^{31}-1$	0
	long	64	$-2^{63} \sim 2^{63}-1$	0
浮点型	float	32	$3.4e^{-38} \sim 3.4e^{+38}$	0.0f
	double	64	$1.7e^{-308} \sim 1.7e^{+308}$	0.0d

1．布尔型

boolean 数据类型有两种文字值：true 和 false。

注意：在 Java 编程语言中，boolean 类型只允许使用 boolean 值，在整数类型和 boolean 类型之间无转换计算。

在 C 语言中，允许将数字值转换成逻辑值，这在 Java 编程语言中是不允许的。

2．字符型

使用 char 类型可表示单个字符，字符是用单引号括起来的一个字符，如'a'、'B'等。Java 中的字符型数据是 16 位无符号数据，它表示 Unicode 集，而不仅仅是 ASCII 集。

与 C 语言类似，Java 也提供转义字符，如表 2.2 所示。转义字符以反斜杠（\）开头，将其后的字符转变为另外的含义。

表 2.2 Java 中的转义字符及含义

转义字符	Unicode 转义代码	含　义
\n	\u000a	回车
\t	\u0009	水平制表符
\b	\u0008	空格
\r	\u000d	换行
\f	\u000c	换页

续表

转义字符	Unicode 转义代码	含 义
\'	\u0027	单引号
\"	\u0022	双引号
\\	\u005c	反斜杠
\ddd		ddd 为 3 位八进制数
\udddd		dddd 为 4 位十六进制数

注意：用双引号引用的文字，就是平时所说的字符串类型，它不是原始数据类型，而是属于 String 类，用来表示字符序列。字符本身符合 Unicode 标准，且上述 char 类型的转义字符适用于 String 类型。

3. 整型

在 Java 编程语言中有 4 种整数类型，每种类型可使用关键字 byte、short、int 和 long 中的任意一个进行声明。所有 Java 编程语言中的整数类型都是带符号的数字，不存在无符号整数。

整数类型的文字可使用十进制、八进制和十六进制表示。首位为 0 表示八进制的数值；首位为 0x 表示十六进制的数值。

例如：

```
6          //表示十进制值 6
076        //表示八进制数值 76（也就是十进制数 62）
0x9ABC     //表示十六进制的数值 9ABC（也就是十进制数 39612）
```

整数类型默认为 int 类型，如在其后有一个字母 L 表示一个 long 值（也可以用小写"l"）。由于小写 l 与数字 1 容易混淆，因而，建议采用大写 L。

4. 浮点型

在 Java 编程语言中，有两种浮点类型：float 和 double。如果一个数包括小数点或指数部分，或者在数字后带有字母 F 或 f（float）、D 或 d（double），则该数为浮点数。如果不明确指明浮点数的类型，浮点数默认为 double。例如：

```
3.14159    //double 型浮点数
2.08E25    //double 型浮点数
6.56f      //float 型浮点数
```

在两种类型的浮点数中，float 为 32 位（单精度），double 为 64 位（双精度）。也就是说，double 类型的浮点数具有更高的精度。

2.4 变　量

在程序运行期间，系统可以为程序分配一块内存单元，用来存储各种类型的数据。系统分配的内存单元要使用一个标记符来标识，这种内存单元中的数据是可以更改的，所以叫变量。定义变量的标记符就是变量名，在内存单元中，所装载的数据就是变量值。用一个变量定义一块内存以后，程序就可以用变量名代表块内存中的数据。根据所存储数据类型的不同，有各种不同类型的变量。

2.4.1 声明变量

Java 在使用变量之前，必须要先声明变量。声明变量，就是指定变量的数据类型。声明变量的一般格式为：

<数据类型><变量名称>[,<变量名称>,<变量名称>...]

其中：
（1）<数据类型>：可以是 Java 的基本数据类型、对象数据类型和类。
（2）<变量名称>：定义变量的标记符。
（3）方括号里的内容是可选的。

也可以在声明的同时给该变量赋初始值，声明格式如下：

<数据类型> <变量名称> = <对应的初始值>[,<变量名称>= <对应的初始值>...]

【例 2.2】 简单数据类型的变量声明示例。（效果如图 2.1 所示）

```java
public class SimpleTypes
{
    public static void main(String args[])
    {
        byte a=0x44;
        short b=044;
        int c=1000000;
        long d=0xfffL;
        char e='A';
        float f=0.45F;
        double g=0.7E-5;
        boolean h=true;
        System.out.println("a="+a);
        System.out.println("b="+b);
        System.out.println("c="+c);
        System.out.println("d="+d);
        System.out.println("e="+e);
        System.out.println("f="+f);
        System.out.println("g="+g);
        System.out.println("h="+h);
    }
}
```

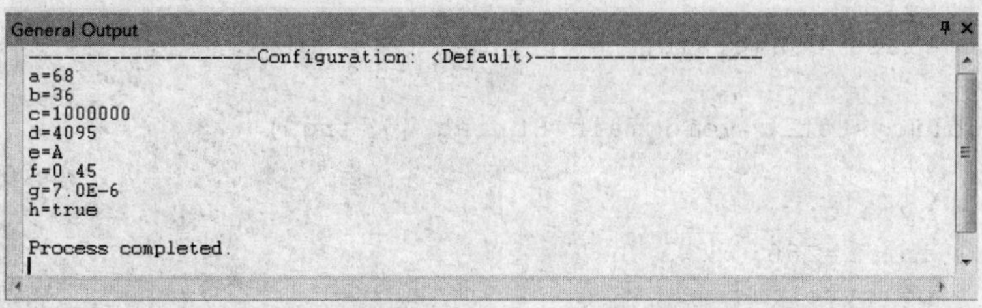

```
General Output
----------------Configuration: <Default>----------------
a=68
b=36
c=1000000
d=4095
e=A
f=0.45
g=7.0E-6
h=true

Process completed.
```

图 2.1 例 2.2 程序运行结果

2.4.2 变量的使用

变量的使用其实非常简单。当在程序的语句中使用到该变量的名称时，编译器就会自动将当时变量中的值拿来使用。举例来说，变量可以任意使用在数学表达式中，其他语句如逻辑语句等，也都可以通过变量的名称来使用变量。然而，在编写程序的过程中，经常会遇到的一种情况就是需要将一种数据类型的值赋值给另一种不同数据类型的变量，由于数据类型有差异，在赋值时就需要进行数据类型的转换，这里涉及两个关于数据转换的概念：自动类型转换和强制类型转换。在进行转换之前，先来了解基本数据类型中各类型数据间的优先关系，如下：

低------------------------------------->高

byte→short→char→int→long→float→double

1. 自动类型转换（也叫隐式类型转换）

要实现自动类型转换，需要同时满足两个条件：第一是两种类型彼此兼容；第二是目标类型的取值范围要大于源类型。例如，当 byte 型向 int 型转换时，由于 int 型取值范围大于 byte 型，就会发生自动转换。所有的数字类型，包括整型和浮点型彼此都可以进行这样的转换。

请看下面的例子：

```
byte b=3;
int x=b;     //没有问题，程序把b的结果自动转换成了int型
```

2. 强制类型转换（也叫显式类型转换）

当两种类型彼此不兼容，或目标类型取值范围小于源类型时，就需要进行强制类型转换。强制类型转换的通用格式如下：

```
目标类型  变量=(目标类型) 值
```

例如：

```
byte a;
int b;
a=(byte) b;
```

这段代码的含义是先将 int 型的变量 b 的取值强制转换成 byte 型，再将该值赋给变量 a。注意：变量 b 本身的数据类型并没有改变。由于在这类转换中，源类型的值可能大于目标类型，因此强制类型转换可能会造成数值不准确。

【例 2.3】 变量的强制类型转换示例。（效果如图 2.2 所示）

```java
public class Conversion
{
    public static void main(String [] args)
    {
        byte b;
        int i=266;
        b=(byte) i;
        System.out.println("byte to int is"+ "  "+b);
```

```
        }
    }
```

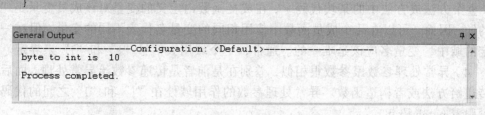

图 2.2　例 2.3 程序运行结果

字符串可以使用加号（+）同其他的数据类型相连而形成一个新的字符串，只要明白二进制与十进制之间的转换关系，就不难明白上面程序运行的结果。

2.4.3　变量的作用域

每个变量都有一个相应的作用范围，也就是它可以被使用的范围，称这个作用范围为变量的作用域。变量在其作用域内可以通过它的变量名被引用。并且作用域也决定了系统什么时候创建变量，以及什么时候清除它。

声明一个变量时，就指明了变量的作用域。从声明变量的位置来看，主要有成员函数作用域、方法参数作用域、局部变量作用域和异常处理参数作用域，如图 2.3 所示。

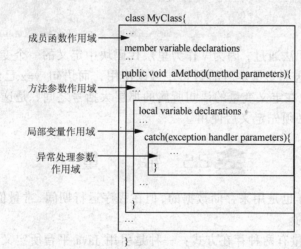

图 2.3　Java 变量的作用域

（1）成员变量是类或者对象的成员，在整个类定义中都有效。它在类中定义，而不是在方法或者构造函数中定义。成员函数作用域是整个类。在后面的教程中会深入学习成员变量，这里就不讲了。

（2）参数是方法或者构造函数的形式参数，它们用于传递数值给方法和构造函数。方法参数的作用域是整个方法或者构造函数。

（3）局部（local）变量是在一个方法内定义的变量，也被称作自动（automatic）变量、临时（temporary）变量或栈（stack）变量。运行程序的过程中，进入一个方法时，局部变量被创建；离开该方法时，局部变量被清除，它的作用域为它所在的代码块（整个方法或方法中的某块代码）。在成员函数内定义的变量对该成员变量是"局部的"。因而，可以在几个成员函数中使用相同的变量名代表不同的变量。但在一个确定的域中，变量名应该是唯一的。通常，一个域用大括号"{"和"}"来界定。

（4）异常处理参数跟参数很相似，差别在是前者是传递参数给异常处理，而后者是传递给方法或者构造函数。异常处理参数的作用域处在"{"和"}"之间的代码，它紧跟着 catch 语句。

【例 2.4】 结合变量作用域示例，说明如何使用变量。

```
public class TestScope
{
    public static void main(String[] args)
    {
        int x=15;
        {
            int y=90;          //x 和 y 都有效;
            System.out.println("x is "+x);
            System.out.println("y is "+y);
        }
        y=x;                   //错误行，只有 x 有效，y 超出了作用域范围;
        System.out.println("x is "+x);
    }
}
```

该例在编译时无法通过，因为 y 作为里层代码块中定义的一个变量，只有在里层代码块中位于定义这个变量之后的语句才可以使用，而语句 y=x;已经超出里层代码块，这时 y 已无效。在定义变量的语句所属的那层大括号之间，是这个变量的有效作用范围，而且变量必须先定义后使用。

2.5 常　　量

常量和变量一样也是用来存储数据的，但在程序运行期间，常量值是不能改变的，变量值是可以改变的。

在 Java 中，常量有两种存在方式：一种是引用 Java 平台所定义；另一种是编程者自己定义。在 Java 中，编程者自己定义的常量的定义形式如下：

```
final   <数据类型>   <常量名>=<.常量值>;
```

其中：
（1）<常量名>是常量的名称。
（2）<.常量值>是对应常量的具体的值。
（3）final 保留字用于标记所定义<常量名>的值在程序编译和运行期间都不能被继承。
（4）<数据类型>说明<常量名>的类型，它可以是简单数据类型，也可以是用户定义的数据类型。

例如：

```
final    double    pai=3.1415;           //定义一个常量pai，值为3.1415
```

2.6 操 作 符

到现在为止，我们已了解了 Java 中基本数据类型的特点及其表示形式。那么，如何对这些数据进行处理和计算呢？通常当人们要进行某种计算时，都要首先列出算式，这些算式由运算符和括号组成，然后求解其值。利用 Java 编写程序求解问题时也是这样。Java中定义了丰富的运算符。基本的运算符按功能划分，可以分为赋值运算符、算术运算符、关系运算符、逻辑运算符、位运算符、其他运算符。

2.6.1 赋值运算符

在 Java 中，将等号"="作为赋值运算符。声明变量后，可以使用赋值运算符"="将一个表达式的值赋值给变量，语法如下：

```
变量 = 表达式;
```

该语句称为赋值语句。在赋值语句中，左边变量的数据类型必须和右边的数据类型兼容。例如，int   x=1.0;是非法的，因为 x 的数据类型是整型 int。在不使用类型转换的情况下，是不能把 double 值 1.0 赋给 int 变量的。

2.6.2 算术运算符

算术运算符用于实现数学运算。Java 定义的算术运算符有+（加）、-（减）、*（乘）、/（除）、%（取余）、++（递增）、--（递减）。

算术运算符的操作数必须是数值类型。Java 中的算术运算符与 C/C++中的不同，不能用于 Boolean 类型，但可以用于 char 类型，因为 Java 中的 char 类型实质上是 int 类型的一个子集。

【例 2.5】 算术运算符的使用。（效果如图 2.4 所示）

```
public class ArithmaticOp
{
    public static void main(String args[])
    {
        int a = 6+4;                    //a=10
        int b = a*3;                    //b=30
        int c = b/5;                    //c=6
        int d = b-c;                    //d=24
        int e = -d;                     //e=-24
        int f = e % 4;                  //f=0
        double g = 18.4;
        double h = g % 4;               //h=2.4
        int i = 3;
        int j = i++;                    //i=4, j=3
```

```
            int k = ++i;                    //i=5, k=5
            System.out.println("a=" + a);
            System.out.println("b=" + b);
            System.out.println("c=" + c);
            System.out.println("d=" + d);
            System.out.println("e=" + e);
            System.out.println("f=" + f);
            System.out.println("g=" + g);
            System.out.println("h=" + h);
            System.out.println("i=" + i);
            System.out.println("j=" + j);
            System.out.println("k=" + k);
        }
    }
```

```
General Output
------------------Configuration: <Default>------------------
a=10
b=30
c=6
d=24
e=-24
f=0
g=18.4
h=2.3999999999999986
i=5
j=3
k=5

Process completed.
```

图 2.4 例 2.5 程序运行结果

Java 提供了一种简写形式的运算符，在进行算术运算的同时进行赋值操作，称为算术赋值运算符。算术赋值运算符由一个算术运算符和一个赋值号构成，即+=、-=、*=、/=、%=。

例如：

x+=4	//等价于 x=x+4
x+=2-y	//等价于 x=x+(2-y)
x*=2-y	//等价于 x=x*(2-y)

Java 提供了两种快捷运算方式：递增运算符"++"和递减运算符"--"，也常称作自动递增运算符和自动递减运算符。"--"的含义是"减少一个单位"；"++"的含义是"增加一个单位"。举个例子来说，假设 A 是一个 int（整数）值，则表达式++A 等价于 A = A + 1。注意，++、--运算符是一元运算符，其操作数必须是整型或浮点型变量，它们对操作数执行加 1 或减 1 操作。

对"++"运算符和"--"运算符而言，有"前递增""后递增""前递减"和"后递减"之分。"前递增"表示"++"运算符位于变量的前面；"后递增"表示"++"运算符位于变量的后面。类似地，"前递减"意味着"--"运算符位于变量的前面；"后递减"意味着"--"运算符位于变量的后面。对于前递增和前递减（如++A 或--A），会先执行运算，后赋值；而对于后递增和后递减（如 A++或 A--），则赋值后执行运算。

【例 2.6】 递增运算符和递减运算符的使用。（效果如图 2.5 所示）

```java
public class AutoInc
{
    public static void main(String[] args)
    {
        int i = 1;
        System.out.println ("i : " + i);
        System.out.println ("++i : " + ++i);      //前递增
        System.out.println ("i++ : " + i++);      //后递增
        System.out.println ("i : " + i);
        System.out.println ("--i : " + --i);      //前递减
        System.out.println ("i-- : " + i--);      //后递减
        System.out.println ("i : " + i);
    }
}
```

```
General Output
--------------------Configuration: <Default>--------------------
i : 1
++i : 2
i++ : 2
i : 3
--i : 2
i-- : 2
i : 1

Process completed.
```

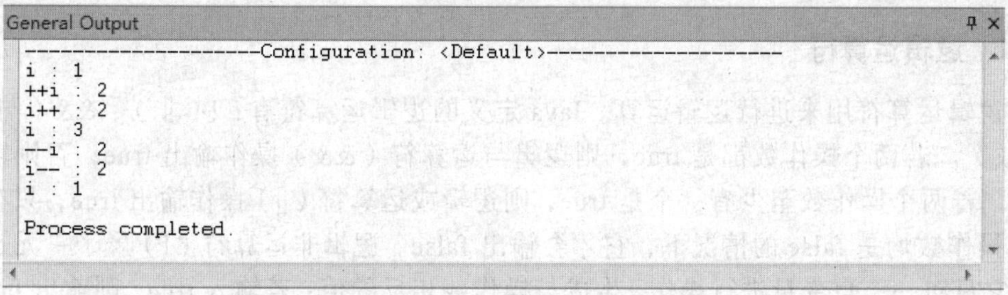

图 2.5　例 2.6 程序运行结果

2.6.3　关系运算符

关系运算符用于测试两个操作数之间的关系，形成关系表达式。关系表达式将返回一个布尔值。它们多用在控制结构的判断条件中。Java 定义的关系运算符有：>（大于）、<（小于）、>=（大于等于）、<=（小于等于）、==（等于）、!=（不等于）。

【例 2.7】 关系运算符的使用。（效果如图 2.6 所示）

```java
public class RelationalOp
{
    public static void main(String args[])
    {
        float a = 10.0f;
        double b = 10.000001;
        if(a == b)
        {
            System.out.println("a 和 b 相等");
        }
        else
        {
            System.out.println("a 和 b 不相等");
```

```
            }
        }
    }
```

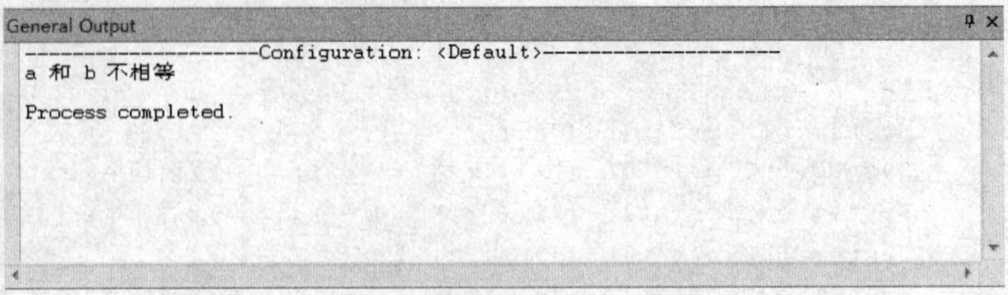

General Output
----------------------Configuration: <Default>----------------------
a 和 b 不相等
Process completed.

图 2.6　例 2.7 程序运行结果

注意：对浮点数值的比较是非常严格的。即使一个数值仅在小数部分与另一个数值存在极微小的差异，仍然认为它们是"不相等"的；即使一个数值只比零大一点点，它仍然属于"非零"值。因此，通常不在两个浮点数值之间进行"等于"的比较。

2.6.4　逻辑运算符

逻辑运算符用来进行逻辑运算。Java 定义的逻辑运算符有：!（非）、&&（与）、||（或）。若两个操作数都是 true，则逻辑与运算符（&&）操作输出 true；否则输出 false。若两个操作数至少有一个是 true，则逻辑或运算符（||）操作输出 true，只有在两个操作数均是 false 的情况下，它才会输出 false。逻辑非运算符（!）属于一元运算符，它只对一个自变量进行操作，生成与操作数相反的值：若输入 true，则输出 false；若输入 false，则输出 true。

【**例 2.8**】　逻辑运算符的使用。（效果如图 2.7 所示）

```java
import java.util.*;
public class LogicalOp
{
    public static void main(String[] args)
    {
        int i = 18;
        int j = 12;
        System.out.println ("i = " + i);
        System.out.println ("j = " + j);
        System.out.println ("i > j is " + (i > j));
        System.out.println ("i < j is " + (i < j));
        System.out.println ("i >= j is " + (i >= j));
        System.out.println ("i <= j is " + (i <= j));
        System.out.println ("i == j is " + (i == j));
        System.out.println ("i != j is " + (i != j));
        System.out.println ("(i < 10) && (j < 10) is " + ((i < 10) && (j < 10)) );
        System.out.println ("(i < 10) || (j < 10) is " + ((i < 10) || (j < 10)) );
    }
}
```

```
General Output
------------------Configuration: <Default>------------------
i = 18
j = 12
i > j is true
i < j is false
i >= j is true
i <= j is false
i == j is false
i != j is true
(i < 10) && (j < 10) is false
(i < 10) || (j < 10) is false
Process completed.
```

图 2.7　例 2.8 程序运行结果

2.6.5　位运算符

Java 中的位运算总体来说分为两类：按位运算和移位运算，相应的也就提供了两类运算符：按位运算符和移位运算符。位运算符只用于整型和字符型数据。

1. 按位运算符

（1）按位与运算（&）

参与运算的两个值，如果两个相应位都为 1，则该位的结果为 1，否则为 0，即：

$$0\&0=0,\ 0\&1=0,\ 1\&0=0,\ 1\&1=1$$

（2）按位或运算（|）

参与运算的两个值，如果两个相应位都是 0，则该位结果为 0，否则为 1，即：

$$0|0=0,\ 0|1=1,\ 1|0=1,\ 1|1=1$$

（3）按位异或运算（^）

参与运算的两个值，如果两个相应位的某一个是 1，另一个是 0，那么按位异或（^）在该位的结果为 1。也就是说如果两个相应位相同，输出位为 0，否则为 1，即：

$$0\verb|^|0=0,\ 0\verb|^|1=1,\ 1\verb|^|0=1,\ 1\verb|^|1=0$$

（4）按位取反运算（~）

按位取反运算（~）属于一元运算符，它只对一个自变量进行操作（其他所有运算符都是二元运算符）。按位取反生成与输入位的相反的值——若输入 0，则输出 1；输入 1，则输出 0，即：

$$\sim 0=1,\ \sim 1=0$$

2. 移位运算符

（1）左移位运算符（<<）

运算符（<<）执行一个左移位。作左移位运算时，右边的空位补 0。在不产生溢出的情况下，数据左移 1 位相当于乘以 2。例如：

```
int a=64, b;
b=a<<1;          //b=128
```

（2）右移位运算符（>>与>>>）

运算符（>>）执行一个右移位（带符号），左边按符号位补 0 或 1。例如：

```
int a=16, b;
```

```
    b=a>>2;        //b=4
```

运算符（>>>）同样是执行一个右移位，只是它执行的是不带符号的移位。也就是说，对以补码表示的二进制数操作时，在带符号的右移中，右移后左边留下的空位中添入的是原数的符号位（正数为 0，负数为 1）；在不带符号的右移中，右移后左边留下的空位中添入的一律是 0。

【例 2.9】 移位运算符的使用示例。（效果如图 2.8 所示）

```java
public class ShiftTest
{
    public static void main(String[] args)
    {   int x=0x80000000;
        int y=0x80000000;
        System.out.println("移位前：");
        System.out.println("x is "+Integer.toHexString(x));
        System.out.println("y is "+Integer.toHexString(y));
        x=x>>1;
        y=y>>>1;
        System.out.println("移位后：");
        System.out.println("x is "+Integer.toHexString(x));
        System.out.println("y is "+Integer.toHexString(y));
    }
}
```

```
General Output
--------------------Configuration: <Default>--------------------
移位前：
x is 80000000
y is 80000000
移位后：
x is c0000000
y is 40000000

Process completed.
```

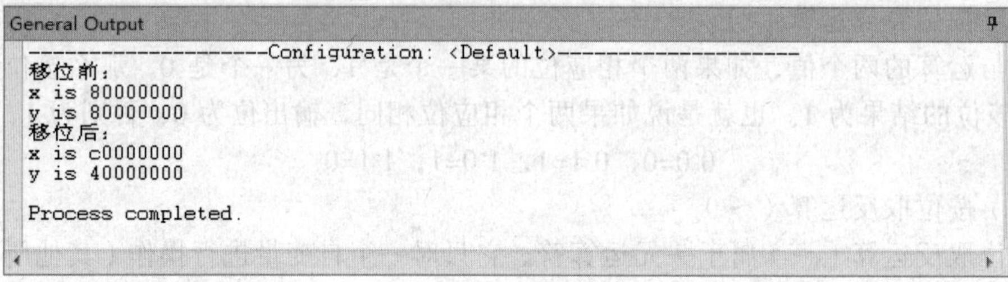

图 2.8　例 2.9 程序运行结果

2.6.6 其他运算符

1. 赋值运算符（=）

赋值运算符"="的作用是将运算符右边表达式的值赋给左边的变量。右边的值可以是任何常数、变量或者表达式，只要能产生一个值就行。但左边必须是一个明确的、已命名的变量。也就是说，它必须有一个物理性的空间来保存右边的值。举个例子说，可将一个常数赋给一个变量：A=4;，但不可将任何东西赋给一个常数，即不能写为 4=A;。

对基本数据类型的赋值是非常直接的。由于基本类型容纳了实际的值，而并非指向一个引用或句柄，所以在为其赋值的时候，可将来自一个地方的内容复制到另一个地方。例如，假设 A、B 都为基本数据类型，则 A=B 使得 B 处的内容复制到 A。若接着又修改了 A，那么 B 根本不会受这种修改的影响。

但在为对象"赋值"的时候，情况却发生了变化。对一个对象进行操作时，真正操作的是它的句柄（也称为引用）。所以，倘若"从一个对象到另一个对象"赋值，实际就是将句柄从一个地方复制到另一个地方。这意味着假若以 C、D 为对象，则在 C=D 中 C 和 D 最终都会指向最初只有 D 才指向的那个对象。在 C 做了更改后 D 也会更改。这个问题在以后还会详细讨论。

2. 条件运算符（?:）

在 Java 中，条件运算符使用的形式是：

```
x ? y:z;
```

上面的三目条件运算的规则是：先计算表达式 x 的值，若 x 为真，则整个三目运算的结果是表达式 y 的值；若 x 为假，则整个三目运算的结果是表达式 z 的值。

下面的例子实现了从两个数中找出较大的数的功能。

```
int a=3,b=4;
int max=a>b?a:b;    //max 的值为 4
```

三目条件运算是可以嵌套的，如有以下的语句，则 max 表示的是 a、b、c 三个数中的最大值，其值为 5。

```
int a=3,b=4,c=5;
int max=(a>b ? a:b)>c ? (a>b?a:b):c;
```

3. instanceof 运算符

对象运算符 instanceof 用来判断一个对象是否是某一个类或者其子类的实例。如果对象是该类或者其子类的实例，则返回 true；否则返回 flase。

4. ()和[ ]

括号运算符()的优先级是所有运算符中最高的，所以它可以改变表达式运算的先后顺序。在有些情况下，它可以表示方法或函数的调用。

方括号运算符[ ]是数组运算符。

5. "."运算符

"."运算符用于访问对象实例或者类的类成员函数。

6. new 运算符

new 运算符用于创建一个新的对象或者新的数组。

2.6.7 运算符优先级与结合性

在 Java 中，规定了运算符的优先级和结合性。优先级是指同一表达式中多个运算符被执行的次序，在表达式求值时，先按运算符的优先级别由高到低的次序执行。结合性是指当一个运算对象两侧的运算符优先级别相同时，按规定的"结合方向"来处理。

例如，当"a=3; b=4"时：

（1）若 k=a+5*b，则 k=23（先计算 5*b，再计算 a+20）；

（2）若 k=a+=b-=2，则 k=5（先计算 b-=2，再计算 a+=2）。

表 2.3 列出了各个运算符的优先级和结合性，优先级的数字越小表示优先级越高，初学者在使用运算符时可以经常参考。

表 2.3 运算符的优先级和结合性

运 算 符	优 先 级	结 合 性
括号运算符：()	1	自左至右
方括号运算符：[]	1	自左至右
一元运算符：!、+（正号）、-（负号）	2	自左至右
位运算符：~	2	自左至右
递增、递减运算符：++、--	2	自左至右
算术运算符：*、/、%	3	自左至右
算术运算符：+、-	4	自左至右
左移位、右移位运算符：<<、>>	5	自左至右
关系运算符：>、>=、<、<=	6	自左至右
关系运算符：==、!=	7	自左至右
位运算符：&	8	自左至右
位运算符：^	9	自左至右
位运算符：|	10	自左至右
逻辑运算符：&&	11	自左至右
逻辑运算符：||	12	自左至右
条件运算符：?:	13	自右至左
（复合）赋值运算符：=、+=、-=、*=、/=、%=	14	自右至左

2.7 控制语句

在 Java 程序设计中，通过控制语句实现执行流程的控制，完成一定的任务。流程是由若干语句组成的，语句可以是单一的一条语句，如 c=a+b，也可以是用大括号{}括起来的一个复合语句。Java 中的控制语句有以下几类：

（1）分支语句：if...else、switch。
（2）循环语句：while、do...while、for。
（3）与程序转移有关的跳转语句：break、continue、return。

2.7.1 分支语句

1．if 语句

if 语句的基本格式如下：

```
if  (<逻辑表达式>)
    <语句块 1>
[else
    <语句块 2>]
```

其中：

（1）<逻辑表达式>是一个通过逻辑操作符连接起来的表达式。

（2）<语句块 1>和<语句块 2>可以由一个 Java 语句组成，也可以由多个 Java 语句组成。

（3）else 子句是可选项，换句话说，一个 if 语句可以有 else 子句，也可以没有 else 子句。

if 语句对应的流程图如图 2.9 所示。

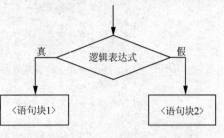

图 2.9　if…else 语句流程图

【例 2.10】利用 if 语句，判断某一年是否是闰年。（效果如图 2.10 所示）

```
public class LeapYear
{
    public static void main(String args[])
    {
        //第一种方式
        int year = 1989;
        if((year % 4 ==0&&year % 100 != 0)||(year % 400 ==0))
        {
            System.out.println(year + "is a leap year.");
        }
        else
        {
            System.out.println(year + "is not a leap year.");
        }
        //第二种方式
        year = 2000;
        boolean leap;
        if(year % 4 != 0)
        {
            leap = false;
        }
        else if(year % 100 != 0)
        {
            leap = true;
        }
        else if(year % 400 != 0)
        {
          leap = false;
        }else
          {
              leap = true;
          }
        if(leap == true)
        {
            System.out.println(year + "is a leap year.");
        }
        else
        {
```

```java
            System.out.println(year + "is not a leap year.");
        }
        //第三种方式
        year =2050;
        if(year % 4 == 0)
        {
            if(year % 100 == 0)
            {
                if(year % 400 == 0)
                {
                    leap = true;
                }
                else
                {
                    leap = false;
                }
            }
            else
            {
                leap = false;
            }
        }
        else
        {
            leap = false;
        }
        if(leap == true)
        {
            System.out.println(year + " is a leap year.");
        }
        else
        {
            System.out.println(year + " is not a leap year.");
        }
    }
}
```

```
General Output
--------------------Configuration: <Default>--------------------
1989is not a leap year.
2000is a leap year.
2050 is not a leap year.

Process completed.
```

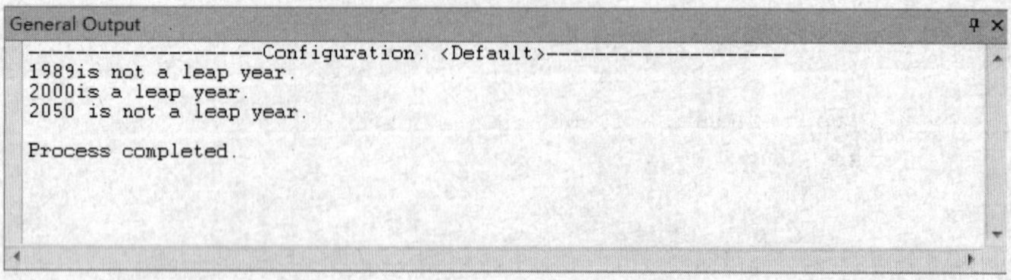

图 2.10 例 2.10 程序运行结果

2. switch 语句

当存在多个条件选择时，可以使用 switch 语句，其格式如下：

```
switch ( <表达式>){
```

```
    case <常量1> : <语句块 1>
        break;
    case <常量2>: <语句块 2>
        break;
    ...
    case <常量n>  : <语句块 n>
        break;
    [default : <语句块 n+1>]
}
```

switch 语句的流程图如图 2.11 所示。

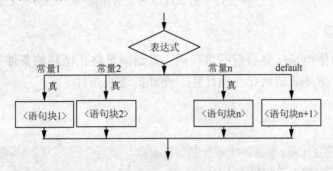

图 2.11 switch 语句流程图

【例 2.11】switch 语句示例。注意其中 break 语句的作用。（效果如图 2.12 所示）

```java
public class SwitchDemo
{
    public static void main(String[] args)
    {
      for(int i = 0; i < 10; i++)
      {
        char c = (char)(Math.random() * 26 + 'a');
        System.out.print(c + ": ");
        switch(c)
        {
          case 'a':
          case 'e':
          case 'i':
          case 'o':
          case 'u':
                System.out.println("vowel");
                break;
          case 'y':
          case 'w':
                System.out.println("Sometimes a vowel");
                break;
          default:
                System.out.println("consonant");}
        }
      }
    }
}
```

程序运行说明：每次运行都随机产生 10 个字母，所以以下的运行结果不是固定的。

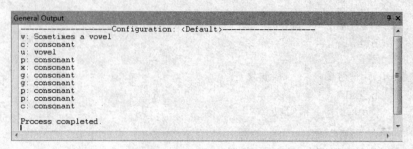

图 2.12　例 2.11 程序运行结果

2.7.2　循环语句

循环语句的作用是反复执行一段代码，直到满足终止循环的条件为止。因此，一个循环应该包括循环的初始化、循环体、循环的终止条件。

1. for 语句

格式如下：

```
for (<初始操作>;<循环条件>; <循环处理>)
    <循环执行的语句块>
```

其中：

（1）<初始操作>：开始循环之前进行的初始操作内容。

（2）<循环条件>：每循环一次都要进行测试的循环条件，一旦<循环条件>不成立，则循环的执行终止；否则继续进行循环。

（3）<循环处理>：每循环一次都要进行操作的内容。

（4）<循环执行的语句块>：只有<循环条件>成立时，才执行的语句块。

for 语句的流程图如图 2.13 所示。

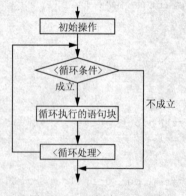

图 2.13　for 语句流程图

【例 2.12】　输入一个整数，求出它的所有因子。（效果如图 2.14 所示）

```
import java.util.*;
public class ForTest
{
```

```
public static void main(String[] args)
{
    System.out.println("请输入一个数：");
    Scanner scan=new Scanner(System.in);  //接收从键盘上输入的整型数据
    int number=scan.nextInt();
    System.out.print(number+"的所有因子是：");
    for(int i=1;i<number;i++)
    {
        if(number%i==0)
            System.out.print(i+" ");
    }
}
```

```
General Output                                                              ×
--------------------Configuration: <Default>--------------------
请输入一个数：
12
12的所有因子是： 1 2 3 4 6
Process completed.
```

图 2.14 例 2.12 程序运行结果

2. while 语句

格式如下：

```
while (<循环条件>)
    <循环执行的语句块>
```

其执行顺序是：先判断<循环条件>是否成立，若成立，则执行<循环执行的语句块>，继续循环操作；若<循环条件>不成立，则停止循环。在应用 while 语句时应该注意，在<循环执行的语句块>中，一般应该包含改变<循环条件>表达式值的语句，否则便会造成无限循环（死循环）。while 语句的流程图如图 2.15 所示。

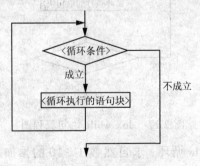

图 2.15 while 语句流程图

【例 2.13】用 while 循环，求自然数 1～10 的累加和。（效果如图 2.16 所示）

```
public class WhileDemo
{
    public static void main(String args[])
```

```
        {
            int n = 10;
            int sum = 0;
            while(n > 0){
                sum += n;
                n--;
            }
            System.out.println("1~10 的数据和为: " + sum);
        }
```

```
General Output                                                    ┬ ×
--------------------Configuration: <Default>--------------------
1~10的数据和为: 55

Process completed.
```

图 2.16　例 2.13 程序运行结果

3. do...while 语句

格式如下：

```
do <循环执行的语句块>
while (<循环条件>)
```

其执行顺序是：先执行<循环执行的语句块>，后判断<循环条件>是否成立，若成立，则继续循环操作；若<循环条件>不成立，则停止循环。与在应用 while 语句时一样，应该注意，在<循环执行的语句块>中，一般应该包含改变<循环条件>表达式值的语句，否则便会造成无限循环（死循环）。do...while 语句的流程图如图 2.17 所示。

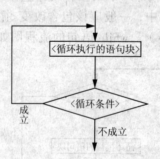

图 2.17　do...while 语句流程图

【例 2.14】用 do...while 循环，求自然数 1～10 的累加和。（效果如图 2.18 所示）

```
public class DowhileDemo
{
    public static void main(String args[])
    {
        int n = 0;
        int sum = 0;
        do
```

```
            {
                sum += n;
                n++;
            }while(n <= 10);
            System.out.println("1~10的数据和为: " + sum);
        }
    }
```

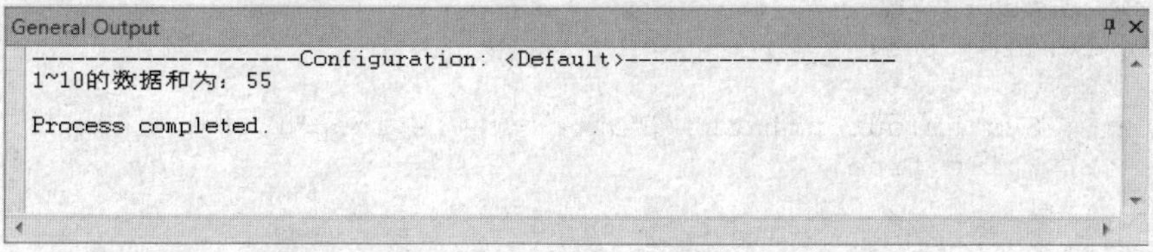

```
General Output
----------------------Configuration: <Default>----------------------
1~10的数据和为: 55
Process completed.
```

图 2.18　例 2.14 程序运行结果

2.7.3　与程序转移有关的跳转语句

1. break 语句

break 语句有两种使用方法：第一种，break 语句出现在 switch 语句或循环体时，使程序从循环体和 switch 语句内跳出，继续执行逻辑上的下一条语句；第二种，在 Java 中，可以为每个代码块加一个括号，一个代码块通常是用大括号{}括起来的一段代码。加标号的格式如下：

```
块名: { 语句块 }
```

break 语句的第二种使用情况就是跳出它所指定的块，并从紧跟该块的第一条语句处执行。其格式如下：

```
break 块名;
```

例如：

```
a:{ ...            //标记代码块 a
  b:{ ...          //标记代码块 b
    c:{ ...        //标记代码块 c
      break b;
      ...          //此处的语句块不被执行
    }
    ...            //此处的语句块不被执行
  }
  ...              //从此处才开始执行
}
```

2. continue 语句

continue 语句用来结束本次循环，跳过循环体中下面尚未执行的语句，接着进行终止条件的判断，以决定是否继续循环。continue 语句只可能出现在循环语句（while、do...while 和 for 循环）的循环体中。同 break 语句一样，continue 语句也可以跳转到一个标签处。请看下面的例子，注意其中 continue 语句与 break 语句在循环中的区别。

【例 2.15】 break 语句和 continue 语句的使用示例。（效果如图 2.19 所示）

```java
public class BreakAndContinue
{
    public static void main(String[] args)
    {
      int i = 0;
      outer:
      while(true)
      {
        System.out.println ("Outer while loop");
        while(true)
        {
          i++;
          System.out.println ("i = " + i);
          if(i == 1)
          {
            System.out.println ("continue");
            continue;
          }
          if(i == 3)
          {
            System.out.println ("continue outer");
            continue outer;
          }
          if(i == 5)
          {
            System.out.println ("break");
            break;
          }
          if(i == 7)
          {
            System.out.println ("break outer");
            break outer;
          }
        }
      }
    }
}
```

```
General Output
--------------------Configuration: <Default>--------------------
Outer while loop
i = 1
continue
i = 2
i = 3
continue outer
Outer while loop
i = 4
i = 5
break
Outer while loop
i = 6
i = 7
break outer

Process completed.
```

图 2.19　例 2.15 程序运行结果

3. return 语句

return 语句从当前方法中退出,返回到调用该方法的语句处,并从紧跟该语句的下一条语句继续程序的执行。返回语句有两种格式:

```
return 表达式;
return;
```

return 语句通常用在一个方法体的最后,否则会产生编译错误,除非用在 if…else 语句中。

第3章 字符串和数组

本章介绍 Java 处理字符串和数组。字符串由一系列字符组成,这些字符可视为一个单元。本章将详细讨论 java.lang 包 String 类、StringBuffer 类和 java.util 包中 StringTokenizer 类的功能。数组是相同类型的相关数据项组成的数据结构,本章主要讨论一维数组和多维数组的使用。

本章要点

- 熟练处理字符串。
- 掌握数组的定义、创建及使用。

3.1 字 符 串

前面已经介绍了 char 类型,但由于单个字符所蕴含的信息太少,不适合大量信息处理,当把一个个字符组合在一起时,就可以包括更多新的含义,这就形成新的数据类型——字符串。字符串一直是程序设计的主要内容,也是容易出现错误的地方。

这里介绍 Java 语言所提供的 4 种常用字符串类:

(1) String 类(字符串类)。
(2) StringBuffer 类(字符串缓冲器)。
(3) StringTokenizer 类(词法分析器类)。
(4) Character 类。

3.1.1 String 类

在前面的学习中,我们已经用过字符串,如 println(String s)方法中的参数。该方法的功能是通过 Java 解释器将要输出的内容转化成一个 String 对象,再把它传给 println 方法输出。Java 使用 java.lang.String 类处理字符串。

1. 构造一个字符串

字符串常量是用双引号括住的一串字符。如"welcome to java!"。要创建一个字符串,需要用到下面的语法:

```
String   字符串变量名 = new  String (字符串常量);
```

另外,Java 还提供了一个简单的创建字符串的语法:

```
String   字符串变量名 = 字符串常量
```

2. 常用方法

一旦建立了字符串类实例,就可以使用 Java 所提供的 String 类的成员方法来进行字符串处理。

(1)返回字符串长度的方法:

```
public  int  length ( )
```

(2)返回指定位置字符的方法:

```
public  char  charAt (int  index)
```

(3)把字符串中指定内容复制到字符数组的方法:

```
public  void  getChars (int  srcBegin, int   srcEnd, char [ ] dst, int  dstBegin )
```

(4)比较两个字符串是否相等的方法:

```
public  boolean  equals (Object  anObject)
```

(5)比较两个字符串在不区分大小写时是否相等的方法:

```
public  boolean  equals IgnoreCase(Object  anObject)
```

(6)比较两个字符串大小的方法:

```
public  int  compareTo (Object  anObject)
```

例如:

```
s1.compareTo (s2)
```

如果 s1 等于 s2,该语句返回 0;如果按字典顺序 s1 小于 s2,该语句返回一个小于 0 的值;如果按字典顺序 s1 大于 s2,该语句返回一个大于 0 的值。

(7)检查在指定范围内是否有指定前缀内容的方法:

```
public  String  startWith (String  pre, int  toffset)
```

(8)连接两个字符串的方法:

```
public  String  concat (String  str)
```

例如:

```
"Hello," . concat ("java"). concat (" World! ")
//返回"Hello, java World!"
```

另外,Java 还提供了一种连接字符串更简便的方法。例如:

```
"Hello, " +" java"+" World!"
```

```
//返回的结果也是" Hello, java World!"
```

（9）返回指定字符和指定字符串在字符串中第一次出现的位置值的方法：

```
public String indexOf (char ch)
public String indexOf (String str)
```

（10）在字符串中使用指定字符进行替换的方法：

```
. public String replace (char oldchar, char newChar)
```

（11）取子串的方法：

```
public String substring (int start, int end)
```

该语句将一个字符串的子串作为新串返回。子串从指定的 start 处开始，延续到 end-1 处的字符。这样，子串的长度为 end-start。字符串第一个字符的位置为 0。

（12）把字符串中字符转换为大小写的方法：

```
public String toUpperCase ( )
public String toLowerCase ( )
```

（13）把其他类型转换为字符串的方法：
可通过连接符"+"实现。比如：

```
int i=10;
String s = "" + i;
```

还可以通过调用 valueOf( )方法实现，比如：

```
int i=10;
String s = String.valueOf(i);
```

还可调用 toString( )方法实现，比如：

```
int i=10;
String s = Integer.toString(i);
```

其他类型的转换与上述相似，具体可以参看 JDK 帮助文档。

3. 字符串的应用

字符串的应用非常广泛，这里选择几个实用的例子，通过这些例子，希望大家能熟悉掌握和处理字符串的能力。

【例 3.1】 演示字符串操作的应用程序。（效果如图 3.1 所示）

```
// Demonstrating some String methods.
public class StringDemo
{
    public static void main(String args[])
    {
        String strOb1 = "First String";
        String strOb2 = "Second String";
        String strOb3 = strOb1;
        System.out.println("Length of strOb1: " +strOb1.length());
        System.out.println("Char at index 3 in strOb1:" +strOb1.charAt(3));
```

```
            if(strOb1.equals(strOb2))
                System.out.println("strOb1 = = strOb2");
            else
                System.out.println("strOb1 != strOb2");
            if(strOb1.equals (strOb3))
                System.out.println("strOb1 == strOb3");
            else
                System.out.println("strOb1 != strOb3");
    }
}
```

```
General Output
Char at index 3 in strOb1: s
strOb1 != strOb2
strOb1 == strOb3

Process completed.
```

图 3.1　例 3.1 程序运行结果

3.1.2　StringBuffer 类

字符串一旦创建,它的值就固定了,但在实际应用中,经常需要对字符串的内容进行动态的修改,Java 中 String 类的替代品 StingBuffer 类可以实现该操作。StingBuffer 类比 String 类更灵活,可以在字符串缓冲区中添加、插入、追加新内容。

1. 构造一个字符缓冲区

```
StringBuffer( );              /*分配 16 个字符的缓冲区*/
StringBuffer( int len );      /*分配 len 个字符的缓冲区*/
StringBuffer( String s );     /*除了按照 s 的大小分配空间外,再分配 16 个字符
                                的缓冲区*/
```

2. 常用方法

StringBuffer 类提供了许多方法来操作字符串缓冲区,下面只列出一些比较常用的方法。

（1）获得字符串长度的方法：

```
public  int  length ( )
```

（2）重新设置字符串长度的方法：

```
public  void  setLength (int  newLength )
```

（3）返回当前缓冲区容量的方法：

```
public  int  capacity ( )
```

（4）在字符串添加新内容的方法：

```
public  StringBuffer  append (String  str)
```

（5）删除字符串指定内容的方法：

```
public  StringBuffer  delet (int  start, int  end)
```

（6）使用字符串替换指定内容的方法：

```
public StringBuffer replace (int start, int end, String str)
```

（7）在指定位置插入字符串的方法：

```
public StringBuffer insert (int offset, String str)
```

（8）反转字符串内容的方法：

```
public StringBuffer reverse ( );
```

【例3.2】StringBuffer串的插入与追加操作示例。（效果如图3.2所示）

```
public class StrbInsAppd
{
    public static void main(String[] args)
    {
        int age=22;
        float pay=3124.3f;
        char blank=' ';
        char [] age_infor={'a','g','e'};
        String pay_infor="pay";
        String addr_infor="hainan";
        StringBuffer name_infor=new StringBuffer("Jimy");
        StringBuffer buf=new StringBuffer(100);
        buf.insert(0,pay);
        buf.insert(0,blank);
        buf.insert(0,pay_infor);
        buf.insert(0,blank);
        buf.insert(0,age).insert(0,blank);
        buf.insert(0,name_infor);
        System.out.println("after inserting:"+buf+" ");
        buf.append(blank);
        buf.append(addr_infor);
        System.out.println("after appending:"+buf+" ");
    }
}
```

```
General Output                                              ⋈ ×
-----------------Configuration: <Default>-----------------
after Insertinginserting:Jimy 22 pay 3124.3
after appending:Jimy 22 pay 3124.3 hainan

Process completed.
```

图 3.2　例 3.2 程序运行结果

3.1.3　StringTokenizer 类

java.util.StringTokenizer 类可以将一个串分成小片，以便提取和处理其中的信息。如果想得到一个串的全部单词，则可以为它创建一个 StringTokenizer 类的实例，然后用 StringTokenizer 类中的方法提取单个单词。

1. 构造一个字符串词法分析器

```
public StringTokenizer ( String str);
    /*构造一个字符串且采用默认分隔符的词法分析器*/
public StringTokenizer ( String str, String delim);
    /*构造一个指定字符串和分隔符的词法分析器*/
public StringTokenizer ( String str, String delim,boolean returnDelims);
    /*构造一个指定字符串和分隔符且返回分隔符的词法分析器*/
```

2. 常用方法

（1）测试是否还有分析出来的单词：

```
public boolean hasMoreTokens( );
```

（2）返回下一个单词：

```
public String nextToken( );
```

（3）返回分析出来的单词个数

```
public int countTokens( );
```

StringTokenizer 类如何识别每一个单词呢？构造 StringTokenizer 对象时，可以指定一套定界符号。定界符把串分成为令牌的小片。

3.1.4 Character 类

在 Java 中，Character 类是对单个字符进行操作。

1. 构造一个 Character 对象

```
public Character （char）//以 char 参数构造一个 Character 对象
```

2. 常用方法

（1）当前 Character 对象转换成字符串。

```
public String toString()
```

（2）当前 Character 对象与 anotherCharacter 比较。相等关系返回 0；小于关系返回负数；大于关系返回正数。

```
public int compareTo(Character anotherCharacter)
```

（3）当前 Character 对象与 anotherCharacter 比较。相等关系返回 0；小于关系返回负数；大于关系返回正数。

```
public int compareTo(Character anotherCharacter)
```

（4）判断字符 ch 是否为大写字母或小写字母。

```
public static boolean isUpperCase(char ch)//或
public static boolean isLowerCase(char ch)
```

（5）判断字符 ch 是否为字母。

```
public static Boolean isLetter(char ch)
```

这里只举了有关 Character 类的几个方法，可在 JDK 文档中查阅该类的 API，以加深对 Character 类的理解。

3.2 数　　组

当需要存储一组数据时，由于为每一个数据声明一个变量来存放是不可能的，因此需要一个更高效组织数据的方法，这就是将要介绍的数组。数组是一种最简单的复合数据类型，是多个相同数据类型数据的组合，它的出现实现了对这些相同数据的统一管理。Java 将数组作为对象处理，有一维数组和多维数组之分。

3.2.1 一维数组

1．一维数组的声明

```
<数据类型>    <数组名称>  [ ];
<数据类型>    [ ]   <数组名称>;
```

其中，<数据类型>可以是基本数据类型，也可以是以后将要学到的对象数据类型。数组名是一个标识符，"[ ]"指明了该变量是一个数组类型变量。

2．一维数组的创建和初始化

创建数组指的是在声明数组之后为数组分配存储空间，同时对数组中的元素执行初始化。因为定义一维数组后，在没有初始化之前，数组是不能被引用的，所以在使用数组之前必须进行初始化。初始化的方式有两种：

（1）静态方式：

```
<数据类型>    <数组名称>  [ ]= { <数组元素列表> };
```

（2）动态方式：

```
<数据类型>   [ ]   <数组名称> = new   <数据类型> [ <数组大小>];
```

3．对数组的操作

（1）对数组元素的引用

数组创建后就可以直接引用了，一般情况下只能对数组元素逐个引用而不能一次引用整个数组。在程序中使用数组元素和使用同类型的普通变量一样，格式如下：

```
<数组名称> [ 下标 ]
```

其中，下标是非负的整型常数或表达式。数组的下标从 0 开始编号，直到数组的最后一个元素，即数组的长度减 1。例如：

```
int sum [ ] = new int [ 3 ];
```

这里定义了数组 sum 有 3 个元素，分别为 sum [0]、sum [1]、sum [2]。

【例 3.3】 声明一个整型数组并对它初始化,在屏幕上输出各元素的值与其总和。(效果如图 3.3 所示)

```
public class IntArray
{
    public static void main(String args[ ])
    {
        int a[ ]={1,2,3};
        int i,sum=0;
        for(i=0;i<a.length;i++)
            sum=sum+a[i];
        for(i=0;i<a.length;i++)
            System.out.println(" a[" +i+"]="+a[i]);
        System.out.println(" sum="+sum);
    }
}
```

```
General Output
--------------------Configuration: <Default>--------------------
a[0]=1
a[1]=2
a[2]=3
sum=6
Process completed.
```

图 3.3　例 3.3 程序运行结果

因为所有的数组大小都已知,数组元素都是同一类型并且具有同样的属性,甚至处理时也使用同样的方法。因此,经常使用 for 循环来处理数组的所有元素,如使用 for 循环初始化数组、显示数组、控制数组和操作数组元素。

(2)数组的长度

在 Java 中,每个数组都有一个属性 length 指明它的长度(即该数组可以容纳元素的个数),如:intArray.length 指明数组 intArray 的长度。

Java 运行系统时,会对数组下标进行越界检查,因此下标值必须在指定的范围内:0~intArray.length。数组的最大下标值为 length-1,以保证安全性;如有越界将产生下标越界(ArrayIndexOutOfBoundexception)的编译错误。

另外,Java 中的数组一旦创建,大小就不可以改变了。但是,可以为数组重新分配空间,这样原来数组元素的值将被清除。它还是独立的类,有自身的方法和属性。

【例 3.4】 求一维数组的长度,并输出结果。(效果如图 3.4 所示)

```
public class ArrayLength
{
    public static void main(String [] args)
    {
        int  a[ ]={1,2,3,4,5};
        System.out.println("length:" + a.length + "\n");
        for( int  i=0;  i<a.length;   i++ )
            System.out.print( a[i]+ "  ");
        a = new int [ 8 ];
        System.out.println();
```

```
            System.out.println("length:" + a.length + "\n");
            a[0]=1;
            a[1]=10;
            for( int i=0; i<a.length; i++ )
                System.out.print( a[ i ] + "  ");
        }
    }
```

```
General Output
--------------------Configuration: <Default>--------------------
length:5

1 2 3 4 5
length:8

1 10 0 0 0 0 0 0
Process completed.
```

图 3.4　例 3.4 程序运行结果

（3）数组的复制

在 Java 中，在两个数组间使用赋值语句（=），例如：

```
    newArray = array;
```

这两个数组名指向的都是同一数组，改变 newArray 数组元素的值，array 数组元素的值也会随之改变。数组名存放的是一个引用地址（为数组分配的存储空间的首地址），是一个地址常量。如果把数组名赋值给另一个数组名，传送的是地址，两个数组名指向同一个地址，实际上是给同一个数组取两个名字。如果改变其中一个数组的内容，另一个也会改变。

如果希望复制一个数组，实现数组和被复制的数组分别占用独立的内存空间，则有下面三种方法：

① 用循环语句复制数组的每个元素。例如：

```
    for (int i-0 ; i < intArray . length ; i++ )
    targetArray [ i ] = intArray [ i ] ;
```

② 使用 Object 类的 clone 方法。例如：

```
    int [ ] targetArray = ( int [ ] ) intArray . clone ( ) ;
```

③ 使用 System 类中的静态方法 arrycopy：

```
    System . arraycopy ( sourceArray, offset1, targetArray, offset2, number )
```

其中，sourceArray 和 targetArray 是源数组和目标数组名，它们必须是已经初始化的数组。offset1 和 offset2 分别是源数组和目标数组操作的起始下标，number 表示要复制的元素的个数。

例如：

```
    int [ ] sArray = {3, 8, 2, 6 } ;
    int [ ] tArray = new int [ sourceArray . length ] ;
    System . arraycopy ( sArray, 0, tArray, 0, sourceArray . length ) ;
```

3.2.2 多维数组

前面，我们已经学会了如何使用一维数组。如果需要表示更复杂的数据，如矩阵或表格，则需要使用二维数组。在 Java 中，没有真正的多维数组，多维数组被看成"数组的数组"。

1. 二维数组的声明

```
<数据类型> <数组名称> [ ] [ ];
<数据类型> [ ] [ ] <数组名称>;
```

与一维数组一样，声明数组时，系统并没有为数组分配存储空间，因此不能指定各维的长度。用 new 关键字来创建数组后，系统才为数组分配存储空间。

2. 二维数组的创建

（1）直接为每一维分配空间。

例如：

```
char a [ ] [ ] = new char [3] [2];
```

Java 首先把数组 a 看作一维的字符型数组，一维数组 a 有 3 个（行标）元素，每个元素的值又是一个一维数组，每一个这样的一维数组又分别都有 2 个（列标）元素。

（2）从最高维开始分别为每一维分配空间。

例如：

```
char a [ ] [ ] = new char [ 3 ] [];
                        //最高维表明数组是一个含 3 个元素的一维数组
a [0]= new char [2];    //a 数组的第 1 个元素是一个长度为 2 的字符型数组
a [1]= new char [2];    //a 数组的第 2 个元素是一个长度为 2 的字符型数组
a [2] = new char [2];   //a 数组的第 3 个元素是一个长度为 2 的字符型数组
```

通过这种"数组中的数组"创建的数组，使得对多维数组的处理变得更加灵活。因此在 Java 中不仅可以创建规则的多维数组，而且可以创建不规则的多维数组，即数组的每列长度不一样。

例如：

```
char a [ ] [ ] = new char [3] [];
                        //最高维表明数组是一个含 3 个元素的一维数组
a [0] = new  char [2];   //a 数组的第 1 个元素是一个长度为 2 的字符型数组
a [1] = new  char [1];   //a 数组的第 2 个元素是一个长度为 1 的字符型数组
a [2] = new  char [1];   //a 数组的第 3 个元素是一个长度为 1 的字符型数组
```

上面的程序创建了一个不规则的二维数组。使用运算符 new 创建数组时，对于多维数组至少要给出最高维或前 n 维的大小。

例如，下面创建数组的语句都是错误的：

```
char a [ ] [ ] = new char [ ] [10];       //错误
char a [ ] [ ] = new char [ ] [ ];        //错误
```

```
char a [ ] [ ] [ ] = new char [10] [ ] [10 ];    //错误
char a [ ] [ ] [ ] = new char [ ] [10 ] [10 ];   //错误
```

3. 二维数组的初始化与引用

对二维数组中的初始化有两种方法：

（1）直接为每个元素赋值：

```
int a [ ] [ ] = new int [2] [2];
a [0] [0] =1; a [0] [1] =2; a [1] [0] =3; a [1] [1] =4;
```

（2）在声明的同时进行初始化：

```
int a [ ] [ ] ={{1, 2}, {3, 4}} ;
```

对二维数组的引用方式为：

```
数组名 [下标1 ] [下标2 ];
```

其中，下标1、下标2为非负的整型常数或表达式。例如：a [2] [2]、b [i-2] [j*2]（i，j为整数）等。每一维的下标取值都从 0 开始。

【例 3.5】 利用不规则的二维数组存储数据，输出杨辉三角形。（效果如图 3.5 所示）

```
public class ArrayYanghui
{
    public static void main(String [ ] args)
    {
        int i,j;
        int  yanghui[ ][ ]={{1},{1,1},{1,2,1},{1,3,3,1},{1,4,6,4,1}};
        for (i=0;i<yanghui.length-i;i++)
        {
            for(j=0;j<yanghui.length-i;j++)
                System.out.print (" ");
            for(j=0;j<yanghui[i].length;j++)
                System.out.print (" "+yanghui[i][j] +"  ");
            System.out.println ( );}
        System.out.println ( );
    }
}
```

```
General Output                                              ⏻ ×
------------------------Configuration: <Default>------------------------
           1
         1    1
       1   2    1

Process completed.
```

图 3.5 例 3.5 程序运行结果

3.3 排 序

排序是将一组数据依照一定的顺序排列起来。最常见的排序是"从小到大"递增排序和"从大到小"递减排序。在 Java 中在运用数组进行排序时，常用的排序算法有选择排序法、插入排序法、冒泡法。

3.3.1 选择排序

算法思想：首先从数组中选择出最大值（或最小值）放在第一个（或最后一个）位置，然后再从数组剩下的元素中选择出最大值（或最小值）放在第二个（或倒数第二个）位置，依此类推，直到剩下一个数为止。

【例 3.6】 利用选择排序的算法实现对一维数组中的数据进行升序排序。（效果如图 3.6 所示）

```java
public class SelectSort {
    public static void main(String[] args) {
        int[] arr = { 2, 345, 111, 1, 34, 5 };
        sort(arr);
        System.out.println("选择排序后: ");
        for(int i = 0; i<arr.length; i++){
            System.out.print(arr[i] + ", ");
        }
    }
    public static void sort(int[] arr){
        int temp = 0;
        int min = 0;
        for (int i = 0; i < arr.length - 1; i++) {
            min = i;
            for (int j = i + 1; j < arr.length; j++) {
                if (arr[min] > arr[j])
                    min = j;
            }
            if (min != i) {
                temp = arr[min];
                arr[min] = arr[i];
                arr[i] = temp;
            }
        }
    }
}
```

```
General Output
--------------------Configuration: <Default>--------------------
选择排序后
1, 2, 5, 34, 111, 345,
Process completed.
```

图 3.6 例 3.6 程序运行结果

3.3.2 插入排序

算法思想：先将无序序列中的第一个值去除作为关键值，然后将其放入有序序列（即作为新序列的第一个值），然后取第二个值作为关键值，将关键值放入有序序列，并与第一个值进行比较，若小于第一个值，则将这个关键值插入第一个值前面（交换），后面依次取值和前面的有序序列中的值进行比较，插入到合适位置。

【例 3.7】利用插入排序的算法对一维数组中的数据进行升序排序。（效果如图 3.7 所示）

```java
public class InsertSort {
    public static void sort(Comparable[] data) {
        //数组长度
        int len = data.length;
        //从下标为1开始依次插入
        for (int i = 1; i < len; i++) {
            //当前待插入的数据
            Comparable currentData = data[i];
            int temp = i;
            while (temp > 0 && data[temp - 1].compareTo(currentData) > 0) {
                //向右移动
                data[temp] = data[temp - 1];
                temp--;
            }
            //end while
            data[temp] = currentData;
        }//end for
    }//end sort

    public static void main(String[] args) {
        int[] c = { 4, 9, 23, 1, 45, 27, 5, 2 };
        sort(c);
        System.out.println("插入排序后: ");
        for(int i = 0; i<c.length; i++){
            System.out.print(c[i] + ", ");
        }
    }
}
```

```
General Output
-----------Configuration: <Default>-----------
插入排序后:
1, 2, 4, 5, 9, 23, 27, 45,
Process completed.
```

图 3.7　例 3.7 程序运行结果

3.3.3 冒泡排序

算法思想：n 个数，将第一个和第二个进行比较，将大的放在第二个位置，再将第二个和第三个比较,大的放在第三个位置,依次向后比较,比较 $n-1$ 次,将最大的放在最后(n 的位置),然后再从第一个开始比较,比较 $n-2$ 次,这次把最大的放到第 $n-1$ 个位置,然后再来回比较。遵循第 i 次遍历就从第一个数开始比较 $n-i$ 次,将最后的值放在第 $n-i+1$ 个位置。

【例 3.8】 利用冒泡排序的算法对一维数组里的数据进行升序排序。(效果如图 3.8 所示)

```java
public class BubbleSort {
    public static void sort(Comparable[] data) {
        //数组长度
        int len = data.length;
        for (int i = 0; i < len - 1; i++) {
            //临时变量
            Comparable temp = null;
            //交换标志,false 表示未交换
            boolean isExchanged = false;
            for (int j = len - 1; j > i; j--) {
                //如果 data[j]小于 data[j - 1],交换
                if (data[j].compareTo(data[j - 1]) < 0) {
                    temp = data[j];
                    data[j] = data[j - 1];
                    data[j - 1] = temp;
                    //发生了交换,故将交换标志置为真
                    isExchanged = true;
                }//end if
            }//end for
            //本趟排序未发生交换,提前终止算法,提高效率
            if (!isExchanged) {
                break;
            }//end if
        }//end for
    }//end sort
    public static void main(String[] args) {
        int[] c = { 4, 9, 23, 1, 45, 27, 5, 2 };
        sort(c);
        System.out.println("冒泡排序后: ");
        for(int i = 0; i<c.length; i++){
            System.out.print(c[i] + ", ");
        }
    }
}
```

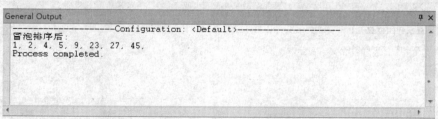

图 3.8 例 3.8 程序运行结果

3.4 查找

查找是利用给出的关键值,在一个数据集合或数据序列中找出符合关键值的一个或一组数据的过程。由于查找需要处理大量的数据,所以查找过程可能会占用较多的系统时间和内存,为了提高查找操作的效率,需要精心设计查找算法来降低执行查找操作的时间和空间代价。较为常用的查找算法有线性查找、二分查找等。

3.4.1 线性查找

线性查找也叫顺序查找,是最简单也是最原始的查找算法。算法的思想是:从要查找的数列的第一个数据开始,逐个与关键值进行比较,直到找到匹配数据为止。顺序查找对于待查找的数据序列没有特殊要求,这个序列可以是排好序的,也可以是未排序的,对于查找操作都没有影响。当数据序列中的数据不多的情况下,使用顺序查找操作简单,非常方便。

【例 3.9】 利用线性查找算法实现在一维数组中找某个关键值。(效果如图 3.9 所示)

```java
public class DirSearch {
    public static int dirSearch(int searchKey,int array[]){
        for(int i=0;i<array.length;i++){
            if(array[i]==searchKey){
                return i;
            }
        }
        return -1;
    }
    public static void main(String[] args) {
        int[] test=new int[]{1,2,29,3,95,3,5,6,7,9,12};//无序序列
        int index=dirSearch(95, test);
        System.out.println("查找到的位置 :"+ index);
    }
}
```

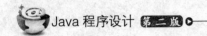

图 3.9 例 3.9 程序运行结果

3.4.2 二分查找

当数据序列中的数据量比较大时,可以考虑二分查找算法。使用二分查找算法时,要求要查找的数据序列必须是已经排好序的(升序、降序均可)。算法思想是:在一个已排序的数据序列中搜索特定元素(关键值)。假设数组已按升序排列,将关键值与数据序列中间的元素进行比较,如果关键值比中间元素小,则在前一半数据序列中搜索;如果关键值与中间元素相同,查找结束;如果关键值比中间元素大,则在后一半数据序列中搜索。

【例 3.10】 利用二分查找算法在一维数组中查找某个关键值。(效果如图 3.10 所示)

```java
public class BinarySearch {
    public static void main(String[] args) {
        int[] arr = {1,3,4,7,8,9,20,33,48};   //升序序列
        System.out.println(search(arr, 20));
    }

    public static int search(int[] arr, int key) {
        if(arr.length > 0) {           //如果数组里有元素存在,则执行
            int low = 0;               //初始化低位
            int high = arr.length-1;
            while(low <= high) {
                int mid = (low + high)/2;      //中间量定位
                if(key == arr[mid]) {          //找到就返回
                    return mid;}
                else if(key > arr[mid]){       //值比中间的大从右边找
                    low = mid +1;}
                else {    high = mid - 1;  }   //值比中间的小从左边找
            }
        }
        return -1;                             //没找到返回-1
    }
}
```

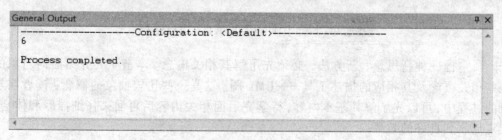

图 3.10 例 3.10 程序运行结果

第4章
对象和类

程序是计算机不可缺少的一部分,如何有效地编写程序是人们一直以来最关心的问题之一,而以怎样的思想来指导程序设计显得尤为重要。程序设计方法经历了几个发展阶段,而面向对象程序设计是如今较为流行和高效的程序设计方法。每一种思想和方法都有其自身的概念和相应原理,对象和类是面向对象程序设计中最基本也是最重要的两个概念。本章主要介绍面向对象程序设计的一些基本概念和原理,重点是如何用 Java 来表示这些概念。

本章要点

- 面向对象程序设计的基本概念。
- 类的创建。
- 对象实例化。
- 访问属性控制。
- 静态成员。
- final、this 和 null。
- 包。
- 综合应用示例。

4.1 面向对象程序设计

要掌握一种新思想、新方法,必须先了解其相关概念。本节主要介绍面向对象的一些相关概念及其相应的描述工具——UML 图。这是一些比较抽象的概念,读者在学习的过程中,可以先了解其基本内容,待学完后面相关内容后再回来仔细揣摩和体会,必定能收到良好的效果。

4.1.1 面向对象方法学的形成

程序设计方法学是讨论程序的性质以及程序设计的理论和方法的一门学科,是研究和构造程序的过程的学问。从计算机诞生至今,程序设计方法学大致经历了如下几个阶段：线性程序设计、结构化程序设计和面向对象程序设计。

尽管程序设计方法学与程序设计语言是两个不同的概念，但它们却有着千丝万缕的联系。一种程序设计方法学往往是伴随着一批程序设计语言的出现而不断发展和完善起来的。同样，面向对象的概念和方法也是从面向对象的程序设计语言发展、演变而来的。

20 世纪 60 年代末出现的 Simula 语言引入了类的概念和继承机制，已初步形成了面向对象语言的雏形，被认为是面向对象语言的先驱。尽管这个语言对后来的许多面向对象语言的设计产生了很大的影响，但是它没有后继版本。

具有里程碑意义的是 Smalltalk 语言的出现。从 20 世纪 70 年代 Xerox Palo Alto 研究中心推出 Smalltalk 72 后，经过不懈的努力，于 1981 年推出了商用化的 Smalltalk 80，它已全面具有了面向对象语言的特征，掀起了一场面向对象的运动。正是它的出现，才使得面向对象的方法和原理有了很大的进展。

20 世纪 80 年代以后，面向对象的语言如雨后春笋，发展相当迅猛。目前已形成了两大类面向对象的语言：一类是所谓的混合型面向对象语言，如 C++、CLOS（Common Lisp Object System）以及 Pascal 等；另一类是所谓的纯面向对象的语言，如 Smalltalk、Eiffel、Java 等。特别是 20 世纪 90 年代中期出现的 Java 语言，它的强大功能让人震撼，在设计交互式、多媒体网页和网络应用程序等方面尤为突出；它在面向对象、跨平台、网络适用、多线程等方面具有先进而实用的特征，它已成为当今推广最快、相当受人青睐的一门计算机程序设计语言。

虽然，程序设计语言在很大程度上决定着软件的水平，但它并不等于软件的全部。面向对象的语言为人们开发软件提供了一个良好的程序设计工具，但仅有面向对象的程序设计语言，而沿用传统的结构化软件开发思想和方法是开发不出好的面向对象软件的。正如早期从 C 转到 C++ 的部分程序员一样，虽然了解了 C++ 如何创建类和类层次的语法，但并不意味着就知道如何用这些语法来进行工作。面向对象方法学要求人们在遇到非常复杂的问题时，必须用面向对象的思维方式来考虑问题，用面向对象的世界观来观察世界、分析问题、抽象出问题解的模型，用面向对象的方法来解决问题、设计软件、构造问题模型的解——软件模型，最后再用面向对象语言所提供的机制，如类、对象、消息、继承、多态等去实现这个软件模型。这样得到的软件才能真正达到对问题域的直接映射和模拟，减少软件开发的复杂性和重复性等，真正发挥面向对象的功能。

20 世纪 80 年代后期，随着面向对象程序设计方法的逐渐成熟，面向对象已作为一种新的程序设计风范逐渐为计算机界所理解和接受，它促使研究者去考虑面向对象的软件开发问题，且取得了丰硕的成果。面向对象的设计、面向对象的分析不断成熟，由此形成了一种新的软件开发方法，即面向对象开发方法和面向对象的方法学。

面向对象的方法学认为：客观世界是由各种"对象"组成的，任何事物都是对象，每个对象都有自己的运行规律和内部状态。通过类比，具有相同特征和功能的对象形成类，每个对象都属于某个"对象类"，都是该对象的一个实例。对象类之间可以通过继承关系构成类的层次结构，"子类"可以直接继承"父类"的性质和功能。而对象之间通过消息相互作用,消息就是通知另一个对象完成一个允许作用于该对象的操作,该对象如何完成这个操作的细节将被封装在类的定义中,对外界是隐藏的。

面向对象方法提供了比结构化方法更自然、更合理的概念和技术,它的很多性质,如抽象性、封装性、继承性、多态性等比结构化方法更为优越,从而使其成为一种能更有力地克服软件危机、提高软件质量的有效工具。

目前,面向对象的方法和技术正在向更深、更高的层次进一步发展,如面向对象的理论基础、面向对象的形式化、面向对象的数据库、面向对象的操作系统、面向对象的知识表达、面向对象的仿真系统等。

4.1.2 面向对象的基本概念

面向对象方法学的核心思想是通过一些基本概念体现出来的。它主要围绕着对象、类、消息、继承性、多态性等基本概念和机制展开。例如,将"对象"作为一个独立的逻辑单元与现实世界中的客体相对应,用"类"来描述具有相同属性特征和行为方法的一组对象,可利用"继承"来实现具有继承关系的类之间的数据和方法的共享,对象之间以"消息"传递的方式进行"通信"等。下面对面向对象方法学中的部分主要核心概念进行简单介绍。

1. 抽象

抽象是人类认识世界的一种方式,它是指从同类型的众多事物中舍弃个别的、非本质的属性和行为,而抽取出共同的、本质的属性和行为的过程。抽象主要包括事物属性的抽象和行为的抽象两种类型。

属性可用来描述事物在某时刻的状态,常用具体的数据来表示。属性的抽象是面向对象程序设计所采用的核心方法。若要表示屏幕上的一个四边形,就要进行其属性的抽象。四边形有正方形、长方形、菱形以及其他任意的不规则四边形,只要是由四条边组成的平面上的封闭图形就是四边形。它们的边长可能各不相同;各边的颜色也可能不一样;它们的形状也各异,如可以是凹的,也可以是凸的;甚至各图形在屏幕上的位置也各不相同。要表示这样的图形,可用四边形有序的四个顶点来描述,因为由这四个值及它们的先后顺序就可以描述该图形在某时刻的形状及在屏幕上的位置,这也就是该四边形在此时刻的状态。

行为的抽象也称功能的抽象,即舍弃个别的功能,而抽取共同的功能的过程。例如上面关于四边形的示例中,图形的平移、图形的旋转等都是它们共有的功能行为,可以将平移和旋转抽取出来作为它们共同的行为;而求正方形的内切圆就不是四边形所共有的行为,如凹四边形是没有内切圆的,故就不能将求内切圆作为四边形的一个共同行为抽取出来。

2. 封装

封装是将事物的属性和行为聚集在一起而形成一个完整的逻辑单元的一种机制。利用这种机制可以实现信息的隐藏,外界客体只能通过封装向外界提供的接口才能访问描述事物属性的内部数据。这既有利于客体本身的维护,也有利于保护信息的安全。如变压器就是一个实现封装的很好示例。变压器主要部件是绕组和铁芯,还有油箱、冷却装置、绝缘套管等组成部分，它们都是变压器的"属性"；而变压和调压是变压器应具有的基本"行为"。这些"属性"和"行为"都被封装在一起，购买变压器的人只关心是否能由额定的输入电压而得到指定的输出电压，是否能满足所需的额定功率和额定电流等要求，而变压器内部的铁芯组成、变压原理和调压过程等都不用考虑。

在面向对象的程序设计过程中，封装的具体作法就是将描述对象状态的属性和对象固有的行为分别用数据结构和方法来加以描述，并将它们捆绑在一起形成一个可供外界访问的独立的逻辑单元，外界只能通过客体所提供的方法来对其间的数据结构加以访问，而不能直接存取。很明显，封装是实现信息隐藏的有效手段，它尽可能隐蔽对象的内部细节，只保留有限的对外接口，使之与外部发生联系。封装保证了数据的安全性，提高了应用系统的可维护性，也有利于软件的移植与重用。

3. 对象

粗略地讲，世间万事万物都可看作对象，如一个人、一架飞机、一条河流等都可看作对象。世界是由对象构成的，对象的有机组成构成了丰富多彩的世界。对象可以是具体的，也可以是抽象的，它可以表示现实世界中的某个实体，也可表示某个抽象的概念，如一本书、一个原子、一种颜色等实体都是对象；同时，一种信仰、一种思想、一种方法、一种关系等抽象概念也都可看作对象。简单的对象可以组成复杂的对象，如多人组成一个班级，所有班级及别的相关单位共同组成一个学校，所有学校及别的相关机构一起组成全国的教育系统等。

世间万物千差万别，各种对象的特性也各异，但不同的对象可由其所具有的特征加以描述。给每个对象一个唯一的标识，可以区分同一类型的不同对象。同一个对象其内部所具有的性质也多种多样，但是可将对象内部多种多样的性质从本质上分为两大类：一类是对象自身所要维护的知识，称为属性，常用具体的数据值来描述；另一类是通过对象的行为所表现出来的特性，称为操作，常用方法来描述，方法是通过其执行步骤来完成的。

因此，面向对象的方法学将对象理解为：对象是一组信息及其操作的描述。

4. 类

类是面向对象方法学中一个极其重要的概念。

类是对具有相同或相似属性和行为的一组对象的共同描述，它是对具有相似特性的对象建立的模板，是一个抽象的概念，而每个对象则是一个有意义的实体。

类是对同一组对象抽象的结果，是人们认识世界的过程中应用归纳法的体现。例如，人们今天看到了一只大雁，明天看到一只乌鸦，后天又看到一只麻雀，虽然它们各不相同，但久而久之，人们发现它们区别于别的事物的共同特征在于它们是会飞行的动物，于是就形成"鸟"这个"类"，也即鸟类。

面向对象的方法主要是描述类而不是对象。有了类，对象就是类的具体化，是类的一个实例，因此，人们也将对象称为某个类的实例对象，而将类称为某组对象的对象类。有了类，类就像一个能"生产对象"的机器，通过它，可以产生同类对象的实例。例如，有了鸟类，人们能得出猫头鹰也是鸟类的一个实例，因为它也是会飞行的动物。故人们将由类产生实例的过程称为对象实例化。

可以从已有的类中抽象出共同的特征，形成更高层的类。往往这些高层的类不能直接产生实例，但这是抽象类形成的基础，它们反映了人类认识世界的更高一级的抽象，是分类方法的一种应用。同样，也可由已有的类派生出新的类，派生出的新类称为子类，原来的类称为父类，从而构成类的层次关系，也就是类的继承。

5. 消息

一个对象与另一个对象如何协作，共同完成一定功能？对象之间如何相互联系？这一切都依赖于消息的传递来实现。消息是一个对象要求另一个对象实施某项操作的请求，它反映了对象之间的信息通信机制，是不同的对象之间信息交流的唯一手段。发送消息的对象称为发送者，接收消息的对象称为接收者。在一条消息中，包含消息的接收者和要求接收者完成某项操作的请求，它只告诉接收者需完成什么，而不指示接收者如何完成，具体的操作过程由接收者自行决定。这样，对象之间就不会相互干扰，保证了系统的模块性。

一个对象可以接收不同形式的消息；同一个消息也可以发送给不同的对象；不同的对象对相同的消息可有不同的解释（这就形成多态性）。发送者发送消息，接收者通过调用相应的方法响应消息，这个过程不断进行，使得整个应用程序在对象的相互调用过程中完成相应的功能，得到相应的结果。因此，可以说消息是驱动面向对象程序运转的源泉。

6. 继承

在介绍类的概念时提到，可由已有的类派生出新的类，派生出的新类称为子类，原来的类称为父类，从而构成类的层次关系，也就是类的继承。继承是类之间的一种常见关系，它是一种"一般"和"特殊"的关系。例如，在一个学校的人事管理系统中，可定义如下几个类：人员 Person 类、学生 Student 类和教师 Teacher 类，其中 Person 类是 Student 类和 Teacher 类的父类，而 Student 类和 Teacher 类是 Person 的子类。它们的关系如图 4.1 所示：通过继承，子类继承了父类的属性和行为，在子类中就不用再定义父类中已有的属性和行为了。例如，在 Person 类中，应该具有姓名、性别、年龄、籍贯、民族等属性和对人信息的修改和打印等行为，它们已被封装在 Person 类中，在 Student 类和 Teacher 类中就不用再定义 Person 类中已有的属性和行为。通过继承，Student 类和 Teacher 类中已经自动具有了从父类继承下来的属性和行为，而只需在 Student 类和 Teacher 类中添加其自身所需的属性和行为即可。

例如，在 Student 类中添加学号、班级等属性和修改、获取学号等行为；在 Teacher 类中添加教工号、最后学历、毕业院校、婚姻状况等属性和获取教工号和修改婚姻状况等行为。

一个类可以被多个子类继承，子类又可以再被别的类所继承，从而形成类的层次结构。图 4.2 就是具有这种层次结构的类的继承关系。在图中，B、C 类继承于 A 类，D、E 类继承于 C 类，我们把 A 类叫作 B、C 类的父类，C 类叫作 D、E 类的父类；B、C 类叫作 A 类的子类，D、E 类叫作 C 类的子类；D、E 类继承于 C 类，C 类又继承于 A 类，我们把 A 类叫作 D 类、E 类的祖先，而 D 类、E 类叫作 A 类的子孙。如果一个类没有父类,则称其为所属类的层次结构中的根,如 A 类就是图 4.2 所示的类的层次结构中的根。

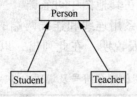

图 4.1 Person 类、Student 类和 Teacher 类的关系

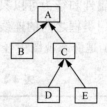

图 4.2 类的层

一个类也可同时继承于多个父类。根据类是否可以同时有多个父类,将继承分为单继承和多重继承,单继承就是任何类最多有一个父类的继承;而多重继承是类可以同时有多个父类的继承。Java 中的继承分类的继承和接口的继承,Java 中类的继承只支持单继承,且是单根的,它的根是 Object 类;而接口的继承可以是多重继承。

7. 多态

在前面介绍消息时提到,不同的对象对相同的消息可有不同的解释,这就形成多态性。其实,简单地讲,多态性表示同一种事物的多种形态。例如,开拖拉机、开小轿车、开大卡车、开火车、开摩托艇、开飞机等都是"开",但作用的对象不同,其具体动作也各不相同。但都表达了一个相同的含义——开交通工具,这也是一种抽象,而且是更高一级的抽象。

多态性是面向对象程序设计的主要精髓之一,在此仅作了简单的提及,后面还将详细介绍。

上述的几个概念中,抽象、封装、继承和多态是面向对象方法学中的 4 个最基本的概念,人们常常将抽象性、封装性、继承性和多态性称为面向对象的四大特性,只有深入了解了这四大特性,才有可能真正掌握面向对象的方法,才能真正步入面向对象程序设计的殿堂。

4.1.3 UML 静态视图简介

UML(Unified Modeling Language,统一建模语言)是一个通用的可视化建模语言,用于对软件进行描述、可视化处理、构造和建立软件系统制品的文档等。UML 适用于各种软件开发方法、软件生命周期的各个阶段、各种应用领域以及各种开发工具,是一种总结了以往建模技术的经验并吸收了当今优秀成果的标准建模方法。

UML 具有相当广泛的内容,鉴于篇幅的限制,本节只介绍其中的主要部分。

视图是 UML 中最核心、最主要的内容。视图分结构视图和动态视图两大类,其中结构视图用于描述系统中的结构成员及其相互关系;动态视图用于描述系统随时间变化的行为。

静态视图是 UML 中用得很广泛的一种视图,它是结构视图中的一种。它之所以被称为静态的是因为它不描述与时间有关的系统行为,只用于描述系统中的结构成员及其相互关系。静态视图主要由类及类之间的相互关系组成,这些相互关系主要包括关联、聚集和泛化等。

静态视图用类图来实现。在类图中类用矩形框来表示，它的属性和行为分别列在分格中；如果不需要表达详细信息，分格可以省略。一个类可能出现在多个图中，同一个类的属性和行为可以只在一种图中列出，在其他图中可省略。

关系用类框之间的连线来表示，不同的关系用连线和连线两端的修饰符来区别。

表 4.1 是静态视图中经常使用的部分符号及说明，在此列出，以供参考。

表 4.1　静态视图中经常使用的部分符号及说明

概念	符号	说明
类	类名	不需要表达详细信息，分格省略的简易表示法
类	类名 +属性 1:类型=初值 #属性 2:类型=初值 -属性 3:类型=初值 … +属性 m:类型=初值 +行为 1(参数列表): 返回值 #行为 2(参数列表): 返回值 -行为 3(参数列表): 返回值 … +行为 n(参数列表): 返回值	这是类的一种详细表示法，类的属性和行为分别列在第二个和第三个分格中，第一个分格专用于说明类名。当然，如果不是在详细设计阶段，其中的属性和行为两个分格中也可仅列出属性名和行为名。其中的"属性 m"表示第 m 个属性名，"行为 n"表示第 n 个行为名；+表示公有的（public），#表示保护的（protected），-表示私有的（private）
关联	类1 —关联名— k 类2 角色1　角色2 ︙ 关联类	两类框之间的连线叫关联线，关联线连接的两个类称为关联端点。类框旁边标出的 k 表示参加关联时的实例个数，它们还有如下几种写法： 1：表示 1 个 *：表示零或多个 0..1：零个或 1 个 m..n：m 到 n 个 关联类是一个具有类的特征的关联
聚集	类1　1 ◇——* 类2	聚集表示部分与整体的关系，用端点带有空菱形的线段表示，空菱形与聚集类相连。线上的*表示零或多个
泛化	父类 △ 子类1　子类2	泛化描述了一般与特征的关系。位于箭头上端的类为父类，另一端为子类

下面对关联、聚集和泛化分别各举一例，以说明如何绘制这些图。

例如，在学校里，一位教师（Teacher）可以教授多门课（Course），一门课可由多位教师讲授,因此,存在一个教师授课(TeacherCourse)的关联,如图4.3所示。

在由界面元素构成的人机界面模型中,框架窗口、菜单、工具条等就形成一种聚集关系,如图4.4所示。

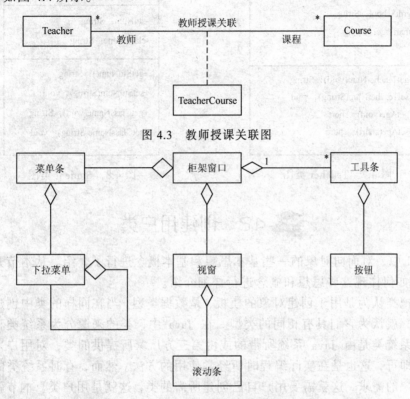

图4.3 教师授课关联图

图4.4 人机界面元素聚集图

而关于泛化,在前面介绍继承时所提到的人事管理系统中的几个类:Person类、Student类和Teacher类,它们之间就是一种泛化的关系,如图4.5所示,图4.6~图4.8分别是图4.5中Person类、Teacher类和Student类的细化(或实现)。

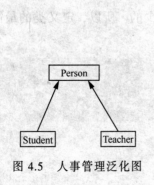

图4.5 人事管理泛化图

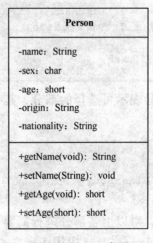

图4.6 Person类图

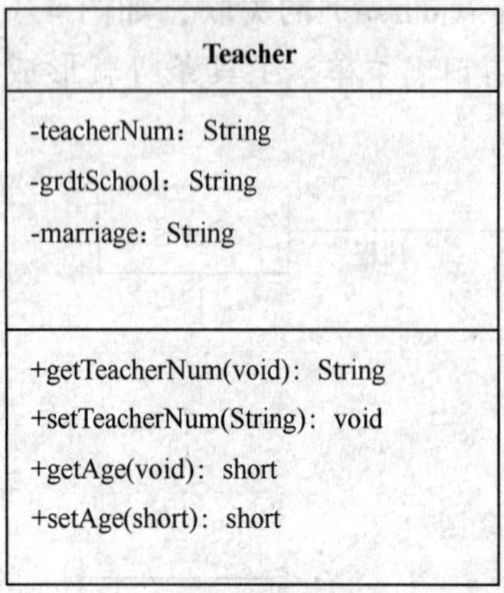

```
        Teacher
-teacherNum: String
-grdtSchool: String
-marriage: String

+getTeacherNum(void): String
+setTeacherNum(String): void
+getAge(void): short
+setAge(short): short
```

图 4.7　Teacher 类图

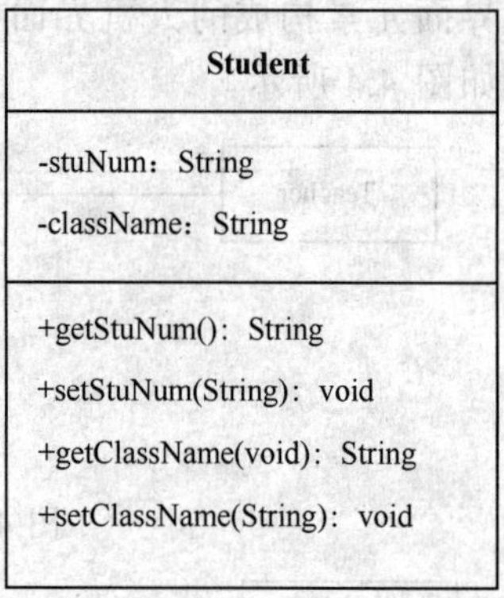

```
        Student
-stuNum: String
-className: String


+getStuNum(): String
+setStuNum(String): void
+getClassName(void): String
+setClassName(String): void
```

图 4.8　Student 类图

4.2　创建用户类

在 4.1 中，对面向对象的一些基本思想和基本概念进行了介绍。从本节开始，对在 Java 中如何体现这些思想和概念进行详细介绍。

可以把类认为是用于创建对象的模板，是数据类型，当在同样的类中创建或实例化对象时，就认为它们具有相同的类型。在 Java 中，类的来源分为系统类和用户类两部分。系统类是由 Java 系统所带的或由第三方厂家所提供的类，对用户来说只需直接使用即可，这也是在实际编程时所经常使用的方法。然而，有时系统类的功能不能满足用户的需求，这就需要用户自己创建所需的类，这就是用户类。本节就如何创建用户类及其相关的知识进行详细介绍。

4.2.1　类的定义

Java 中，类定义的完整形式为：

```
[public] [abstract] [final] class  ClassName [extends SuperClassName] [implements InterFaceName]
{
     ClassBody
}
```

方括号表示可选择的部分，其余部分是必不可少的。所以，定义类的最简单的形式为：

```
class ClassName
{
     ClassBody
}
```

下面，对以上各部分进行简要说明。

（1）class 是 Java 中用来定义一个类的关键字。

（2）ClassName 为所定义的类名，其命名符合 Java 中变量的命名规则，一般第一个字母大写，每个单词首字母也大写，但并不是必需的。

（3）大括号内的内容（ClassBody）为类体，是用来描述类的属性和行为的核心部分，一般由两部分组成：一部分是属性的描述，常用数据类型来表示；另一部分是行为的描述，常用方法来表示，有的书上将此处讲的方法也称为函数。对应地，一般将类体前的部分称为类的头部。

（4）定义类时，在类的头部若有关键字 public 修饰符，则说明该类可以被任何包中的类所使用（有关包的概念请参阅后续章节的内容，在此，可简单地把一个包当作一个文件夹）。若没有 public 的修饰，则该类只能被同一个包中的其他类所使用。

当一个源程序文件中有多个类的定义时，最多有一个类可以被声明为 public 类，否则编译器会报错。所以，在编程时，需将不同的 public 类存放在不同的源程序文件中。

（5）abstract 抽象类和 final 最终类。

abstract 和 final 是 Java 中分别用来定义抽象类和最终类的两个关键字，有关它们的细节内容在后续章节介绍。

（6）extends 继承和 implements 接口。

类的继承与接口的实现在 Java 中所用的关键字分别为 extends 和 implements，有关类的继承与接口的实现请参阅后续章节。

注意：以上所说明的类定义的完整形式中的类的头部各关键字的出现顺序是有严格要求的，上面所说明的形式中，它们所出现的顺序就是它所要求的正确顺序，在此不再赘述。

下面给出类定义的一个示例。

例如，定义一个坐标点类 Point（其 UML 类图如图 4.9 所示），代码如下：

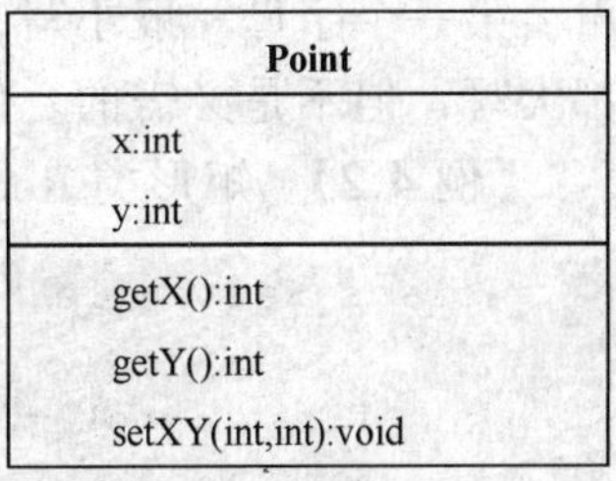

Point
x:int
y:int
getX():int
getY():int
setXY(int,int):void

图 4.9　Point 类图

【例 4.1】 坐标点类 Point。

```
public class Point
{
    int x,y;
    int  getX(){return x;}
    int  getY(){return y;}
    void setXY(int dx,int dy){x=dx;y=dy;}
}
```

从 UML 类图中可清楚地看出，在 Point 类中包含了两个属性 x、y，它们用于描述点的坐标位置；同时包含了三个行为方法：getX()、getY()和 setXY()，其中前两个方法分别用于返回坐标的 x 值和 y 值，最后一个方法用于设置 x、y 坐标值。

用 public 修饰表明该类可以被任何包中的类所使用。

在 Java 中，普遍地将用于描述类状态的属性称为成员变量，如 Point 类中的 x、y 就是两个 int 型的成员变量，在后续部分，如不特别说明，将属性统称为成员变量；

而对应地，其中的行为方法称为成员方法，如 Point 类中的 getX()、getY()和 setXY()就是成员方法。

4.2.2 成员变量的定义与初始化

前面已经讲过，成员变量是用于描述实体的状态属性的。其实在面向对象的程序设计中，对于对象的状态属性的设置与获取也就是对相应成员变量的值的设置与获取。在 Java 中，成员变量分为实例变量和类变量两类。实例变量在类实例化对象时，为每个对象都分配相应的变量空间，对同一个实例变量，每个对象都持有一个副本，改变了其中一个对象的实例变量值，其余对象的实例变量值不受影响。类变量也称为静态变量，一个类变量被同一个类所实例化的所有对象共享，当改变了其中一个对象的类变量值时，其余对象的类变量值也相应被改变，因为它们共享的是同一个量。本节仅说明实例变量的定义形式，而类变量的详细介绍在后续章节。

实例变量定义的最简单的形式为：

```
DataType  variableName;
```

其中，DataType 是变量的数据类型，它可以是前面介绍过的 Java 中的基本数据类型，如 boolean、byte、short、long、double 等，也可以是复杂的数据类型，如数组、字符串等，还可以是某个类。当变量的类型是某个类时，一般将其直接称为某类的一个对象或实例。而 varialbleName 是变量名，它的命名规则在前面章节已述。实例变量名第一个字母一般小写，其余每个单词首字母大写；而静态变量名的每个字母一般都大写，但不是必需的。例 4.2 给了说明。

【例 4.2】 矩形类 Rectangle。

```
class Rectangle
{
    float length=0.0f,width=0.0f;  //length 为矩形的长，width 为矩形的宽
    Point position=new Point();    //position 用于描述矩形左上角的位置
    //成员方法
    ...
}
```

在例 4.2 中，类体部分定义了 3 个实例变量。其中，length 和 width 用于描述矩形的长和宽，它们都是 float 型的实例变量，分别赋了初值 0.0。而其中的 Point 类是例 4.1 中所定义的坐标点 Point 类，它是 Point 类的一个实例。new Point()语句用于实例化 Point 类的一个实例对象。new 是 Java 中用于实例化对象的关键字，执行 new 后产生了 Point 类的一个对象空间。new 带回其所产生的对象空间的起始地址，将该地址赋值给 position，这就使 position 有了初始值，从而完成了 position 的初始化。

在上例中，定义每个实例变量时为其赋了初值。其实，在 Java 中，对于实例变量而言，若定义实例变量时不为其赋初值，它也有一个默认值。例 4.3 是关于 Java 中各种数据类型作为实例变量时其默认值的输出程序。

【例 4.3】 Java 中各种数据类型作为实例变量时的默认值。（效果如图 4.10 所示）

```java
public class MainClass {
    public static void main(String[] args){
        DataType dt=new DataType();
        dt.prt();
    }
}
class DataType{
    boolean bl;
    byte    bt;
    char    c;
    short   s;
    int     i;
    long    l;
    float   f;
    double  d;
    String str;
    public void prt(){
        System.out.println("\n boolean:"+bl);
        System.out.println(" byte:"+bt);
        System.out.println(" char:"+c);
        System.out.println(" short:"+s);
        System.out.println(" ing:"+i);
        System.out.println(" long:"+l);
        System.out.println(" float:"+f);
        System.out.println(" double:"+d);
        System.out.println(" String:"+str);
    }
}
```

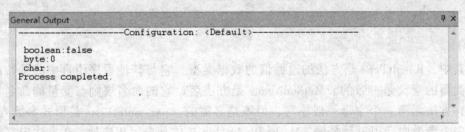

图 4.10　例 4.3 程序运行结果

上例是一个完整的 Application 应用程序，以 MainClass.java 为文件名保存，编译运行即可。

注：main()方法是 Application 应用程序的程序入口，常将包含 main()方法的类称为主类。关键字 public 是可选的，但 main()方法的 public 关键字除外，main()方法必须有 public 关键字修饰，这一要求不是 Java 语法规定的，而是 Java 程序运行规范所规定的。当一个源程序文件中包含了多个类，且有主类存在时，要以主类名作为文件名来保存，且文件名与主类名大小也必须一致，后缀为.java，如例 4.3 保存时其对应的源程序文件名为 MainClass.java。

语句 dt.prt();中的点（.）称为引用操作符，它的功能是通过 DataType 类的对象 dt

引用 DataType 类中的方法 prt()。

在上例中，定义了 9 个实例变量，其中 str 是 String（前面章节中所述的字符串类）的一个实例。这些变量都没有给过任何值，程序不但能编译通过，而且还正常运行，输出了相应的值。由输出的结果可以看出，它们都有一个对应的值。其实，所得到的值并不是偶然的，该程序在任何环境、任何时候运行所得到的结果都是一样的，因为它们所输出的正是 Java 中实例变量在未赋予任何值时的默认值。表 4.2 给出了各种数据类型作为实例变量时的默认值。

表 4.2　各种数据类型作为实例变量时的默认值

类型	boolean	byte	char	short	int	long	float	double	类
默认值	false	0	\u0000	0	0	0	0.0f	0.0	null

类类型（或称引用类型）的实例变量的默认值为 null。null 是 Java 中的一个关键字，它表示对象为空，在后续的章节中还要对其作相应的介绍。

注意：静态变量也有默认值，且与实例变量相同。

4.2.3　成员方法的定义

成员方法相当于其他程序语言中的函数或过程，它是一组执行语句序列。一个成员方法一般完成一个相应的功能。前面提到：类是具有相同或相似属性和行为的一组对象的共同描述，而对象是一组信息及其操作的描述。这里的"信息"是通过前面所讲的成员变量来描述的，而"操作"正是通过成员方法来具体实现的。

定义一个成员方法的最简单的形式为：

```
ResultType   MethodName(parameterLists)
{
    MethodBody
}
```

其中，ResultType 是方法的返回值的数据类型，它与其他程序语言中的函数的返回值类型的意义是一致的。MethodName 是方法名，它的命名规则与变量的命名规则相同，方法名第一个字母一般小写，但不是必需的。parameterLists 是形式参数列表，当有多个参数时，用逗号分隔。MethodBody 是方法体部分。相应地，在方法定义的形式中，将方法体前的部分称为方法的头部分。

例 4.2 关于矩形类 Rectangle 的定义并未完成，我们仅对其成员变量作了定义，下面对其中所需的方法加以补充，使其成为一个较完整的类。代码如例 4.4 所示，其对应的 UML 图如图 4.11 所示。

【例 4.4】矩形类 Rectangle。

```
class Rectangle
{
    float length=0.0f,width=0.0f;//length 为矩形的长,width 为矩形的宽
    Point position=new Point(); //position 用于描述矩形左上角的位置
    float getLength(){return length;}          //获取矩形的长
```

```
        float getWidth(){return width;}              //获取矩形的宽
        Point getPosition(){return position;}        //获取矩形的当前位置
        void  setLength(float l){length=l;}          //设置矩形的长
        void  setWidth(float w){width=w;}            //设置矩形的宽
        void  move(Point p){ //移动矩形的位置，即重设矩形的位置为p
            position.setXY(p.getX(),p.getY());
            //分别调用了Point类中的setXY(),getX()和getY()方法
        }
    }
```

在Rectangle类中，共定义了6个成员方法，分别对矩形的长、宽和位置的值进行设置和获取。

关于成员方法，须作如下几点补充说明：

（1）在方法体内部也可定义变量。一般将方法体内定义的变量称为局部变量。局部变量的作用域为其所在的方法体内，出了方法体就无效了。局部变量是没有默认值的，当出现对局部变量未赋值而直接引用其值时，编译不能通过。这是局部变量与成员变量的第一个重要区别，例 4.5 的代码说明了这一点。

Rectangle
length:float
width:float
position:Point
getLength():float
getWidth():float
getPosition():Point
setLength(float):void
setWidth(float):void
move(Point):void

图4.11 Rectangle类UML图

【例4.5】 局部变量没有默认值。

```
public class MaxMainClass{
    public static void main(String[] args){
        PartVariable pv=new PartVariable();
        int max=pv.max(9,5);
        System.out.println("The max is:"+max);
    }
}
class PartVariable{
    int x;
    int max(int a,int b){
        int z;
        System.out.println("x="+x);
        System.out.println("a="+a+"\tb="+b);
        System.out.println("z="+z);
        if(a>b)z=a;
        else z=b;
        return z;
    }
}
```

在例4.5中，编译时编译器给出如下错误提示："System.out.println("z="+z);"中，"可能尚未初始化变量z"。

显然，x是成员变量，它有默认值，所以不报错；而z是局部变量，在未对其赋任何值的情况下，在其下的第三个输出语句处将其值输出，此时报错。这是 Java 安全特性的一个体现，没有值的变量是不能引用的。此处的z即没有默认值，也未对其

赋过任何值而直接引用是 Java 所不允许的。

该例只要在调用 z 之前为其赋一个值，或者用注释符号屏蔽掉第三个输出语句即可运行。

（2）成员变量与局部变量的第二个重要区别在于：成员变量可以先定义后引用，也可以先引用后定义；而局部变量必须是先定义后引用，也即定义必须在引用之前。换言之，成员变量的定义位置可以在所有方法前、两方法之间或所有方法之后，只要它们在类体内部且在任何方法体之外定义即可。例 4.6 是将例 4.5 稍作修改后的程序，编译时出现的错误说明了它们的第二个重要区别。

【例 4.6】 成员变量与局部变量定义位置。

```java
public class MaxMainClass2{
    public static void main(String[] args){
        PartVariable pv=new PartVariable();
        int max=pv.max(9,5);
        System.out.println("The max is:"+max);}
}
class PartVariable{
    int x;
    int max(int a,int b){
        int z=0;
        System.out.println("x="+x);
        System.out.println("a="+a+"\tb="+b);
        System.out.println("z="+z);
        int n=1;
        System.out.println("n="+n);
        System.out.println("m="+m);
        System.out.println("k="+k);
        int m=0;
        if(a>b)z=a;
        else z=b;
        return z;
    }
    int  k;
}
```

在例 4.6 中，编译时编译器给出如下错误提示："System.out.println("m="+m);"中，"找不到符号 m"。

当用注释符号屏蔽掉语句"System.out.println("m="+m);"后，就可正确运行。

显然，m 和 k 都是先引用后定义，而一个能编译通过且正确运行，另一个却不行，原因就在于 m 是局部变量，必须先定义后使用；而 k 是成员变量，引用位置可在定义之前。

（3）当不需要任何返回值时，方法的返回值类型用 void。void 是 Java 中的一个关键字，它表示没有任何返回值。注意，没有任何返回值不等于是 null。同时，返回值类型说明符对于成员方法而言不能省略。

（4）成员方法不能嵌套定义，但可嵌套调用，同时，Java 中的成员方法在定义时还支持递归调用。例 4.7 是一个关于有名的 Hanoi（汉诺）塔问题的一个含递归调用的程序，供学有余力的读者参考。有关递归的知识及 Hanoi 塔的具体描述请参照有关 C 语言程序设计的教材，绝大多数的 C 语言程序设计教材对此都有详细的描述。

【例 4.7】 Hanoi 塔递归调用程序。（效果如图 4.12 所示）

```java
public class HanoiMainClass {
    public static void main(String[] args){
        HanoiClass hn=new HanoiClass();
        System.out.println();
        hn.hanoi(3,'A','B','C');   //初始时A柱上有3个盘
    }
}
class HanoiClass{
    void move(char x,char y){System.out.print(x+"->"+y+"     ");}
    void hanoi(int n,char a,char b,char c){
        if(n<=1)move(a,c);
        else {
            hanoi(n-1,a,c,b);        //递归调用 hanoi()方法
            move(a,c);
            hanoi(n-1,b,a,c);        //递归调用 hanoi()方法
        }
    }
}
```

```
General Output                                                              ┍ ×
-------------------Configuration: <Default>-------------------
A->C    A->B    C->B    A->C    B->A    B->C    A->C
Process completed.
```

图 4.12　例 4.7 程序运行结果

（5）通常方法的名称在它的类中是唯一的。但是在三种情况下，方法可能与类或子类中的其他方法同名：覆盖方法、隐藏方法和名称重载。如果方法与超类中的方法有相同的标记或返回类型，那么它就覆盖或隐藏了超类方法。同一个类中的多个名称相同但特征标记（参数个数、参数的数据类型或对象）不同的方法称为重载。

4.2.4　成员方法的重载

简单地说，成员方法的重载就是在同一个类中，可同时定义名称相同的多个成员方法，而方法的参数类型、个数、顺序至少有一个不同，方法的返回类型和修饰符也可以不同。例 4.8 是对例 4.1 的 Point 类所作的进一步完善。

【例 4.8】 具有成员方法重载的坐标点类 Point。

```java
public class Point
{
```

```
        int  x,y;
        int  getX(){return x;}
        int  getY(){return y;}
        void setXY(int dx,int dy){x=dx;y=dy;} //用两个整型值来描述 x、y 坐标
        void setXY(Point p){x=p.getX();y=p.getY();}//用一个点来描述坐标
    }
```

例 4.8 在例 4.1 的基础上添加了一个成员方法 setXY(),此时,Point 中有两个同名的成员方法 setXY(),它们参数不同。因而,其方法体内的具体实现也不同。第二个 setXY()方法以 Point 类的对象为参数,这是设置点坐标的一种常用方法,将点作为一个对象,直接设置,这是很自然的一种作法。

在 Java 中,当调用有重载的成员方法时,系统如何识别调用哪个方法呢?其实,它是通过参数来区分的,它根据调用者所传来的实参消息的类型、个数和次序来区别,匹配者被调用。若在某个类中实例化了 Point 类的两个对象 p1 和 p2,如果有这样的调用:p1.setXY(5,7);,则执行的是类 Point 中的 setXY(int dx,int dy)方法。但若调用为:p1.setXY(p2);,则执行的是类 Point 中的 setXY(Point p)方法。

成员方法的重载在面向对象程序设计中相当重要,也非常有用,在后面的学习中将会大量用到。

4.2.5 构造方法的定义与重载

在类的定义中,有一种非常特殊的方法称为构造方法(构造器),它有如下特征:
(1)形式上,方法名与类名完全一致。
(2)没有返回值类型说明符,即使 void 也没有。(前面提到的返回值类型说明符不能省略是对成员方法而言的。成员方法和构造方法是两个不同类型的方法)
(3)它在构造类对象时使用,其主要作用是用于初始化实例变量。

定义构造方法的完整形式为:

```
[public]  ClassName(parameterLists){ StructuralMethodBody}
```

方括号表示其间所包括的内容是可选的部分。public 为公有访问属性控制符,后面章节将会详细介绍。ClassName 为构造方法名,也是类名;parameterLists 为参数列表;StructuralMethodBody 为构造方法的方法体。

构造方法同成员方法一样也可以重载。下面以示例的形式加以说明。例 4.9 是对例 4.8 的 Point 类添加构造方法后的代码。

【例 4.9】 具有构造方法重载的坐标点类 Point。

```
public class Point
{
    int x,y;
    public Point(){x=0;y=0;}//默认时将其坐标 x、y 初值都设置为 0
    public Point(int dx,int dy){x=dx;y=dy;}
    //构造对象时以 dx 和 dy 的值分别作为其 x 和 y 坐标的初值
    public Point(Point p){x=p.getX();y=p.getY();}
    //构造对象时以 p 作为坐标的初值
```

```
    int  getX(){return x;}
    int  getY(){return y;}
      void setXY(int dx,int dy){x=dx;y=dy;}
//用两个整型值来描述 x、y 坐标
  void setXY(Point p){x=p.getX();y=p.getY();}//用一个点来描述坐标
}
```

当实例化 Point 类的对象时,将根据参数确定调用哪个构造方法。若有如下的语句:

```
Point  p1=new Point();
Point  p2=new Point(1,1);
Point  p3=new Point(p1);
```

则实例化 p1 时调用了无参的那个构造方法;实例化 p2 时调用了以两个 int 型为参数的那个构造方法;而实例化 p3 时则调用了以 Point 型为参数的那个构造方法。

关于构造方法,还须作如下几点说明:

(1)用 new 实例化对象时,所调用的就是类所对应的构造方法,前面所说的"构造类对象时使用"也正是这个意思。

(2)构造方法是通过 new 构造对象时所调用的,如果企图由类的某个对象来调用成员方法那样由类的某个对象来调用构造方法是行不通的。若有语句: Point p=new Point(); p.Point();,则这是不行的。

(3)若在定义构造方法时加上了返回值类型说明符,编译也能通过,但它已不是构造方法,而成了成员方法,因为用 new 实例化对象时它不会被调用,而通过该类的某个对象像调用成员方法可以一样来调用,如在定义 Point 类的构造方法时有:

```
public void Point(){x=0;y=0;},
```

则如果有语句:

```
Point p=new Point();
```

此时,new Point()不会调用 public void Point(){x=0;y=0;},而 p.Point()则可调用它。

(4)在定义类时,像例 4.1 那样没有构造方法的定义也是可行的。此时,系统会为其提供一个无参的默认的构造方法。所以在例 4.2 中,语句

```
Point position=new Point();
```

是可行的。虽然在例 4.1 中所定义的 Point 类没有定义任何构造方法,但系统会提供一个默认的构造方法,此处用 new 实例化 Point 类的对象时所调用的构造方法正是系统所提供的默认构造方法。

4.2.6 将消息传递给方法或构造器

方法或者构造器声明了它们的参数数量和类型,如例 4.9 中的 Point 构造器,设置了两个参数:x、y。任何参数或构造器的参数列表都是一系列以逗号分隔的变量声明,其中每个变量声明都是一个类型/名称对。

1. 参数类型

可以将任何数据类型的参数传递给方法或构造器。这包括原始的数据类型（如整数、字符或双精度数）和引用数据类型（如类和数组）。在例 4.9 中，构造器的参数用 SuperBase 类做参数。Java 不允许将方法传递给方法，但是可以将对象传递给方法，然后调用此对象的方法。

【例 4.10】 类作为参数传递给构造器。（效果如图 4.13 所示）

```java
import java.io.*;
class SuperBase{
    public void getClassname(){
        System.out.println("This is SuperBase");
    }
}
class BaseOne{
    public void  getClassname(SuperBase su){
        su.getClassname();
    }
}

public class PrintClass
{
    public static void main(String[] args)
    {
        SuperBase su=new SuperBase();
        BaseOne objOne=new BaseOne();
        objOne.getClassname(su);
    }
}
```

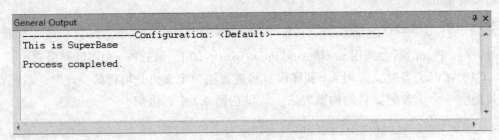

图 4.13　例 4.10 程序运行结果

2. 参数名称

在声明方法或构造器的参数时，要为此参数提供一个名称。这个名称在方法体中用于引用数据。参数名称在它的作用范围内必须是唯一的。参数不能与同一个方法或构造器中的另一个参数同名，也不能与此方法或构造器中的局部变量以及此方法或者构造器中的 catch 子句中的任何参数同名。

3. 按值传递

参数是按值传递的：当方法或者构造器被调用时，它们接收被传递的变量的值。

当参数是原始类型时，方法内不能改变它的值；当参数是引用类型时，"按值传递"意味着方法不能改变此对象的引用，但是可以调用对象的方法并修改对象中可访问变量。

为了更好地理解其含义，来看一个称为 Print 的类中的 getColor 方法，这个方法试图通过设置它的参数值返回 4 个值：

```
public class Print{
    private int redValue,yellowValue,blueValue,blackValue;
    …
    public void getColor(int red,int yellow,int blue,int black){
        red=redValue;
        yellow=yellowValue;
        blue=blueValue;
        black=blackValue;
    }
}
```

red、yellow、blue、black 变量只能在 getColor 方法的范围内存在，当方法返回时，这些变量消失，对它们的所有改变都丢失了。

我们重新编写 getColor 方法使它能够实现目标。首先我们需要一个新的对象类型 Color：

```
public class Color{
    public int red, yellow,blue,black;
}
```

现在重写 getColor 方法使它以一个 Color 对象为参数。getColor 方法通过设置它的 color 参数成员变量 red、yellow、blue 和 black，返回打印头的当前颜色：

```
public class Print{
    private int redValue,yellowValue, blueValue,blackValue;
    …
    public void getColor(color acolor){
        acolor.red=redValue;
        acolor.yellow=yellowValue;
        acolor.blue=blueValue;
        acolor.black=blackValue;
    }
}
```

因为 acolor 是对方法范围外的一个对象的引用，所以 getColor 方法中对 Color 对象所做的修改在方法返回后仍然存在。

4.2.7 嵌套的类

在 Java 中，类的定义是可以嵌套的，即在一个类的类体部分还可以再定义另一个类。被嵌套在内部的类称为内部类（嵌套的类），嵌套定义了另一个类的类称为外部类。下面给出一个定义及使用内部类的一个完整的 Application 应用程序。

【例4.11】 调用内部类。（效果如图4.14所示）

```
public class TestInClass{                    //主类
    public static void main(String[] agrs){
        OutClass outObject=new OutClass();   //创建外部类对象
        outObject.prtOut();                  //调用外部类中的方法
        OutClass.InClass  inObject=outObject.new InClass();
                                             //在外部创建内部类对象
        inObject.prt();                      //通过内部类的对象调用内部类的方法
        outObject.prtIn();
    }
}

class OutClass{                              //定义外部类OutClass
    void prtOut(){System.out.println("\nOutClass");}
    class InClass{                           //定义内部类Inclass
        void prt(){System.out.println("InClass");}
    }
    void prtIn(){
        InClass i=new InClass();
        i.prt();                             //调用了内部类的方法
    }
}
```

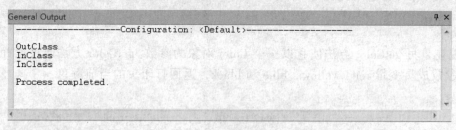

图4.14　例4.11程序运行结果

代码的注释部分给了详细说明，在此不再对其代码作过多的解释，但须说明以下几点：

（1）一个内部类应该与其所属的外部类有某种特定关系才将其定义为内部类，将一个类随意定义为另一个类的内部类是不可取的作法，除了增加程序的复杂性外没有太多的用处。

（2）作为包含它的类成员，嵌套类可以无限制地访问包含它的类的成员，即使这些成员是私有的，嵌套类也可以访问它们，因为内部类位于包含它的类的内部，所以它可以访问包含它的类的成员。

（3）与其他成员一样，嵌套类可以被声明为静态或非静态的。静态的嵌套类叫作静态的嵌套类，而非静态的嵌套类称为内部类。例如：

```
class OutClass{
    ...
    static class StaticClass{
```

```
        ...
    }
    class InClass{
        ...
    }
}
```

与类方法和类变量一样，静态的嵌套类不能直接引用包含它的类中定义的实例变量或实例方法，只能通过一个对象引用来使用它们。

与实例方法和实例变量一样，内部类与包含它的类的一个实例相关联，它可以直接访问此对象的实例方法和实例变量。由于内部类与实例相关联，因此它不能定义任何静态成员。

（4）内部类对其他所有类都是不可见的，因此不必担心它与其他类发生名称冲突。

（5）在例 4.10 中，应特别关注在外部创建内部类对象时的语句：

```
OutClass.InClass  inObject=outObject.new  InClass();
```

new 操作符是通过外部类 OutClass 的对象 outObject 来引用的，是很特殊的。

4.3 对象实例化

在介绍类的概念时已认识到，对象是类的具体化，是类的一个实例，类就像一个能"生产对象"的机器，通过它，可以产生同类对象的实例。因此，通常将由类产生实例的过程称为对象实例化。本节就如何创建对象、如何使用对象及如何清除对象展开说明。

4.3.1 创建对象

要创建一个对象，可细分为三个步骤：声明对象、实例化、初始化。

创建对象与定义变量极其相似。对象的声明格式为：

```
ClassName  objectName1 [,objectName2,…,objectNamek];
```

其中，方括号是可选的内容。ClassName 是类名，这相当于变量类型。objectName*i* 为对象名，这相当于变量名，当同时声明同类的多个对象时，用逗号隔开。例如：

```
Point    p1,p2;
TextField  tf1,tf2,tf3;
Label    l;
```

其中，Point 是前面所定义的一个自定义类；而 TextField 和 Label 是系统类。第一条语句声明了 Point 类的两个实例对象 p1 和 p2，两对象之间用逗号隔开；第二条语句声明了 TextField 类的三个实例对象 tf1、tf2 和 tf3；第三条语句则声明了 Label 类的一个对象 l。

对象的实例化是通过 new 操作符来实现的。new 操作符在例 4.2 中已作过介绍，它用于为对象分配内存空间，new 将所分配的内存空间的首地址返回给对象名。new 操作符需要一个参数，就是类的构造方法。

前面已提到，类的构造方法主要作用是用于初始化实例变量；而在介绍实例变量时读者已经明白：实例变量在类实例化对象时，为每个对象都分配相应的变量空间，对同一个实例变量，每个对象都持有一个副本。所以，初始化对象主要是初始化实例变量。所以，对象初始化与对象实例化在形式上是紧密联系在一起的，因为初始化通过构造方法来实现，而构造方法正是实例化对象操作符 new 所需的参数。

对象初始化与实例化的形式为：

```
new ClassName(parameterLists);
```

例如：

```
p1=new Point();
p2=new Point(10,10);
l=new  Label("我的第一个标签");
//这是系统提供的标签类，它的构造方法需一个 String 型的参数
```

可以将对象的声明、实例化和初始化合在一起写，如：

```
Point  p1=new Point();
Label  k1=new Label("标签 1"), k2=new Label("标签 2");
```

4.3.2 使用对象

对象创建后，就可通过对对象的使用在不同的对象之间进行消息传递。在介绍面向对象的基本概念时已经说明，消息是驱动面向对象程序运转的源泉，通过消息的发送与接收，驱动程序的运作。例如，创建了如下两个对象：

```
Point   pp=new  Point(1,1);          //例 4.9 中的坐标点类 Point
Rectangle  r=new Rectangle();        //例 4.4 中的矩形类 Rectangle
```

若有语句：r.move(pp)执行时，由对象 r 去调用 Rectangle 类中的方法：

```
void  move(Point p){position.setXY(p.getX(),p.getY());}
```

此时，Point 类的对象 pp 以消息的形式传送给形参 p，再通过 p.getX()和 p.getY()分别获得 pp 中的 x 和 y 坐标值，这两个值又以消息的形式发送给 r 对象内部的对象 position（它是 Point 类的对象），驱动着 position 对象又去调用 Point 类中的方法：

```
void setXY(int dx,int dy){x=dx;y=dy;}
```

从而改变了 r 对象内部的对象 position 的值，也即改变了 r 对象的左上角的坐标。

这是一个比较复杂的消息传递过程。从分析可以看出，r 是消息的发送者，其内部的对象 position 是消息的真正接收者，所传递的消息是对象 pp。

显然，此处单从语句 r.move(pp)看不出谁是消息的接收者，它是在调用 move()方法时才体现出来的。其实，语句 r.move(pp)一定是在某个类中执行的，当它所在的类的对象执行时，由那个类的对象将消息 pp 发送给 r，r 再去调用 move()方法。

前面介绍对象的概念时说明：对象是一组信息及其上操作的描述。所以，在对对象进行操作时，可能会引用其间的"信息"和"操作"，其实，这里所谓的"信息"

和"操作"在程序中的体现就是成员变量和方法。下面是引用成员变量和调用成员方法的格式：

```
objectName.memberVariableName;           // "."引用操作符
objectName.memberMethodName(parameterLists);
```

如引用 Point 类的对象 p 的成员变量 p.x,p.y；调用成员方法 p.getX()等。一般很少直接引用对象的成员变量，特别是实例变量，而且大多情况下都是不可直接引用的，它受变量的访问控制属性的控制。通常，实例变量都被声明为私用的（private），这具有最好的隐藏性，这方面的内容在下节介绍。

由于篇幅的限制，本部分只介绍对象之间如何传递消息以及通过对象引用其变量和方法的格式。其实，对象可以作为类的成员、方法的参数、数组元素等使用，作为类的成员和方法的参数在前面的示例中已经见过，在以后的学习过程中，还会大量见到，在此就不再举例了。

4.3.3 清除对象

对象一旦创建就为其分配了内存空间，当不再需要使用此对象时，应该将其所占的内存空间回收，清除此对象。Java 中，清除对象有两种途径：一是由系统"自动"清除，二是由程序员"手动"清除。

Java 中引入了先进的内存管理机制，即人们常说的自动垃圾收集功能。Java 将不再使用的对象称为垃圾。自动垃圾收集器（置于 Java 虚拟机 JVM 内部的一个功能模块）会根据变量的作用域确定哪些变量不会再被使用，当它确定哪个变量不会再被使用时，会自动将其清除。程序员需要变量时只管分配，而不需考虑何时清除及如何清除，这对编程带来了极大的方便。

而所谓的"手动"清除即由程序员自行清除，这种情况只需为其赋一空值 null 即可。例如：

```
Point  p=new Point(1,1);
...
p=null;  //为 p 赋值 null,从而清除对象 p
```

这里为 p 赋值 null，清除对象 p，只是释放 p 所指的对象空间，而 p 实质上就是一个变量，它也占用一小块内存，本身还在。在前面提到，new 操作符分配对象空间，将该空间的首地址带回，赋给了 p，此时 p 指向了所分配的内存空间。图 4.15 是它们的一个图示说明。

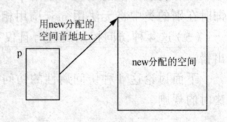

图 4.15 用 NULL 手动清除对象原理图

当执行语句 p=null 时，系统回收了"new 分配的空间"，同时置 p 的内容为 null，此时，p 中的 x 变成了 null。

因为执行 p=null 后清除的空间是 p 所指的对象空间，p 本身还在，所以以后还可为 p 分配别的对象空间。例如：

```
Point  p=new Point(1,1);
```

```
...
p=null;
//为p赋值null,从而清除p所指的对象    ……
p=new Point();          //实例化一新的对象,使p指向它
...
```

这样的语句是可行的。

大多情况下很少"手动"清除对象空间,而是交由系统的自动垃圾收集器来完成,这极大地减轻了程序员的负担,提高了编程的效率,同时有利于Java程序的稳固。

4.4 访问属性控制

面向对象程序设计提供了访问属性来实现数据的隐藏。不同的访问属性标志着不同的可访问性。

Java 提供了 4 种访问控制属性,分别为:默认访问控制属性、public(公有)访问控制属性、private(私有)访问控制属性和 protected(保护)访问控制属性。

前面在介绍类的定义时给出的完整形式中,public 就是 Java 中的一个访问属性控制符。为了叙述方便,在介绍成员变量和成员方法时只给出了成员变量和成员方法的最简单的定义形式。其实,在定义成员变量和成员方法时常在定义形式中加上访问属性控制符。下面是加上了访问控制属性后定义成员变量和成员方法的格式:

```
[public|private|protected] memberVariableName;
[public|private|protected] memberMethodName(parameterLists){methodBody}
```

方括号表示可选部分,其中的"|"表示其所分隔的部分为最多选择其一。

关于访问控制属性须作如下几点说明:

(1)没有指定任何访问控制属性时即为默认访问控制属性。

(2)这 4 种访问控制属性都可以用来修饰成员变量、成员方法和内部类。

(3)修饰类和接口时只能使用 public 或默认访问控制属性,不能使用 private 和 protected。

(4)构造方法的定义一般用 public 或默认访问控制属性来修饰,当用 private 修饰时在别的类中将无法用 new 调用相应的构造方法。

(5)这 4 种访问控制属性有且仅有一个出现,当同时出现两个或多个修饰时编译出错。

下面讨论这 4 种访问属性的访问规则。主要讨论它们用来修饰成员变量和成员方法时的规则。

4.4.1 默认访问属性

在定义类、接口、成员变量、成员方法、构造方法以及内部类时,若没有指定任何访问属性控制符,则它们的访问控制属性即为默认访问控制属性。默认访问控制属性的可访问范围为同一个包,即具有默认访问控制属性的类、成员变量、成员方法等只能被同一个包中的其他类、成员方法等访问,因此也称默认访问控制属性为包属性。

包是类和接口的集合，在 Windows 下，声明为同一个包的类被组织在同一个文件夹中。有关包的内容将在 4.7 节进行详细介绍。

在本章前面的例题中，成员变量和成员方法的修饰都使用了默认访问控制属性，在此不再举例。

4.4.2 public

用 public 修饰的类、接口、成员变量、成员方法等具有最宽的可访问范围，它们可以被任何包中的任何类所访问，所以，public 具有最好的开放性。

下面是一个关于复数类的例子。一个复数用 ai+b 的形式表示，故定义两个变量 a 和 b。此处关于复数的运算仅给出加法运算。

【例 4.12】 定义复数类 Complex，在测试类里实现该复数类 Complex，并输出复数类 Complex 的实部和虚部。（效果如图 4.16 所示）

```
import complexPackage.Complex;    //加载 ComplexPackage 包中的所有类
public class ComplexTest{
    public static void main(String[] args){
        Complex c1=new Complex(1,1),c2=new Complex(2,2),c3;
        //定义了 Complex 类的三个对象 c1,c2,c3,其中 c1,c2 已经实例化
        c3=c1.add(c2);              //将 c1 加 c2 的值赋给 c3,从而 c3 被实例化
        //以下三个语句分别以 ai+b 的形式输出 c1,c2 和 c3 的值
        System.out.println("c1="+c1.a+"i+"+c1.b);
        System.out.println("c2="+c2.a+"i+"+c2.b);
        System.out.println("c3="+c3.a+"i+"+c3.b);
    }
}
```

将以上代码作为一个文件存储起来，文件名为 ComplexTest.java。

```
package complexPackage;     //包声明语句,以下代码放入 complexPackage 包中
public class Complex{
    public float a,b;       //此处 a,b 定义为 public,在任何包中都可访问
    //以下是三个构造方法
    public Complex(){a=b=0.0f;}
    public Complex(float aa,float bb){a=aa;b=bb;}
    public Complex(Complex c){a=c.a;b=c.b;}
    //以下是两个具有重载的关于复数相加的成员方法
    public Complex add(float aa,float bb){
        //实例化 Complex 的一个对象 c 作为局部变量
        Complex c=new Complex();
        //复数相加是实部加实部,虚部加虚部
        c.a=a+aa;
        c.b=b+bb;
        return c;           //返回 c
    }
    public Complex add(Complex cc){
        Complex c=new Complex();
        c.a=a+cc.a;
```

```
        c.b=b+cc.b;
        return c;
    }
}
```

在保存 ComplexTest.java 文件的同一位置创建一个名为 complexPackage 的文件夹，这就是所谓的 complexPackage 包。将 Complex 类文件保存在 complexPackage 文件夹中。

```
General Output
----------------Configuration: <Default>-----------------
c1=1.0i+1.0
c2=2.0i+2.0
c3=3.0i+3.0

Process completed.
```

图 4.16　例 4.12 程序运行结果

注意：此时打开文件夹 complexPackage，其中多了一个名为 Complex.class 的文件，它是编译类 Complex 后的类文件，它的编译是通过编译 ComplexTest 类时由系统自动编译的。

由以上的程序可以看出，ComplexTest 类和 Complex 类不在同一个包中，但在 ComplexTest 类中可以直接引用 Complex 中定义的 public 成员变量 a,b 以及 public 成员方法 add()；由于 public 的开放性，常将成员方法声明为 public 的访问控制属性，这是封装的对象向外界提供接口的本质要求。

4.4.3　private

成员变量和成员方法用 private 修饰时具有最好的封闭性，这是实现信息隐藏的最好方式。被 private 修饰的成员变量和成员方法只能在同一个类中可被访问，在不同包的类中不可访问，在同一个包的不同类中也不可访问。

对于不同包中的情况，只需将例 4.12 中 Complex 类中的语句 public float a,b;改为 private float a,b,则编译时报错，系统会给出提示，在 ComplexTest 类中的几个语句：

```
System.out.println("c1="+c1.a+"i+"+c1.b);
System.out.println("c2="+c2.a+"i+"+c2.b);
System.out.println("c3="+c3.a+"i+"+c3.b);
```

不能直接引用 Complex 类中的 private 成员 a、b。

显然，仅改变了 a、b 的可访问属性，就使得程序出了问题，这是因为用 private 修饰的成员不能在不同包中被访问的缘故。

对于同一个包中的情况，将例 4.12 中的两个类合写在一个文件中，将测试类类名改为 ComplexTest2，再以 ComplexTest2.java 为文件名保存。这两个类显然在同一个包中了。我们作部分改动如下：将 Complex 类中的语句 public float a,b;改为 private float a,b；第二个 add()方法的 public 修饰符改为 private，使其为私有的。去掉包的载入语句 import ComplexPackage.*;和包的声明语句 package ComplexPackage;（因为它们显然在同一个包中，不再需要包的声明与载入）。去掉 Complex 类前的 public 修饰符（因为同一个文件中最多有一个类可以声明为 public）。添加两个 public 的方法 getA()和 getB()，用于获取 a、b 的值。改动后的代码如例 4.13 所示。

【例 4.13】 在复数 Complex 类里分别使用 private 和 public 修饰其成员变量和成员方法。（效果如图 4.17 所示）

```
public class ComplexTest2{
    public static void main(String[] args){
        Complex c1=new Complex(1,1),c2=new Complex(2,2),c3;
        //定义了Complex类的三个对象c1,c2,c3,其中c1,c2已经实例化
        c3=c1.add(c2);      //将c1加c2的值赋给c3,从而c3被实例化
        //以下三个语句分别以ai+b的形式输出c1,c2和c3的值
        System.out.println("c1="+c1.a+"i+"+c1.b);
        System.out.println("c2="+c2.a+"i+"+c2.b);
        System.out.println("c3="+c3.a+"i+"+c3.b);
    }
}

class Complex{
private float a,b;          //此处a,b定义为public,表示在任何包中都可访问
    //以下是三个构造方法
    public Complex(){a=b=0.0f;}
    public Complex(float aa,float bb){a=aa;b=bb;}
    public Complex(Complex c){a=c.a;b=c.b;}
    //以下是两个具有重载的关于复数相加的成员方法
    public Complex add(float aa,float bb){
        //实例化Complex的一个对象c作为局部变量
        Complex c=new Complex();
        //复数相加是实部加实部,虚部加虚部
        c.a=a+aa;
        c.b=b+bb;
        return c;           //返回c
    }
    private Complex add(Complex cc){
        Complex c=new Complex();
        c.a=a+cc.a;
        c.b=b+cc.b;
        return c;
    }
    public float getA(){return a;}
    public float getB(){return b;}
}
```

编译以上代码，一开始出现 7 个错误，分别提示在 ComplexTest2 类中：

```
        c3=c1.add(c2);
        System.out.println("c1="+c1.a+"i+"+c1.b);
        System.out.println("c2="+c2.a+"i+"+c2.b);
        System.out.println("c3="+c3.a+"i+"+c3.b);
```

几个语句处不能访问 Complex 类中的 private 成员。

虽然这两个类都在同一个包中，但由于 Complex 中的 a、b 和第二个 add()方法被声明为 private 的访问控制属性，故它们在别的类中不可访问。

此时，若作如下改动：将 Complex 类中第二个 add()方法前的 private 改回为 public，即为：

```
public Complex add(Complex cc){
    Complex c=new Complex();
    c.a=a+cc.a;
    c.b=b+cc.b;
    return c;
}
```

将 ComplexTest2 中的语句：

```
System.out.println("c1="+c1.a+"i+"+c1.b);
System.out.println("c2="+c2.a+"i+"+c2.b);
System.out.println("c3="+c3.a+"i+"+c3.b);
```

改为：

```
System.out.println("c1="+c1.getA()+"i+"+c1.getB());
System.out.println("c2="+c2.getA()+"i+"+c2.getB());
System.out.println("c3="+c3.getA()+"i+"+c3.getB());
```

编译运行可得如图 4.17 所示的正确结果。

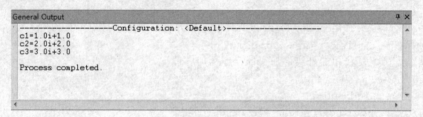

图 4.17 例 4.13 程序运行结果

显然，从以上两点改动中可以得到如下启示：

在 Complex 类的第二个 add()方法中，虽然有直接引用 Complex 类中的 private 成员 a 和 b 的语句：c.a=a+cc.a; c.b=b+cc.b，但它们在同一个类中，因此可以引用。而在 ComplexTest2 类中，直接引用 Complex 类中的 priavate 成员 a、b 成员变量及 add()方法是不允许的，因为它们不在同一个类中，private 成员只能被同一个类中的成员所引用。

一般地，实例变量都声明为 private 的，以保持其信息的隐蔽性，达到最佳的隐藏效果。而对于实例变量的存取一般像上面所提供的 getA()和 getB()方法一样，通过添加 public 的公有方法向外界提供访问对象内部实例变量的统一接口，这有利于信息的安全，也是面向对象中封装性的其中一个直接目的。

所以，一般将成员方法定义为 public 的访问控制属性,而将实例变量定义为 private 的访问控制属性。

4.4.4 protected

protected 访问控制属性主要用于具有泛化关系的类之间在实现类的继承时所使用。被声明为 protected 的成员变量、成员方法等类的成员可以被同一个类、同一个包中的不同类以及不同包中的具有泛化关系的子类所访问,它的可访问范围介于默认属性和 public 属性之间。在类的继承一节中将对 protected 的使用规则作详细讨论。

在本节结束之前,对以上 4 种访问属性的可访问范围进行简单总结(见表 4.3),以供查阅。

表 4.3 访问控制属性的可访问范围

访问属性	同一个类	同一个包中的不同类	不同包中的子类	不同包中的非子类
默认	√	√	×	×
public	√	√	√	√
private	√	×	×	×
protected	√	√	√	×

4.5 静态成员

迄今,我们所讨论过的类成员主要包括成员变量、成员方法、构造方法和内部类等。这些类成员又可分为两种形式:一种是静态(static)的,称为类成员,主要包括类变量和类方法;另一种是非静态的,称为实例成员,主要包括实例变量和实例方法。一般所说的成员方法主要是指实例方法。关于实例变量与实例方法在前面部分已作了详细讨论,本节主要介绍类变量和类方法。

4.5.1 静态成员变量

在介绍成员变量的定义形式时已经说明:类变量也称为静态变量,类变量独立于类的对象,无论创建了类的多少个对象,类变量都只有一个实例,一个类变量被同一个类所实例化的所有对象共享,当改变了其中一个对象的类变量值时,其余对象的类变量值也相应被改变,因为它们共享的是同一个量。所以,它是类所属的,与具体的对象无关,这也是将其称为类变量的原因。

要定义一个类变量,只需在实例变量的定义形式的访问属性控制符后、类型说明符前加上 static 关键字即可,形式如下:

```
[public|private|protected] static DataType varivableName;
```

例如:

```
public static int a, b;
```

下面先看一个例子。

【例 4.14】 定义一个 StuScore(学生成绩)类,其中包含静态变量 NUM(已录入成绩的人数)、SUM(总分)、MAX 最大值和 MIN(最小值)等,在 StuScoreTest

测试类里存储5个人的信息,并输出。(效果如图4.18所示)

```java
public class StuScoreTest{                          //测试类
    public static void main(String[] args){
        StuScore s[]=new StuScore[5];               //存储5个人的信息
        System.out.println("姓名  "+"成绩  "+"人数 "+"总成绩 "+"最大值
                    "+"最小值 ");
        System.out.println("-----------------------------------");
        s[0]=new StuScore("张明",80);                //实例化每一个对象
        s[0].print();
        s[1]=new StuScore("李月",69);
        s[1].print();
        s[2]=new StuScore("王兰",92);
        s[2].print();
        s[3]=new StuScore("陈东",95);
        s[3].print();
        s[4]=new StuScore("尚龙",56);
        s[4].print();
        System.out.println("-----------------------------------");
        //以下输出每个人的信息
        String name;

        for(int i=0;i<s.length;i++)
            s[i].print();
        System.out.println("-----------------------------------");

    }
}

class StuScore{
    private String name;                            //姓名
    private float  score;                           //成绩
    private static short  NUM=0;                    //记录已录入成绩的人数
    private static float  SUM=0,MAX=0,MIN=100;
//SUM、MAX和MIN分别记录总分、最大值和最小值
    StuScore(String n,float s){
      if(s>=0&&s<=100){
        name=n;
        score=s;
        NUM++;         //每实例化一个对象则使NUM加 1
        SUM+=s;        //将每个人的成绩加入总分
        if(score>MAX)MAX=score;               //将最大值记入MAX中
        if(score<MIN)MIN=score;               //将最小值记入MIN中
        }
    }
    public String getName(){return name;}            //返回姓名
    public float  getScore(){return score;}          //返回成绩
    public float  getMax(){return MAX;}              //返回最大值
```

```
        public float getMin(){return MIN;}        //返回最小值
        public float getSum(){return SUM;}        //返回总成绩
        public float getNum(){return NUM;}        //返回人数
        public float getAverageScore(){           //返回平均成绩
            if(NUM==0)return 0;
            else return SUM/NUM;
        }
        public void print(){                      //打印输出
            System.out.println(getName()+"  "+getScore()
            +"  "+getNum()+"  "+getSum()+"  "+getMax()+"  "+getMin()+"  ");
        }
    }
```

编译运行得到如图 4.18 所示的结果。

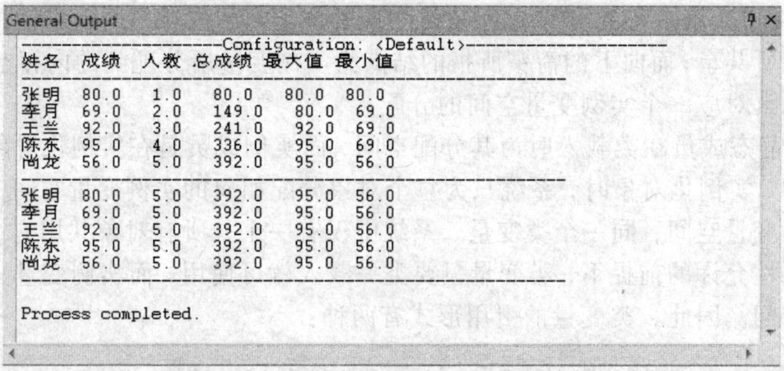

图 4.18 例 4.14 程序运行结果

运行结果的前 5 行是在 StuScoreTest 类的 main()方法中实例化数组中的每一个对象时，由 StuScore 类的构造方法的输出语句输出的，每实例化一个对象就输出一行。在前 5 行中，第一列为姓名，第二列为成绩，第三列第 i 行为目前实例化了的 StuScore 类的对象个数（也即录入了的人数），第四列第 i 行为前 i 个人的总成绩，第五列的第 i 行为前 i 个人成绩中的最大值，第六列的第 i 行为前 i 个人成绩中的最小值。

而结果的最后 5 行是通过 StuScoreTest 类的 main()方法中的 for 语句输出的，它输出了数组中每个人的信息。

由输出结果前 5 行的后四列，结合 StuScore 类的构造方法的代码，我们不难看出，实例化第 i+1 个对象时，NUM、SUM、MAX 和 MIN 四个成员的值是基于实例化第 i 个对象时的值的。如：NUM，在声明部分其初值为 0，在实例化第一个对象（"张明"）时执行语句 NUM++,使其值变为了 1；在实例化第二个对象（"李月"）时执行语句 NUM++后，其结果为 2，这显然是在第一个对象实例化的基础上其值（原为 1）加 1 的结果，此时变为了 2。同理，在实例化第三、四、五个对象时，在原来的基础上每次加 1，NUM 最终值为 5。

在 main()方法的 for 语句，虽然每次输出时调用了不同的对象，但结果的最后五行的后四列每列的值却都一样。然而，结果的最后 5 行的前两列却各不相同。

为什么会出现这样的结果呢？这是因为 NUM、SUM、MAX 和 MIN 四个成员被声明为静态的，是类变量，它们被同一个类所实例化的所有对象共享。而 name 和 score 是实例变量，每个对象都为其分配了相应的变量空间，对同一个实例变量，每个对象都持有一个副本。它们在内存中的分配情况如图 4.19 所示。

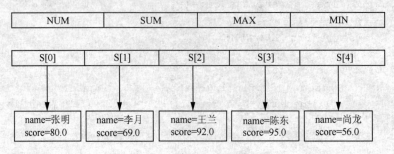

图 4.19 实例变量和类变量的空间分配示意图

图 4.19 中，第一行的 4 个空间是类变量所分配到的内存空间，它们被同一个类的不同对象所共享；而向下的箭头所指的结点为实例变量所分配到的内存空间，显然，每个数组元素对应一个实例变量空间的分配。

其实，静态成员在类载入时为其分配空间，而实例成员是在实例化对象时才为其分配空间的。实例化对象时，系统只为每个对象分配相应的实例变量空间，而不单独为其分配类变量空间，同一个类变量，系统中仅有一个，所有对象共用它。所以，在访问控制属性允许的前提下，类变量只要类一载入就可使用，而实例变量只能通过类的对象来访问。因此，类变量的引用形式有两种：

```
objectName.memberName
//或：ClassName.memberName
```

如在例 4.14 的 StuScore 类中，将 SUM、MAX 和 MIN 的定义前的 private 访问控制属性改为 public，则在 main()方法中就可直接用 StuScore.SUM、StuScore.MAX 和 StuScore.MIN 来获取 StuScore 中的 SUM、MAX 和 MIN 的值。

4.5.2 静态成员方法

有了静态成员变量的基础，理解静态成员方法就比较容易了。

静态成员方法的定义形式同类变量的定义形式非常相似，只须在定义成员方法时在方法的头部的访问属性控制符后、方法的返回值类型前加入关键字 static 即可。形式式为：

```
[public|private|protected] static int methodName(parameterLists) {…}
```

如可将例 4.14 中 StuScore 类的成员方法 getMax()、getMin、getAverageScore()分别定义为静态成员方法，代码如下：

```
public static float getMax(){return MAX;}       //返回最大值
public static float getMin(){return MIN;}       //返回最小值
public static float getAverageScore(){          //返回平均成绩
   if(NUM==0)return 0;
   else return SUM/NUM;
}
```

对应地，静态成员方法的引用形式也有两种：

```
            objectName.methodName(parameterLists)
//或：       ClassName.methodName(parameterLists)
```

所以，当 StuScore 类的成员方法 getMax(),getMin,getAverageScore()分别定义为静态成员方法后，就可以在 main()方法中直接通过类名来引用它们。如在上例中，用 StuScore.getMax()、StuScore.getMin()和 StuScore.getAverageScore()分别代替 main()方法中的 s[i]. getMax()、s[i].getMin()和 s[i].getAverageScore()，其输出结果是一样的，感兴趣的读者可以试试。

关于静态成员方法须作如下两点说明：

（1）静态成员方法不能引用实例成员，若企图将例 4.14 中 StuScore 类的 getName()声明为 static 则是行不通的，因为其间的 return name 语句使用了实例变量 name，编译时报错。

（2）静态成员方法引用的第二种形式对于编程时使用 Java 中的 API 包非常有用。如在前面学习字符串一章中介绍过的 String 类，其间将各种数据类型转换为 String 类型的重载方法 valueOf(parameter)，在使用该方法时并不需要实例化 String 类的任何对象，而直接通过类名 String 来引用即可，只需传入所需的参数。如要将一个整型值 i 转换为 String 型数据，其调用格式为：String.valueOf(i);，这些方法之所以可以不需实例化而通过类名来直接调用，是因为它们都是静态方法。在 Java 的 API 文档中可以看到，这些静态方法在返回值一列中的数据类型前都有 static 关键字，这说明它们是静态方法。其实，常用的 System 类和 Math 类中的绝大部分成员方法都是静态方法。

System 是一个标准 Java 类，它的定义在包 java.lang 里。System 类包含一个名为 out 的静态域，所以 System.out 引用了这个静态域中存储的值。System.out 的值又是 PrintStream 的一个对象或实例，PrintStream 是标准的 Java 类，它的定义在包 java.io 里，PrintStream 类有个实例方法 println()。所以，System.out.println()调用 println()方法可以实现打印输出。

4.6 final、this 和 null

在 4.2 节中，已经给了类定义的完整形式：

```
    [public][abstract][final] class ClassName [extends SuperClassName]
[implements InterFaceName]
    {
        ClassBody
    }
```

为了叙述方便，并未给出成员变量和成员方法定义的完整形式，其实，它们也可分别归纳出如下的完整形式：

（1）成员变量定义的完整形式：

```
    [public|private|protected][static][final][transient][volatile]DataType  memberName [,memberName2,….];
```

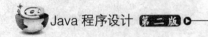

（2）成员方法定义的完整形式：

```
[public|private|protected] [static] [final] [abstract] [native]
[synchronized] ReturnDataType methodName(parameterLists) [throws ExceptionType]
{ MethodBody}
```

在以上定义形式中，abstract 用于定义抽象类和抽象方法，extends 用于类的继承，implements 用于实现接口，这三个关键字在下一章将作相应探讨。

transient 用于对象序列化，说明该成员变量不允许被序列化；volatile 则指出所声明的成员变量为易失性变量，用来防止编译器对其进行某种优化；native 用于声明所修饰的方法为本地方法，在用别的语言与 Java 汇合编程时将用到它；synchronized 用于多线程程序设计，以实现线程的同步。这几个关键字对于刚开始学习 Java 语言的读者而言有一些难度，同时它们的应用不是那么的普遍，本书不介绍它们，有兴趣的读者可以参阅其他书籍。

throws 一词在后面异常处理部分会作相应讨论。

从以上定义形式可以看出，特别是成员变量和成员方法的定义形式是比较复杂的，其中有的关键字我们还未曾相识，为讲解的需要，在此列出。本节仅介绍其中 final 关键字，同时还介绍另外两个关键字 this 和 null。

4.6.1 final

从以上定义形式可以看出，final 可以用来修饰类，也可以用来修饰成员变量和成员方法，它还可以用来修饰局部变量。它用来修饰不同成员时有不同的意义。

当一个类用 final 修饰时，意味着该类不能作为父类派生出其他的子类，因此也将这样的类称为最终类。在设计类时，如果希望该类不再被扩展或修改，则可将其声明为最终类。如前面学过的 String 类就是一个最终类。在 Sun 公司所提供的标准 API 包中，还有很多类是最终类，如 System 类、Math 类、Integer 类、Long 类以及 Double 等都是最终类。

final 用来修饰成员变量和局部变量时，表明该变量被声明为一个常量，只能在定义时给它赋值，在程序的后续运行过程中，如果企图为其赋值，这是不允许的，只能引用其值。例如：

```
final double E=2.71828;
```

这个语句定义了一个常量 E，为其赋初值 2.71828，如果在程序执行过程中有语句：E=2.7，则是不允许的。

用 final 来修饰成员方法时，则说明了该方法不能被子类中相同签名的方法所覆盖，这对于一些操作要求限制比较严格的方法是有用的。

如果把类同时定义为 final 和 abstract，那将毫不意义。当类 abstract 时，它的方法的实现过程只能在它的子类中定义。但是 final 类不能派生出子类，所以两个不能同时使用。如果同时使用，编译器就会产生一个错误。

4.6.2 this

在实例方法或构造器中，this 引用当前对象，也就是被调用的方法或构造器所属的对象。通过 this 关键字，可以在实例方法或构造器中引用当前对象的任何成员。

若有这样一个类的定义：

```
public class Person{
    private String name,ID;
    private short age;
    public Person(String name,String ID,short age)
    {
        ...
    }
}
```

在构造方法中，其功能显然是要将形参的三个值分别赋值给其间的三个实例变量，但问题在于形参名与实例变量名相同了，这如何赋值呢？是不是在构造方法体内加入语句：name=name; ID=ID; age=age; 呢？这显然不行。如果这样，系统如何区别谁是形参，谁是实例呢？是不是在类的定义中形参名与成员变量名相同就不行呢？情况并不是这样的。关键字 this 在这里就显得不可或缺了。如果在构造方法中写入如下的语句，则同名问题就解决了：

```
this.name=name;
this.ID=ID;
this.age=age;
```

this.name 表示所引用的 name 变量是当前类（Person）中定义的成员变量，赋值符号右端的 name 则是在最近位置所定义的 name（即形参中的 name）。ID 和 age 的理解与此相同。这样的格式是经常使用的。

实际上，this 是 Java 中对象自身的引用型系统变量，它代表当前类或对象本身。在后续的 Java Swing 与事件处理一章中，添加事件监听语句就会经常用到 this。例如：

```
Button btn=new Button("按钮");         //定义并实例化了一个按钮对象
btn.addActionListener(this);           //为 btn 对象添加事件监听
```

上述第二个语句表示程序运行时，如果在按钮 btn 之上有鼠标点击或移动等事件发生，则事件的响应在当前类（btn 所在的类）中进行，如以上的 btn 被定义在一个类名为 KK 的类中，则此处的 this 相当于 KK。

其实，在编译过程中，系统都为每个实例成员自动赋予一个 this 变量，使得这些成员有一个默认的前缀 this。如例 4.14 中类 StuScore 的构造方法内，语句：name=n; 编译后成为：this.name=n。通常情况下，很少手动添加 this，但若出现上面介绍的 Person 类中形参与实例变量同名时，则手动引入 this 是必需的。

4.6.3 null

在对象清除一节中，已介绍过 null，给一个对象赋予 null，就可"手动"清除该对象。其实，null 是 Java 中的一个直接量（也称常量），表示类类型（也称引用型）变量为空的状态。到目前为止，我们已经在本章的前面部分见过两次，一次是在表 4.2 中，null 作为类类型的实例变量的默认值；另一次就是在对象清除一节中，将 null 赋值给一个对象，则可"手动"清除该对象。其实，null 还有一个经常使用的地方，那就是通常用来作为类类型变量的初始值。如 String str=null，以这样的形式为成员变量赋初值时，可使程序醒目，增强程序的可读性。另外，当这样的形式用于局部变量时，在通常情况下都是赋初值所要求的。

4.7 包

包是类和接口的集合，是 Java 中组织程序文件的一种树形结构；包的概念与其他程序设计语言中的函数库或类库比较相似。用户可将功能相似的多个类或接口放在同一个包中，同时也可在某个包中再声明一个子包，从而形成了一个关于包的树形结构。Java 系统提供了很多标准包，其中包含了大量的类和接口，用户在编程时可直接使用它们。

4.7.1 包的声明

用户要创建自己的包，首先要进行声明，其声明形式为：

```
package  packageName;
```

其中，package 是用来声明包的关键字；packageName 为包的名字。Package 语句的作用范围是整个源程序文件，该声明语句必须作为源程序文件的第一个语句，前面除了有注释或空行外，不能再有别的语句，一般将该语句写在文件的第一行。注意，在包名后有一个分号。下面通过例子来说明如何声明一个包。

【例 4.15】 创建自定义 myFirstPackage 包。

```
package  myFirstPackage;      //声明包 myFirstPackage
public class Class1{
    Class2 c=new Class2();
    public void prt(){
        System.out.println("myFirstPackage 包中的类 Class1");
        System.out.println("Class1 中的对象 c 调用 Class2 中的 prt()");
        c.prt();
    }
}

class Class2{
    public void prt(){
        System.out.println("myFirstPackage 包中的类 Class2");
    }
}
```

在命令行下编译，可用如下方式保存以上文件：在某路径（以 D:\为例）下创建一个文件夹 myFirstPackage，将以上代码保存在 D:\myFirstPackage 目录下。这样，包

myFirstPackage 就产生了。

如果要在一个包中创建一个子包，则声明格式如下：

```
package  superPackage.subPackage;  //包与子包之间用引用操作符（"."）隔开
```

其中，superPackage 为 subPackage 的上一级包。

【例 4.16】 子包的定义。

```
package myFirstPackage.subPackage;
public class Class3{
    public void prt(){
        System.out.println("myFirstPackage.subPackage 包中的类 Class3");
    }
}
```

这里的 myFirstPackage 是例 4.15 中定义的包。具体操作时，在本例所创建的文件夹 myFirstPackage 中，创建一个名为 subPackage 的文件夹，将本例的代码以 Class3.java 为文件名保存在 subPackage 文件夹中。

这样就形成了一个包的层次结构，subPackage 是 myFirstPackage 的子包。

4.7.2 包的使用

要使用包中的类，可采用下述方法之一：

（1）要使用的类位于其他包中，或者引入包中，有多个名称相同的类，可通过全名（包名和类名）来引用。

（2）对于频繁使用的类或者包名很长（包含很多子包），可以倒入单个类或者整个包中，这样可以减少工作量，类或包导入后，只需通过名称可引用相应的类。

在一个包的类中，需要使用别的包中访问属性控制所允许的类时，需要告知系统被引用类的位置，这是通过包的载入语句来完成的。包的载入语句不论是载入系统标准包还是载入用户自定义的包，其形式都是一样的。例如：

```
import   java.awt.applet.*;//载入系统包 java.awt.applet 中的所有类
import   java.awt.Graphics;//载入系统包 java.awt 中的类 Graphics
import   myFirstPackage.*;//载入用户自定义的包 myFirstPackage 中的所有类
```

当用"*"时，表示载入当前包中的所有类，请注意：它不载入当前包的子包中的类。如第三个语句中的"*"，它载入 myFirstPackage 中的 Class1 类和 Class2 类，而不载入其子包 subPackage 中的类 Class3。

关于系统包的载入其实在前几章已见过许多，在此不打算单独举例说明，在以后的学习中将会大量见到。下面以一个例子来说明如何载入例 4.15 和例 4.16 中用户自定义的包。

【例 4.17】 载入自定义 myFirstPackage 包及 myFirstPackage 包中的子包 subPackage 中的类。（效果如图 4.20 所示）

```
import myFirstPackage.Class1;      //载入 myFirstPackage 中的 Class1 类
import myFirstPackage.subPackage.Class3;
                                   //载入子包 subPackage 中的类 Class3
```

```
public class PackageTest{
    public static void main(String[] args){
        Class1 c=new Class1();
        Class3 c3=new Class3();
        c.prt();
        c3.prt();
    }
}
```

将例 4.17 中的代码保存在 D:\下，编译运行得到如图 4.20 所示的结果。

```
General Output
---------------Configuration: <Default>---------------
myFirstPackage包中的类Class1
Class1中的对象c调用Class2中的prt()
myFirstPackage包中的类Class2
myFirstPackage.subPackage包中的类Class3

Process completed
```

图 4.20 例 4.17 程序运行结果

4.7.3 常用系统包简介

Java 系统提供了大量的类，它们被组织在系统标准包中，这样的包通常称为 API（Application Program Interface）包。在进行 Java 编程时，经常用到这些 API 包。下面以列表的形式简单说明常用的几个系统 API 包，以供读者参考，如表 4.4 所示。关于 API 包的详细介绍请参考 API 的文档说明，在 Oracle and Sun 公司的官方网站（www.oracle.com/us/sun/index.htm）上可以免费下载。

表 4.4 常用系统包

包　名	描　述
java.lang	这是 Java 中的所有程序都默认载入的唯一一个系统包，不需使用包的加载语句导入也可直接引用其中的类。它包含了很多常用的类，如以前介绍过的字符串处理的类 String 就在这个包中。System 类、Math 类等也在其中
java.applet	包含了编写 Applet 程序的类
java.awt	包含了图形用户接口（GUI）的大量类，在这个包下有很多关于 GUI 处理的子包
java.awt.event	此包中包含了很多关于 Java 事件处理的类
java.awt.image	这个包在图像处理中经常用到
java.swing	支持 swing 组件
java.swing.event	包含了 swing 组件的事件处理类
java.sql	此包中的类在编写访问数据库的程序中具有举足轻重的作用，使用标准 SQL 对数据库进行访问所需的类大多都在这个包及其子包中
java.util	这个包中包含了很多实用工具类，如与数据结构的接口很多就在这个类中

4.8 综合应用示例

本节通过一个综合应用示例来巩固本章前面部分所学过的知识。它基本覆盖了前面所讨论的类、成员变量、成员方法、构造方法、直接量（常量）、访问属性控制、方法重载等方面的内容。本章的所有示例都在 JDK 1.7 下运行通过。

【例 4.18】 实现一个简化了的学生成绩管理程序，用一个双向链表来存储学生的成绩信息，为使程序简化，其中每个结点仅存储学生姓名、课程名称和成绩三个量。

该程序共定义了三个类。DataNode 类是双向链表的数据结点类，其中包含了三个量：学生姓名、课程名称和成绩以及相应的操作。DoubleLink 为双向链表的结点类，DataNode 类的对象作为它的数据结点；双向链表的相关操作主要包括：向前、向后搜索链表，插入结点，插入子链表，删除结点以及获取数据结点等方法。还有一个类是 MainTest 类，用来测试 DataNode 和 DoubleLink 的各项功能，读者可以根据需要自行设计此类。DataNode 类和 DoubleLink 类的 UML 类图及其相互关系如图 4.21 所示。

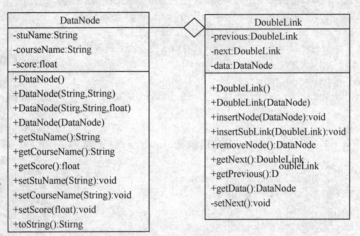

图 4.21　DataNode 和 DoubleLink 类图及其相互关系图示

```
//========================数据结点 DataNode 类====================
public class DataNode{
    private String stuName;            //姓名
    private String courseName;         //课程名
    private float  score;              //成绩
    public DataNode(){                 //无参构造方法
        stuName=null;
        courseName=null;
        score=-1;                      //-1 表示没有成绩
    }
    public DataNode(String stuName,String cn){
        this.stuName=new String(stuName);
        courseName=new String(cn);
        score=-1;                      //-1 表示没有成绩
    }
    public DataNode(String stuName,String cn,float score){
        this.stuName=new String(stuName);
        courseName=new String(cn);
        if(score>=0&&score<=100)this.score=score;
        else this.score=-1;
    }
```

```java
    public DataNode(DataNode newDN){
        this.stuName=new String(newDN.getStuName());
        this.courseName=new String(newDN.getCourseName());
        if(newDN.getScore()>=0&&newDN.getScore()<=100)
        this.score=newDN.getScore();
        else this.score=-1;
    }
    public String getStuName(){return stuName;}
    public String getCourseName(){return courseName;}
    public float  getScore(){return score;}
    public void setStuName(String stuName){this.stuName=new String(stuName);}
    public void setCourseName(String courseName)
    {this.courseName=new String(courseName);}
    public void setScore(float score){
        if(score>=0&&score<=100)this.score=score;
        else this.score=-1;
    }
    public String toString(){   return stuName+","+courseName+","+score;}
}

//======================双向链表类DoubleLink类======================
public class DoubleLink{
    private DoubleLink previous;
    private DoubleLink next;
    private DataNode   data;
    public DoubleLink(){
        previous=null;
        next=null;
        data=null;
    }
        public DoubleLink(DataNode data){
        previous=null;
        next=null;
        this.data=new DataNode(data);
    }
    public void insertNode(DataNode newData){           //插入一个结点
        this.setNext(new DoubleLink(newData));
    }
    public void insertSubLink(DoubleLink subLink){  //插入子链表
        this.setNext(subLink);
    }
    public DataNode removeNode(){       //删除当前结点
        if(this==null)return null;      //删除结点为空则返回空
        if(this.getPrevious()==null&&this.getNext()==null){
                                        //只有一个结点
        DataNode t=new DataNode(this.getData());
            this.getData().setStuName(null);
            this.getData().setCourseName(null);
            this.getData().setScore(-1);
            return t;
```

```java
        }
        if(this.getNext()==null){        //删除的是表尾结点
                DataNode t=new DataNode(this.getData());
            DoubleLink p=this;
            this.getPrevious().next=null;
            p=null;
            return t;
        }
        if(this.getPrevious()==null){    //删除的是表首结点
                DataNode t=new DataNode(this.getData());
            DoubleLink p=this;
            p.getNext().previous=null;
            p=null;
            return t;
        }
        else {                           //删除的是中间结点
            DoubleLink p=this.getPrevious();
            DataNode t=new DataNode(this.data);
            p.next=this.getNext();
            this.getNext().previous=p;
            p=this;
            p=null;
            return t;
        }
    }
    public DoubleLink getNext(){     return next;}
    public DoubleLink getPrevious(){return previous;}
    public DataNode getData(){return data;}
    //setNext()方法将next插入当前结点之后,对单结点和子链表都适用
    private void setNext(DoubleLink next){
        if(this.getNext()==null){        //表尾
            this.next=next;
            next.previous=this;
        }
        else {
            DoubleLink h_next,t_next;
            h_next=t_next=next;
            while(t_next.getNext()!=null)t_next=t_next.getNext();
                                        //使t_next指向表尾
            this.getNext().previous=t_next;
            t_next.next=this.getNext();
            this.next=h_next;
            h_next.previous=this;
        }
    }
}
//========================测试类MainTest类================
public class MainTest{
public static void main(String[] args){
```

```java
DoubleLink p=null,q=null;
final DoubleLink head=new DoubleLink(),head2=new DoubleLink();
//head 和 head2 为头结点,其中的值为空,设为 final 后不准其被更改
DataNode d[]=new DataNode[3];
d[0]=new DataNode("张一","数学",60);
d[1]=new DataNode("王二","英语",98);
d[2]=new DataNode("李三","政治",55);
p=head;     q=head2;
for(int i=0;i<3;i++){
    p.insertNode(d[i]);         //产生以空结点 head 为头结点的链表
    p=p.getNext();
    q.insertNode(d[i]);         //产生以空结点 head2 为头结点的链表
    q=q.getNext();
 }
    p=head;
System.out.println("\n 输出 head 链表");
while(p.getNext()!=null){       //输出 head 为头结点的链表
    p=p.getNext();
    System.out.println(p.getData().toString());
}
q=head2;
System.out.println("\n 输出 head2 链表");
while(q.getNext()!=null){       //输出 head2 为头结点的链表
    q=q.getNext();
    System.out.println(q.getData().toString());
}
p=head;
while(p.getNext()!=null){
    p=p.getNext();
    if(p.getData().getStuName().equals("王二")){
                                //head 中王二后插入高阳历史成绩
    p.insertNode(new DataNode("高阳","历史",78));
    System.out.println("\n"+p.getData().toString()+" have been inserted");
    break;
    }
}
p=head;
System.out.println("\n 输出插入高阳后的 head 链表");
while(p.getNext()!=null){       //输出插入高阳后的 head 链表
    p=p.getNext();
    System.out.println(p.getData().toString());
}
//以下将 head2 插入到 head 尾部
p=head;
q=head2;
while(p.getNext()!=null)p=p.getNext();    //找到 head 表尾
p.insertSubLink(q.getNext());   //在 head 表尾 p 处插入 head2
p=head;
System.out.println("\n 输出插入 head2 后的 head 链表");
```

```java
        while(p.getNext()!=null){        //输出插入 head2 后的 head 链表
            p=p.getNext();
            System.out.println(p.getData().toString());
        }
        p=head;
        System.out.println("\n删除 head 中姓名为李三的第一条记录");
        while(p.getNext()!=null){        //删除 head 中姓名为李三的第一条记录
            p=p.getNext();
            if(p.getData().getStuName()=="李三"){
                System.out.println(p.removeNode().toString()+" have been
                removed");
            }
        }
        p=head;
        System.out.println("\n输出 head 中删除名为李三的第一条记录后的表");
        while(p.getNext()!=null){//输出 head 中删除第一条姓名为李三的记录后的表
            p=p.getNext();
            System.out.println(p.getData().toString());
        }
        p=head;
        System.out.println();
        while(p.getNext()!=null){//删除 head 中的所有记录
            p=p.getNext();
            System.out.println(p.removeNode().toString()+" have been removed");
        }
        p=head;
        System.out.println("\n输出 head 中删除所有记录后的表");
        while(p.getNext()!=null){//输出 head 中删除所有记录后的表
            p=p.getNext();
            System.out.println(p.getData().toString());
        }
        q=head2;
        System.out.println("\n输出 head2 链表");
        while(q.getNext()!=null){//输出 head2 为头结点的链表
            q=q.getNext();
            System.out.println(q.getData().toString());
        }
    }//end main()
}//end MainTest
```

程序中的注释语句对程序作了详细说明，在此就不再作过多解释。仅需说明以下两点：

（1）当将一个链表插入另一个链表中后，原链表还在，这相当于是将一个链表复制到另一个链表中。如运行结果所示，将 head2 插入 head 中，再将 head 中的所有结点删除，显然，输出 head 中的所有结点时，已为空；而 head2 中的结点还在。

（2）这里所使用的表头结点 head 和 head2 都为空结点，所以，在 head 表尾插入 head2 时，要插入的第一个结点实际为 head 中的第一个非空结点，故用语句 q.getNext() 作为其插入点。

第 5 章

继承与多态

第 4 章已经有论及,抽象性、封装性、继承性和多态性称为面向对象的四大特性。通过前面的学习,对前两个特性有了一定程度的理解,本章将继续探讨后两个特性,即继承性和多态性。

本章要点

- 类的继承。
- 类成员的隐藏与重载。
- 多态性。
- Object 类和 Class 类。
- 抽象类与接口。
- 对象克隆。
- 对象转型和类的设计原则。
- 综合应用示例。

5.1 类的继承

Java 中的继承分类的继承和接口的继承两种,类的继承只支持单继承;而接口的继承可以是多重继承。本章重点讨论类的继承。在本章的前两节中,将对类的继承作详细介绍与说明。

5.1.1 子类的定义

子类也是类。它的定义形式与一般类的定义形式极其相似,其格式为:

```
[Modifiers] class SubClassName extends SuperClassName
{
    //ClassBody
}
```

其中,Modifiers 是修饰符,可以使用的修饰符与前一章中所介绍的一样;

SubClassName 是子类的名称；extends 是用于实现继承的关键字，当类的定义中有 extends 关键字时，表示当前定义的类继承于别的类，是别的类的子类；SuperClassName 是父类名；ClassBody 是子类的类体。下面通过一个例子来说明类的继承机制及如何实现类的继承。

【例 5.1】 定义一个圆类 Circle，该类继承点类 Point。（效果如图 5.1 所示）

```
class Point{                              //点类
    protected  int   x,y;                 //点坐标
    public Point(){}                      //无参构造方法
    public Point(int xx,int  yy){setPoint(xx,yy);}
    public void setPoint(int m,int n){x=m;y=n;}    //设置标位置
    public int getX(){return x;}
    public int getY(){return y;}
}
class Circle extends Point{               //定义圆类
    private double radius;                //radius 为圆的半径
    public Circle(int x,int y,double  r){this.x=x;this.y=y;setRadius(r);}
    public void   setRadius(double r){radius=r;}    //设置圆的半径
    public double  getRadius(){return radius;}      //获取圆的半径
    public double getArea(){return 3.1415*radius*radius;}
                                          //获取圆的面积

    public String toString()
    {   return"Position("+x+","+y+")Radius="+radius;
    }
}

public class CircleTest{
    public static void main(String[] args){
        Circle c=new Circle(50,50,10);
        System.out.println(c.toString());
        c.setPoint(100,100);
        c.setRadius(20);
        System.out.println(c.toString());
    }
}
```

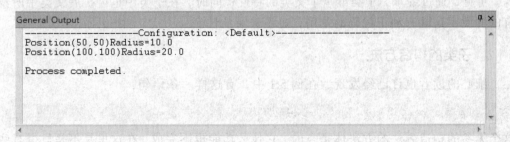

图 5.1 例 5.1 程序运行结果

例中，定义了三个类 Point、Circle 和 CircleTest。Circle 继承于 Point 类，Point 类是父类，Circle 是子类，它们的 UML 图及相互关系如图 5.2 所示。而 CircleTest 类用于对 Circle 作一简单测试。

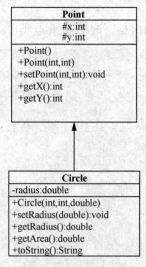

图 5.2　继承于点类的圆类

第 4 章说明，通过继承，子类继承了父类的属性和行为，在子类中就不用再定义父类中已有的属性和行为了。如在定义 Point 类的两个坐标属性 x 和 y 时，用了 protected 访问属性控制符，根据第 4 章的说明可知，用 protected 修饰的成员可以在子类中访问，所以，对于 Circle 类的构造方法中的 this.x 和 this.y，这里的 x 和 y 就是由父类 Point 继承而来的，在此可以直接引用；同理，Circle 类的方法 toString()中用到的 x 和 y 也是由父类继承而来的 x 和 y。再如，在 Circle 类中没有 setPoint()方法的定义，显然，对于在 CircleTest 类中通过 Circle 类的对象 c 来设置其圆心坐标时所用的语句 c.setPoint(100,100)，其间所调用的 setPoint()方法是由父类 Point 继承而来的，因为 Point 类中的 setPoint()方法的访问属性控制符是 public，用它修饰的成员在子类中可以引用。

通过继承，在 Circle 类中除了有其自身所定义的属性和行为外，也拥有了从父类所继承下来的属性和行为，此时，Circle 其实具有了如下一些属性变量和行为方法：x、y、radius、setPoint()、getX()、getY()、setRadius()、getRadius()、getArea()、toString()等。可见，通过继承，子类继承了父类的特性；同时，在子类中也可扩展父类中所没有的特性，这既有利于代码的重用，也不失灵活性。

5.1.2　子类的构造方法

细心的读者也许已经发现，在例 5.1 中，有这样一条语句：

```
public Point(){}        //无参构造方法
```

这个无参的构造方法的方法体是空的，它什么功能也不完成，在这里是不是显得有些画蛇添足了呢？而且第 4.2 节关于构造方法的第 4 点说明中又说及定义类时，像例 4.1 那样没有构造方法的定义也是可行的。此时，系统会为其提供一个无参的默认的构造方法。这个语句显然是一个无参的构造方法。于是有人可能会想，这条语句是不是可以省略呢？答案是否定的。这就是为什么在这里要将子类的构造方法单独作一个问题来探讨的根本原因所在。

Java 中，在执行子类的构造方法时，必须先执行父类的构造方法，它的第一条语句必须是调用父类的构造方法的语句。调用父类的构造方法是通过语句 super() 来完成的。如果要调用父类的有参构造方法，则在 super() 的圆括号中加入所需的参数。

当在子类的构造方法中通过 super() 来调用父类的构造方法时，如果不带参数，则这样的显式调用可以省略，它调用父类的构造方法是由系统自动进行的。但是，此时，如果父类中没有显式定义无参的构造方法，则编译出错。这也就是例 5.1 中的语句：

```
public Point(){}        //无参构造方法
```

不能省略的原因所在。如果将例 5.1 中 Point 类的无参构造方法删除，保存编译后得到如图 5.3 所示的错误提示。

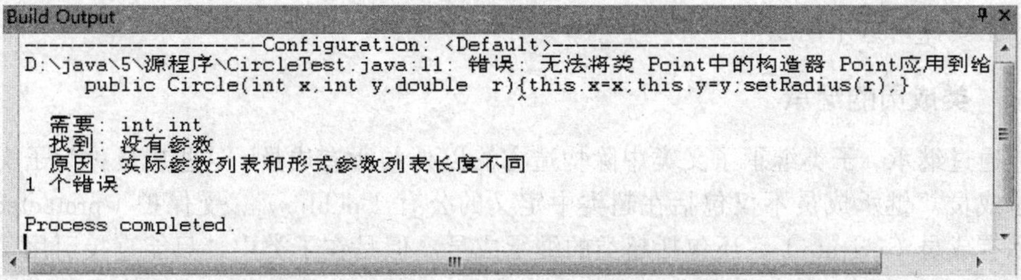

```
Build Output
--------------------Configuration: <Default>--------------------
D:\java\5\源程序\CircleTest.java:11: 错误: 无法将类 Point中的构造器 Point应用到给
    public Circle(int x,int y,double  r){this.x=x;this.y=y;setRadius(r);}
                  ^
  需要: int,int
  找到: 没有参数
  原因: 实际参数列表和形式参数列表长度不同
1 个错误

Process completed.
```

图 5.3　删除 Point 类的无参构造方法编译结果图

所以，当定义类时，经常都要提供一个无参的构造方法。这样，当这个类被别的类所继承时，在子类的构造方法中调用父类的构造方法时才不会出错。所以，常将无参的构造方法称为默认的构造方法。当然，如果不希望被别的类所继承，显式定义默认构造方法也不是必需的，如例 4.1 中定义的类 Point 就是一个实证。

当在子类的构造方法中通过 super() 来调用父类中带参的构造方法时，它必须是显式调用，而且必须作为子类构造方法的第一条语句。如果将例 5.1 中 Circle 类的构造方法改写如下：

```
public Circle(int x,int y,double  r){
    super(x,y);
    setRadius(r);
}
```

编译运行，得到的结果与例 5.1 的运行结果是一样的。但是如果改写为：

```
public Circle(int x,int y,double r){
    setRadius(r);
    super(x,y);
}
```

则编译时会得到如图 5.4 所示的错误提示。

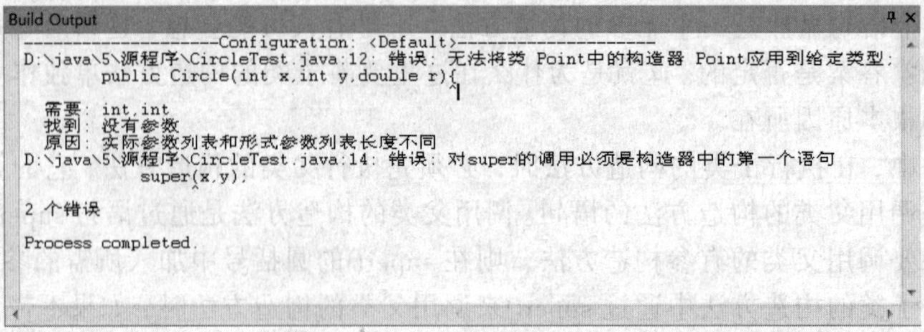

```
Build Output
------------------------Configuration: <Default>------------------------
D:\java\5\源程序\CircleTest.java:12: 错误: 无法将类 Point中的构造器 Point应用到给定类型;
        public Circle(int x,int y,double r){
                                            
  需要: int,int
  找到: 没有参数
  原因: 实际参数列表和形式参数列表长度不同
D:\java\5\源程序\CircleTest.java:14: 错误: 对super的调用必须是构造器中的第一个语句
            super(x,y);
2 个错误

Process completed.
```

图 5.4 子类编译错误结果图

5.2 类成员的隐藏与重载

通过类的继承，子类继承了父类的成员，同时在子类中还可以添加一些新成员。但是，当在子类中添加的成员与父类中的成员同名时，系统如何处理这样的冲突呢？本节主要探讨这个问题。

5.2.1 类成员的继承

通过继承，子类继承了父类中除构造方法以外的所有成员，这些成员称为子类的继承成员。继承成员不仅包括在超类中定义的公有（public）、受保护（protected）及私有成员（private），还包括超类的继承成员。但是在子类中，只能直接引用父类中用 public 或 protected 修饰的成员，父类中用 private 修饰的成员在子类中不可直接引用，因为它们受访问属性的控制。如在例 5.1 中，Circle 类不仅拥有了在自身类中所定义的成员，同时还拥有从父类中继承下来的成员，如 x、y、getX()、getY()、setPoint()等，这些成员中，成员变量 x 和 y 是用 protected 修饰的，而成员方法 getX()、getY()和 setPoint()都是用 public 修饰的，故在子类中都可直接引用。如果父类的 x 和 y 用 private 来修饰，则在子类 Circle 中就不能直接引用了。

使用子类的程序能访问子类的公有继承成员，但不能访问子类的受保护和私有的继承成员。子类的内部能访问它自己定义的所有成员，在程序中，只能访问子类自己定义的公有成员，而不能访问子类自己定义的受保护和私有成员。

5.2.2 成员变量的隐藏

当在子类中添加的新成员变量与父类中的成员变量同名时，父类中对应的成员变量将被隐藏起来。在子类中，如果直接引用了这些同名的变量，则引用的是子类中定义的同名变量。当在子类中要引用父类中的同名变量时，可以通过 super 关键字来进行。super 关键字用于指向当前类的父类。请读者结合前面所学的知识，自行区别 this、super 和 super()三者的不同。下面通过一个示例来说明成员变量的隐藏及 super 的用法。

【例 5.2】 定义一个父类 SuperClass 及其子类 SubClass，观察成员变量的隐藏及 super 的用法。（效果如图 5.5 所示）

```
class SuperClass{
    protected int x,y;
```

```
        SuperClass(){}
        SuperClass(int x,int y){this.x=x;this.y=y;}
        String superToString(){return "In SuperClass:x="+x+" y="+y;}
    }
    class SubClass extends SuperClass{
        protected int x,y;
        SubClass(){}
        SubClass(int x,int y){super(x-1,y-1);this.x=x;this.y=y;}
        String subToString(){return "In SubClass:x="+x+" y="+y;}
    String superToStringInSub(){
        return "In SuperClass Called by super in SubClass:super.x= "+super.
    x+" super.y="+super.y;
        }
    }
    public class SuperMain{
        public static void main(String[] args){
            SuperClass sup=new SuperClass(5,5);
            SubClass   sub=new SubClass(10,10);
            System.out.println(sup.superToString());
            System.out.println(sub.subToString());
            System.out.println(sub.superToStringInSub());
        }
    }
```

```
General Output                                                    ⋺ ×
--------------------Configuration: <Default>--------------------
In SuperClass:x=5 y=5
In SubClass:x=10 y=10
In SuperClass Called by super in SubClass:super.x=9 super.y=9

Process completed.
```

图 5.5 例 5.2 程序运行结果

在子类 SubClass 中定义了与父类 SuperClass 中同名的成员变量 x 和 y，它们都是 int 型，都用 protected 来修饰。显然，子类中继承了父类中的 x 和 y，但它们同名，父类中的 x 和 y 被隐藏起来了，所以，在子类 SubClass 中的语句：

```
String subToString(){return "In SubClass:x="+x+" y="+y;}
```

内引用的 x 和 y 是子类 SubClass 中定义的 x 和 y。要在子类中使用父类中的 x 和 y，则通过 super 关键字来实现，子类 SubClass 中的语句：

```
String superToStringInSub()
{
    return "In SuperClass Called by super SubClass:super.x="+super.x+"
    super.y="+super.y;
}
```

能说明这一点，这里的 super.x 和 super.y 就是引用父类中的 x 和 y。

5.2.3 成员方法的重载与覆盖

子类可以继承父类中的成员方法，同时也可以在子类中定义一些新的成员方法，这些新添加的成员方法有如下三种情况：

（1）在子类中所添加的成员方法是全新的成员方法，它与父类中的成员方法不存在同名冲突问题。这是子类对父类功能所作的一种扩展。

（2）在子类中，定义了与父类同名的成员方法，但其参数不一样，这种情况称为成员方法的重载。这也是一种重载，只不过它的重载不是在同一个类中来完成的，而是在子类和父类中共同完成。这也是子类对父类功能所作的一种扩展。

（3）在子类中定义了与父类中同名同参的成员方法，这种情况被称为成员方法的覆盖。这种情况就像成员变量的隐藏一样。如果在子类中或通过子类的对象直接引用同名的方法，则引用的是子类中所定义的成员方法；若要引用父类中的同名方法，也可以通过关键字 super 来完成。这是子类对父类所作的一种修改。

所以，通过成员方法的继承，在子类中可以使用父类中的成员方法，从而实现了代码的重用；也可以通过成员方法的重载或添加全新的成员方法来实现子类对父类功能的扩展；还可以通过成员方法的覆盖来实现子类对父类功能的修改。要覆盖方法，只需在子类中创建一个特征标（名称、返回值和参数列表）与超类相同的方法，这样，当该方法被调用时，将找出并执行子类的方法，而不是超类的方法。

【例 5.3】定义一个父类 SuperBase 及其子类 SubBaseOne 和 SubBaseTwo，观察成员方法的隐藏。（效果如图 5.6 所示）

```java
import java.io.*;

class SuperBase{
    public void getClassname(){
    System.out.println("This is SuperBase");
    }
}

class SubBaseOne extends SuperBase{
   public void getClassname(){
      System.out.println("This is SubBaseOne");
   }
}
//下面定义了子类 SubBaseTwo 所定义的 getClassname()方法对超类 SuperBase 中方法 getClassname()重载
   class SubBaseTwo extends SuperBase{
     public void getClassname(String str){
        System.out.println ("This is "+str);
     }
}

 public class PrintClass
{
   public static void main(String[] args)
```

```
    {
        SubBaseOne objOne=new SubBaseOne();
        objOne.getClassname();
        SubBaseTwo objTwo=new SubBaseTwo();
        objTwo.getClassname("SubBaseTwo");
    }
}
```

子类 SubClassTwo 有两个 getClassname()方法,一个是从超类继承的返回类型为 void 的 getClassname()方法;另一个是自己定义的参数类型为 string 的 getClassname()方法。

SubClassOne 的对象引用调用 getClassname()方法,就是调用子类的 getClassname()方法。

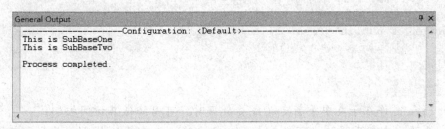

图 5.6 例 5.3 程序运行结果

如果你的方法覆盖了超类方法之一,那就可以通过使用 super 调用被覆盖的方法,如 super.methodname(arguments).,该关键字将方法调用沿类层次结构向上传递。

(1)子类不能覆盖超类中声明为 final 方法。如果试图覆盖 final 方法,编译器将出错。

(2)子类必须覆盖超类中声明为 abstract 的方法,否则子类必须本身是抽象的。

```
public class Parent{
    abstract void method1();
    abstract void method2();
}
public class Child extends Parent{
    public void method1(){…};
    public abstract void method2();
}
```

(3)覆盖方法的返回类型必须与它所覆盖的方法相同。
(4)子类方法不能缩小父类方法的访问权限。

```
public class Parent{
    public void method(int x){
    …
    }
}
public class child extends Parent{
    protect void method(int x){
```

```
        ...
        }
}
```

覆盖方法时，不能缩小访问权限。method()是 protect 类型的，父类的 method()方法是共有的，子类缩小了父类方法的访问权限，这是无效的方法覆盖。

① 父类的非静态方法不能被子类的静态方法覆盖。
② 父类的私有方法不能被子类覆盖。
③ 父类的静态方法不能被子类覆盖，子类可以定义同父类的静态方法同名的静态方法。
④ 父类的非抽象方法可以被覆盖为抽象方法。

```
public class Parent{
    void method(){…}
}
abstract public class Child extends Patent{
    public void method(){…}
}
```

注意：
① Java 允许在子类中重新定义成员数据时，可以降低其访问控制。
② 类及方法在声明时，可以加上 final 方法，类前若加上 final 表示它子类中的同名称的方法不能重载此方法，声明为私有 private 或静态 static 的方法，也不能被子类的同名称方法重载。
③ 类前加 final 表示不能被继承。

由于篇幅的限制，在此仅作一个概述性的说明。在后续的章节中会遇到很多关于继承的示例，其中大多都会有成员方法的重载或覆盖的应用。

5.2.4 构造方法的覆盖

构造方法不能被覆盖，它们的名称总是与当前类相同。构造方法是新创建的，而不是继承而来的，子类不能直接通过方法名调用父类的一个构造方法，而是通过关键字 super 调用父类的一个构造方法。

由于构造方法没有可供调用的方法名，要调用超类中的常规方法，常采用如下格式：

```
super(arg1,arg2,…)
```

super 语句必须是构造函数定义中的第一条语句。如下面的程序是一个名为 SubPoint 的类，它是从 java.awt 包中的 Point 类中派生而来的。SubPoint 类的定义了一个用于初始化 x、y 和名称的构造函数。

【例 5.4】 定义一个 SubPoint 类，该类的构造方法覆盖了父类 Point 类的构造方法。（效果如图 5.7 所示）

```
import java.awt.Point;
public class SubPoint extends Point{
```

```
    String name;
    SubPoint(int x,int y,String name){
        super(x,y);
    this.name=name;
    }
    public static void main(String[] arguments){
        SubPoint p=new SubPoint(8,9,"subPoint");
        System.out.println("x is "+ p.x);
        System.out.println("y is "+ p.y);
        System.out.println("name is" + p.name);
    }
}
```

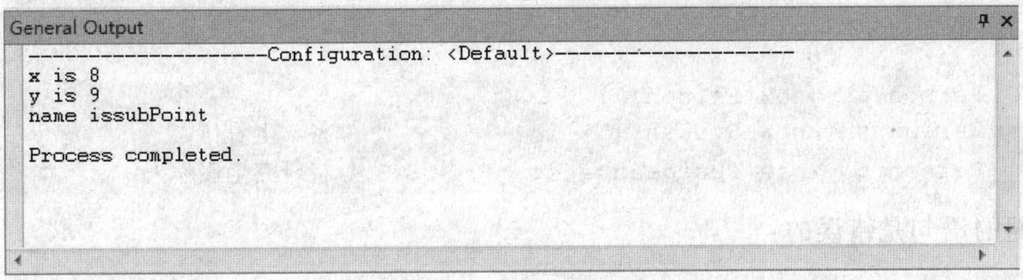

```
General Output
------------------Configuration: <Default>--------------------
x is 8
y is 9
name issubPoint

Process completed.
```

图 5.7 例 5.4 程序运行结果

SubPoint 的构造方法调用 Point 的构造方法来初始化 Point 的实例变量(x,y)。

5.3 多 态 性

5.3.1 多态概念

第 4 章已经论及，简单地讲，多态性表示同一种事物的多种形态；不同的对象对相同的消息可有不同的解释，这就形成多态性。Java 之所以引入多态的概念，原因之一是它在类的继承上只允许单继承，派生类与基类之间有 "is-a" 的关系。这样做虽然保证了继承关系的简单、明了，但势必在功能上会有很大的限制，所以，Java 引入了多态的概念来弥补这一点的不足。此外，抽象类和接口也是解决单继承规定限制的重要手段，同时，多态也是面向对象编程的精髓所在。Java 中的多态性是通过方法覆盖、方法重载以及对象引用来实现的。

1. 方法的覆盖实现的多态

重载表现为同一个类中方法的多态性。一个类声明多个重载方法就是为一种功能提供多种实现。编译时，根据方法实际参数的数据类型、个数和次序，决定究竟应该执行重载方法中的哪一个。

2. 方法重载实现的多态

覆盖表现为父类与子类之间方法的多态性。Java 寻找执行方法的原则是：从对象所属的类开始，寻找匹配的方法执行，如果当前类中没有匹配的方法，则逐层向上依次在父类或祖先类中寻找匹配方法，直到 Object 类。

3. 对象引用的多态

我们说一个对象只有一种形式，没有什么不确定性，这是由构造函数所明确决定的。但对象的引用型变量具有多态性，因为子类对象可以作为父类对象来使用，所以一个引用型变量可以指向不同形式的对象。在引用多态技术之后，尽管之类的对象千差万别，但都可以采用父类对象的引用来调用，在程序运行时就能根据子类对象的不同得到不同的结果。

例如：

```
class Person{…}
class Student extends Person{…}
class Postgraduate extends Student{…}
```

则

```
Person p = new Person(…) ;
Person p = new Student(…) ;              //将学生看作人
Person p = new Postgraduate(…) ;         //将研究生看作人
```

但下面的语句是错误的：

```
Postgraduate d1 = new Person(…) ;        //错：人不都是研究生
Postgraduate d2 = new Student (…) ;      //错：学生不都是领导
Postgraduate d3 = new Postgraduate (…) ;
```

5.3.2 多态的应用

【例 5.5】 多态性的实现。

在第 4 章第 1 节简单介绍多态性的概念时，说到一个关于"开交通工具"的例子，在此，就如何"开"这些不同的交通工具作一个简单的示例。

原例说到，"开拖拉机、开小轿车、开大卡车、开火车、开摩托艇、开飞机等都是'开'，但作用的对象不同，其具体动作也各不相同。但都表达了一个相同的含义——开交通工具"。由此可以抽象出一个交通工具类 Vehicle。所有的交通工具都应有具体的名称、类型等属性，如波音 737，它的名称就是波音 737，而类型归为飞机类，所以可为交通工具类定义两个成员变量 name 和 type 来分别描述交通工具的名称和类型。显然，它们应为 String 类型。同时，在子类中可能使用它们，所以用 protected 来修饰。为描述交通工具的行为，可以定义一个成员方法 driver()，表示"开"的动作。可再定义一个成员方法 toString()来返回每种交通工具的描述信息。

为简化叙述，这里仅对"开拖拉机、开大卡车、开火车和开飞机"分别定义类 Tractor、Lorry、Train 和 Plane 来描述，它们都是上面抽象出来的交通工具类 Vehicle 的子类。这些类的 UML 图如图 5.8 所示。

```
//文件 TestVehicle .java
import java.util.Random;                 //载入随机函数类 Random
public class TestVehicle{                //用于测试多态性的类
    public static void main(String[] args){
```

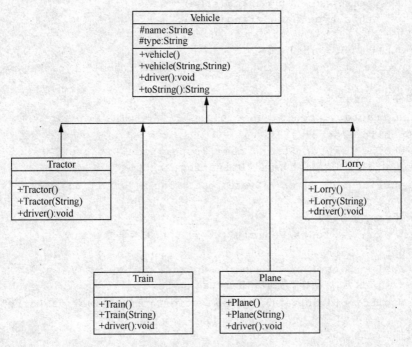

图 5.8 交通工具类

```
        Vehicle v[]=new Vehicle[7];      //定义了父类的引用数组
        v[0]=new Tractor("红星 353");     //使引用 v[i]指向子类的一个对象
        v[1]=new Lorry("解放 141");
        v[2]=new Train("长江 3 号");
        v[3]=new Plane("波音 747");
        v[4]=new Lorry("东方 400");
        v[5]=new Plane("空中客车");
        v[6]=new Plane("波音 737");
        Vehicle p=null;                   //定义了父类的一个引用 p
        Random select=new Random();       //产生一个随机数对象
        for(int i=0;i<10;i++){            //循环执行 10 次
            //随机获取引用数组中的一个对象，%7 是为了使其下标不越界
            p=v[select.nextInt(v.length)%7];
            System.out.print(p.toString()+": ");
                                          //输出对象属性信息
            p.driver();                   //"开"该交通工具
        }
    }
}
//文件 Vehicle.java
class Vehicle{                            //父类，即交通工具类 Vehicle
    protected String name,type;           //
    public Vehicle(){}
    public Vehicle(String name,String type){
```

```java
        this.name=new String(name);
        this.type=new String(type);
    }
    public void driver(){}
    public String toString(){return "name="+name+",type="+type;}
}
//文件 Tractor.java
class Tractor extends Vehicle{            //拖拉机类 Tractor
    public Tractor(){}
    public Tractor(String name){super(name,"Tractor");}
    //开拖拉机的"动作"为输出"Drivering Tractor"
    public void driver(){System.out.println("Drivering Tractor");}
}
//文件 Lorry.java
class Lorry extends Vehicle{              //大卡车类 Lorry
    public Lorry(){}
    public Lorry(String name){super(name,"Lorry");         }
    //开大卡车的"动作"为输出"Drivering Lorry "
    public void driver(){System.out.println("Drivering Lorry");}
}
//文件 Train.java
class Train extends Vehicle{              //火车类 Train
    public Train(){}
    public Train(String name){super(name,"Train");}
    //开火车的"动作"为输出"Drivering Train "
    public void driver(){System.out.println("Drivering Train");}
}
//文件 Plane.java
class Plane extends Vehicle{              //飞机类 Plane
    public Plane(){}
    public Plane(String name){super(name,"Plane");}
    //开飞机的"动作"为输出"Drivering Plane "
    public void driver(){System.out.println("Drivering Plane");}
}
```

程序运行说明：存在交通工具数组 v 元素的下标是由随机数产生的，每次运行产生的下标值不一定相同，所以图 5.9 所示的运行结果也是不固定的。

```
General Output
----------------------Configuration: <Default>----------------------
name=波音747,type=Plane: Drivering Plane
name=东方400,type=Lorry: Drivering Lorry
name=东方400,type=Lorry: Drivering Lorry
name=空中客车,type=Plane: Drivering Plane
name=波音737,type=Plane: Drivering Plane
name=东方400,type=Lorry: Drivering Lorry
name=空中客车,type=Plane: Drivering Plane
name=空中客车,type=Plane: Drivering Plane
name=波音737,type=Plane: Drivering Plane
name=波音737,type=Plane: Drivering Plane

Process completed.
```

图 5.9　例 5.5 程序运行结果

在主类的 main() 方法中先定义了父类 Vehicle 的一个引用数组,大小为 7;紧接着在数组中装入 Vehicle 子类的 7 个对象。为什么可以在 Vehicle 的引用数组中装入其子类的对象呢?这是因为父类对象的引用可以指向其子类的对象,这是对象的向上转型,这在后面部分会作介绍。其实,多态性的实现主要是通过对象的向上转型来完成的。

在父类 Vehicle 及其每个子类中都定义了一个 driver() 方法,显然,子类中的 driver() 方法覆盖了父类中的 driver() 方法。因为"交通工具"是一个抽象的概念,对这个抽象的概念无法施与具体"开"的动作。所以,父类中的 driver() 方法体是空的。但父类中的 driver() 方法不能省略,它为所有的子类提供了一个统一的"接口"。当需要对某一具体的交通工具(如飞机"波音 737")施与"开"的动作时,由子类中具体"开"的动作来完成。

在测试时共执行 10 次"开"的动作,每次虽然都用语句:

```
System.out.print(p.toString()+": ");
p.driver();
```

但由于是随机选取对象的,每次执行的结果可能有所不同。每次执行时,p 所指的对象可能不同,所以得到的结果也就不一样,这显然是执行不同类中的 driver() 的结果。这就是"不同类的对象调用同一个签名的成员方法时,却执行不同的代码段的现象"。

请读者将例 5.3 与 5.3.1 节中介绍的有关参数多态性的机制及 Java 中实现多态性的具体步骤结合起来认真体会。多态性对于提高程序的灵活性和可扩展性等方面都具有相当重要的地位,在实现一些通用的结构时具有举足轻重的作用,如计算机的基础课程"数据结构"中经常用到。

5.4 Object 类和 Class 类

Java 的标准系统包提供了很多类,其中,在 java.lang 包中所提供的的 Object 类和 Class 类经常用到,在本节对它们作一简单说明。

5.4.1 Object 类

Object 类是 Java 的所有类的根,如果一个类在定义时不继承于任何类,则它也有一个默认的父类,那就是 Object 类。

Object 具有很多用途,它为程序设计带来了极大的方便,它至少在以下三个方面发挥了极大的作用:

(1) Object 类型的变量可以用来引用任何类型的对象,这在多态性的实现中经常用到,可将它作为一个通用的父类,这在建立一些通用结构时极其重要。

(2) 将成员方法的参数设置成 Object 类类型的变量时,可接收任何类型的对象传来的参数,这对于很多处理是相当方便的。

(3) Object 提供了很多公有的(public)或保护的(protected)成员方法,这些成员方法是所有类都可能会用到的成员方法,在子类中能直接引用。

对于 Object 类，Java 不同的版本所提供的方法有所不同，下面通过列表的形式对从 JDK 1.0 开始就支持的构造方法和成员方法及描述作个简介，如表 5.1 所示。

在 Object 类的成员方法中，成员方法 clone()和 finalize()的访问控制属性是 protected，这两个成员方法往往都在子类中进行覆盖。

表 5.1　Object 类中的构造方法和成员方法及描述

方　　法	描　　述
public Object()	Object 类唯一的一个构造方法，不带参数
public final Class getClass()	获得运行时的对象所属的类，返回值为 Class 型，关于 Class 在下面介绍。如多态性的处理中可用它来获得真正运行的子类的类型。这是一个最终（final）方法，在子类中不能覆盖
public int hashCode()	Java 的每个对象用一个称为哈希码（hash）的编码来表示，是一个整数值，它是对象的唯一标识。该方法就是用于获取对象的哈希码值的
public boolean equals(Object obj)	该方法将参数 obj 带入的一个非空对象与当前对象比较，如果它们是同一个对象，则返回 true，否则，返回 false
protected Object clone()	该方法用于实现对象的克隆，这在后续部分会作讨论
public String toString()	该方法常在子类中将之覆盖。它返回一个字符串，该字符串描述了当前对象的一些信息，这些信息包括类名和该对象的哈希码的十六进制值，其间用@分隔，它与下式等价：getClass().getName()+ '@' + Integer.toHexString(hashCode())
public final void notify()	该方法用于唤醒等待当前对象的一个线程。如果等待当前对象的线程有多个，则随机唤醒其中一个。这也是一个最终（final）方法，在子类中不能覆盖。下面紧接着要介绍的 4 个方法也都是最终（final）方法
public final void notifyAll()	该方法用于唤醒等待当前对象的所有线程
public final void wait(long timeout)	该方法将使当前线程等待长为 timeout 毫秒（milliseconds）的时间间隔，时间结束后线程自动唤醒。如果在 timeout 的时间内，有别的线程调用了当前对象的 notify()方法或 notifyAll()方法，那当前线程也被唤醒
Public final void wait(long timeout,int nanos)	该成员方法与上面仅带一个参数的成员方法功能极其相似，它等待的时间间隔用如下公式计算：1000000*timeout+nanos。单位为纳秒（nanoseconds，即十亿分之一秒）
public final void wait()	该方法与前两个带参数的成员方法功能有所不同，它使当前线程进入等待状态，只有当别的线程调用当前对象的 notify()方法或 notifyAll()方法时才会被唤醒
protected void finalize()	这是 Java 中自动垃圾收集器在进行"垃圾"收集时最后调用的一个方法，它由系统自动调用

5.4.2　Class 类

Class 类是一个公有的（public）最终类（final），它直接继承于 Object 类。Class 类常用于描述正在运行的类或接口等。

Class 类没有公有的构造方法，Class 的实例可通过类的对象调用 getClass()方法来得到。此时，Class 类的实例化其实是由 Java 虚拟机（JVM）来自动完成的。下面的方法用于打印一个对象的类名信息：

```
void printClassName(Object obj) {
    System.out.println("The class of " + obj +
                       " is " + obj.getClass().getName());
}
```

在本例中,obj.getClass()方法的返回值是 Class 类型,由 JVM 自动创建 Class 类型的一个对象,再通过该对象调用 Class 类中的成员方法 getName()获得 obj 的类名。

Class 的实例还可在成员中通过类容器来实现。若有一个名为 Foo 的类,则下面的语句可显示 Foo 类的类名信息:

```
System.out.println("The name of class Foo is:"+Foo.class.getName())。
```

该语句中,Foo.class 实例化了 Class 的一个实例,再由该实例来调用 Class 类中的 getName()方法获得 Foo 类的类名信息。

Class 类中定义了很多的成员方法,表 5.2 对其中经常用到的几个成员方法作简单介绍。

表 5.2 Class 类中经常用到的几个成员方法

成 员 方 法	描 述
public String getName()	以字符串的形式返回类名、接口名或基本数据类型名等,如:String.class.getName() 返回 "java.lang.String"。byte.class.getName() 返回 "byte"
public Package getPackage()	返回类所在的包
public Class getSuperclass()	返回父类
public boolean isInterface()	若当前对象是接口,则返回 true,否则,返回 false
public static Class forName (String className)	该方法常用来加载一个类。它是一个静态(static)方法,可直接由类名 Class 来调用。如下面的语句用于加载 java.lang 包中的类 Thread: Class t = Class.forName("java.lang.Thread")

5.5 抽象类与接口

抽象类不同于一般的类,它不能实例化对象;接口是一种特殊的抽象类,用于提供规范的公共接口。抽象类和接口既有相似的地方,也有不同,下面对它们分别进行探讨。

5.5.1 抽象类

人们往往用建立抽象类的方法为一组类提供统一的界面。抽象类的概念来源于现实生活之中。如现实生活中有打扑克牌、打桥牌和打麻将牌等不同的打牌娱乐活动,打扑克牌也分很多种,如有升级、双扣、锄大地、斗地主等。总之,不同国家、不同地区的这种打牌游戏很多,人们对它们进行了归纳,从而形成一个抽象的类——打牌类。这就使我们能在一个更高、更抽象的级别上考虑问题,从而简化了问题的复杂性。其实,这里介绍的抽象类就是第 4 章中关于抽象概念的最直接的一种代码实现。

抽象类不同于一般的类，它不能实例化对象，因为其中的动作是抽象的，如打牌，只说打牌，没说打什么牌，这是无法进行的。"打牌"是一抽象的概念。

Java 抽象类的实现是通过关键字 abstract 来说明的。其格式为：

```
[Modifies] abstract class ClassName{…}
```

其中，Modifies 是修饰符，abstract 是声明抽象类的关键字，class 是定义类的关键字，ClassName 是类名，大括号内的省略号表示类体部分。其中的成员方法可以是一般的成员方法，还可以是抽象的成员方法。抽象的成员方法也是通过关键字 abstract 来说明的。它在形式上仅有方法的头部分，而没有方法体，甚至用于描述方法体的一对大括号也没有，常将这样的形式称为方法的原型声明。其格式如下：

```
[Modifies] abstract returnType methodName(parameterLists);
```

Modifies 与上面的意义相同，abstract 是声明抽象方法的关键字，returnType 是方法的返回值类型，圆括号中的 parameterLists 是参数列表。抽象方法显然不是一个完整的方法，它也不完成任何具体的功能，只是用于提供一个接口，它只有在子类中进行覆盖后才可使用，因此，抽象方法只能出现在抽象类中。例 5.4 说明了如何定义抽象类及抽象方法。

【例 5.6】 打牌类 PlayCards。

```
public abstract class PlayCards{
    protected String cardType;        //牌的类型
    protected String cardName;        //牌的名称
    public playCards(){}
    public PlayCards(String cardType,String cardName){
        this.cardType=new String(cardType);
        this.cardName=new String(cardName);
    }
    public String toString(){         //以字符串的形式返回牌的类型和名称
        return "cardType="+cardType+" cardName="+cardName;
    }
    public abstract void deal();      //发牌
    public abstract void putCard();   //出牌
}
```

打任何一种牌都应有牌的类型（如扑克牌）和名称（如双扣）。因此，定义了两个变量 cardType 和 cardName 分别描述牌的类型和名称。显然，对于打不同的牌其发牌和出牌的具体动作是不一样的，所以对于发牌和出牌这两个动作行为仅分别定义了两个抽象的方法，目的是为所有的打牌游戏提供统一的接口。

关于抽象类还需作如下几点说明：

（1）定义抽象类的目的是用于描述一个抽象的概念，它不能实例化对象。因此，常通过抽象类派生出子类，由子类来实现具体的功能，抽象类仅提供一个统一的接口。派生出的子类可以是抽象类，也可以是非抽象的类，即一般的类。

（2）如果由抽象类派生出一个非抽象的子类，则在子类中必须覆盖掉父类（抽象类）中所有的抽象方法，否则，只能将子类定义为抽象类。

（3）抽象类虽然不能实例化对象，但可以定义抽象类类型的变量，由该变量可以引用此抽象类的某个非抽象子类的对象，这在多态性的实现中经常用到。

（4）任何抽象方法都只能出现在抽象类中。

（5）static、private 和 final 修饰符不能用来修饰抽象类和抽象方法。

5.5.2 接口

接口实质上是一种特殊的抽象类，其内部只能包含静态常量和抽象方法。但在 Java 中，对接口的定义形式和处理方法与抽象类却截然不同。下面对有关接口的知识进行探讨。

1．接口的声明

接口很像类，其声明方式几乎与类相同，可以被组织成层次结构。接口的声明格式为：

```
[public] interface InterfaceName{
    //静态常量及抽象方法的声明
}
```

方括号表示可省略部分。访问属性控制符 public 与用于修饰类的 public 意义一致，如果省略 public 则就是第 4 章所介绍的默认访问控制属性。Interface 是用于定义接口的关键字。InterfaceName 是接口的名字。常量和抽象方法的声明放在一对大括号中。

在 Java 中，编译器将常量的定义默认为 public static final 类型的静态常量，不论是否使用了这些修饰符，它都是这样处理的。所以在定义常量时，可以只给出其数据类型说明和常量名，同时，定义时要为每个常量都赋值。因为成员方法都是抽象的，在定义成员方法时也可以省略关键字 abstract，它默认也是抽象的。下面通过一个示例来说明如何定义一个接口。

【例 5.7】 数学常数接口 MathInterface。

```
public interface MathInterface{
    double PI=3.14159265359;                         //圆周率
    double E=2.71828182846;                          //自然对数底常量 e
    double DEGREE=0.017453293;                       //1 度等于 0.017453293 弧度
    double MINUTE=0.000290888;                       //1 分等于 0.000290888 弧度
    double SECOND=0.0000048481;                      //1 秒等于 0.0000048481 弧度
    double RADIAN=57.2957795;                        //1 弧度等于 57.2957795 度
    double degreeToMinute(double degree);            //度转换为分
    double minuteToDegree(double minute);            //分转换为度
    double minuteToSecond(double minute);            //分转换为秒
    double secondToMinute(double second);            //秒转换为分
    double degreeToRadian(double degree);            //度转换为弧度
    double radianToDegree(double radian);            //弧度转换为度
}
```

该接口定义了 6 个静态常量,虽然它们都没有 public static final 来修饰,但都是公有的静态常量。还定义了 6 个关于度、分、秒及弧度之间相互转换的抽象方法,虽然都没用 abstract 修饰,但它们都是抽象方法。

接口也可用 UML 图来表示。接口的 UML 图与类的 UML 图基本一致,只是在第一格的接口名前要加上 <<interface>> 字样。如例 5.7 中的接口 MathInterface 的 UML 图如图 5.10 所示。

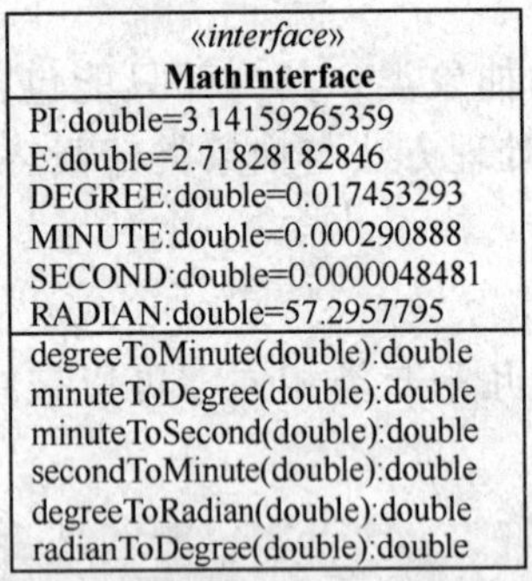

«interface»
MathInterface
PI:double=3.14159265359 E:double=2.71828182846 DEGREE:double=0.017453293 MINUTE:double=0.000290888 SECOND:double=0.0000048481 RADIAN:double=57.2957795
degreeToMinute(double):double minuteToDegree(double):double minuteToSecond(double):double secondToMinute(double):double degreeToRadian(double):double radianToDegree(double):double

图 5.10 数学常数接口 MathInterface

注意:

(1)接口内的方法定义是公有和抽象的,如果没有包括这些限定符,它们将被自动转换为公有和抽象。

(2)不能在接口内将方法声明为私有(private)或受保护的(protected)。

(3)接口内定义的变量必须声明为公有、静态和 final,或者不使用限定符。

(4)声明接口时没有加上限定符 public,接口不会自动将接口内的方法转换为公用和抽象的,也不会将其常量转换为公有的。

(5)非公有接口的方法和常量也是非公有的,它们只能被同一个包的类或其他接口使用。

2. 接口的继承

接口和类一样,也可以继承。不过,类仅支持单继承,而接口既支持单继承,也支持多重继承。通过继承,一个接口可以继承父接口中的所有成员。接口的继承也是通过关键字 extends 来说明的。

如要构建一个将分、秒与弧度也能直接相互转换的接口,可以在例 5.7 的接口 MathInterface 的基础上派生一个子接口,在子接口中添加所需扩展的抽象方法即可。这显然是一个单继承,如例 5.8 所示。

【例 5.8】 接口的单继承。

```
public interface SubMathInterface extends MathInterface{
    double minuteToRadian();//分转换为弧度
    double RadianToMinute();//弧度转换为分
    double secondToRadian();//秒转换为弧度
    double radianToSecond();//弧度转换为秒
}
```

通过继承，在子接口 SubMathInterface 中不仅有此处定义的 4 个方法，而且也继承了父接口 MathInterface 中的所有常量和方法。

多重继承是指一个接口可以同时继承于两个或两个以上的接口，在子接口中，就可继承每个父接口中的常量和抽象方法。同时也可添加全新的常量或抽象方法。多重继承接口的定义形式与单继承的定义形式极其相似，只需在每个父类名之间用逗号隔开即可。例 5.9 中，先定义了一个物理常量接口 PhysicalInterface，再定义一个子接口 SubMPInterface，使得 SubMPInterface 同时继承于例 5.7 中的数学常数接口 MathInterface 和物理常量接口 PhysicalInterface。为简化起见，在 PhysicalInterface 中仅给出两个物理常量，而没有方法，这是可行的。在子接口 SubMPInterface 中，添加了一个物理常量国际马力 HORSEPOWER，还添加了一个弧度转换为秒的方法 radianToSecond()。

【例 5.9】 物理数常量接口 SubMPInterface。

```
//文件 PhysicalInterface.java
public interface PhysicalInterface{
    double g=9.8;                    //重力加速度 g=9.8 米每平方秒
    double CALORIE=4.2;              //1 卡等于 4.2 焦耳
}
//文件 SubMPInterface.java
public interface SubMPInterface extends MathInterface,PhysicalInterface{
    double HORSEPOWER=735;           //1 国际马力等于 735 瓦特
    double radianToSecond();         //弧度转换为秒
}
```

通过继承，子接口 SubMPInterface 中不仅拥有了自身所定义的一个公有静态常量和一个抽象方法，而且也继承了父接口 MathInterface 和 PhysicalInterface 中的所有常量和方法。

如果两个接口定义了相同的方法，可采取以下三种方式来解决：

（1）如果两个方法的特征标相同，可以在类中实现一个方法，其定义可以满足两个接口。

（2）如果方法的参数不相同，则实现方法的重载，分别实现两种方法的特征标。

（3）仅当参数列表不同时，才能进行方法重载，因此如果方法的参数列表相同，而返回值不同，则无法创建一个能够满足两个接口的方法。

3．接口实现

定义抽象类也好，定义接口也好，都是为了使用。要使抽象类发挥功能，必须通过抽象类派生出一个非抽象子类，在子类中覆盖掉父类中的所有抽象方法来实现。但是，如何使接口发挥其功能呢？显然通过派生子接口是无法完成的，因为派生出的子接口还是接口，同样不能实例化对象。在 Java 中，要让接口发挥其功能，需定义一个普通的类，在这个类中覆盖掉接口中的所有方法，以便将其完善，这称为某个类对接口的实现，实现接口是通过关键字 implements 来说明的。类实现接口后，其子类将继承这些新的方法（可以覆盖或重载它们），就像超类定义了这些方法一样。例 5.10 是实现了例 5.7 中的接口 MathInterface 的类的定义。

【例 5.10】 实现了数学常数接口 MathInterface 的类 MathClass。

```
public class MathClass implements MathInterface{
    //实现了接口 MathInterface
    double degreeToMinute(double degree){     //度转换为分
        return degree*60;
    }
    double minuteToDegree(double minute){     //分转换为度
        return minute/60;
    }
    double minuteToSecond(double minute);{    //分转换为秒
        return minute*60;
    }
    double secondToMinute(double second){     //秒转换为分
        return second/60;
    }
    double degreeToRadian(double degree){     //度转换为弧度
        return degree* DEGREE;      //DEGREE 来源于接口 MathInterface
    }
    double radianToDegree(double radian){     //弧度转换为度
        return radian* RADIAN;      //RADIAN 来源于接口 MathInterface
    }
}
```

在类定义中，MathClass 是类名，implements 是用于实现接口的关键字，MathInterface 是所要实现的接口的接口名，也即例 5.5 中所定义的数学常数接口。在类的定义中，实现了接口 MathInterface 中的所有抽象方法。此时，类 MathClass 就是一个普通的类了，用它可以实例化对象。

需要注意的一点是：定义一个类来实现接口时，需要在类中覆盖掉接口中的所有方法，而不能有选择地实现其中的某些方法，否则只能将该类定义成一个抽象类。

5.6 泛型

泛型的字面意思是编写的代码适用于广泛的类型。泛型是 JDK 1.5 中引入的一项特征，是对 Java 的类型系统的一种扩展，以支持创建可以按类型进行参数化的类，是一种数据类型参数化以最大限度的进行代码重用的技术。因此在编写代码时，所适用的类型并不立即指明，而是使用参数符号来替代，具体的适用类型延迟到用户使用时才指定。

5.6.1 泛型声明

通过使用符号"<>"声明泛型，<>里面写上泛型的名称，例如 T，它仅仅是一个名称，不代表任何类型，可声明泛型类、泛型方法等，该类型 T 在声明这个泛型的类或方法的作用域内都可以使用。例如：

```
class 类名称<类型参数列表>{
```

…}
```

又如：

```
class A<T1,T2>{T1  a1; T2  a2;}
```

泛型类 A<T1,T2>有 T1、T2 两个参数类型；在类体中，可将 T1、T2 当作已经存在的类型来使用。在使用泛型类时，必须用具体类型填入类型参数，即泛型类的具体化，其中具体类型必须是引用型，不能为基本类型。

例如：

```
A<String,Integer> m;
m=new A<String,Integer>();
```

5.6.2 泛型类

泛型类是指该类使用的参数类型作用于整个类，即在类的内部任何地方（不包括静态代码区域）都可以把参数类型当做一个真实的类型来使用。

【例 5.11】定义一个泛型类 Point<T>，在测试类里实现该泛型类。（效果如图 5.11 所示）

```java
class Point<T> {                    //这里用 T 来表示不确定的类型
    private T x;                    //定义属性类型
    private T y;
    public Point(T x, T y) {        //定义参数类型
        this.setX(x);
        this.setY(y);
    }
    public T getX() {               //定义返回值类型
        return x;
    }
    public void setX(T x) {
        this.x = x;
    }
    public T getY() {
        return y;
    }
    public void setY(T y) {
        this.y = y;
    }
}

public class Demo {
    public static void main(String[] args) {
        System.out.println("用浮点数表示坐标：");
        //用泛型改写后，使用数据无须再做向下转型处理
        Point<Double> p = new Point<Double>(12.23,23.21);
        System.out.println("X 的坐标 " + p.getX());
        System.out.println("Y 的坐标 " + p.getY());
        System.out.println();
```
```

```
            System.out.println("用整数表示坐标: ");
            Point<Integer> p2 = new Point<Integer>(12, 23);
            System.out.println("X 的坐标 " + p2.getX());
            System.out.println("Y 的坐标 " + p2.getY());
            System.out.println();

            System.out.println("用字符串表示坐标:");
            Point<String> p3 = new Point<String>("北纬29度","东经113度");
            System.out.println("X 的坐标 " + p3.getX());
            System.out.println("Y 的坐标 " + p3.getY());
    }
}
```

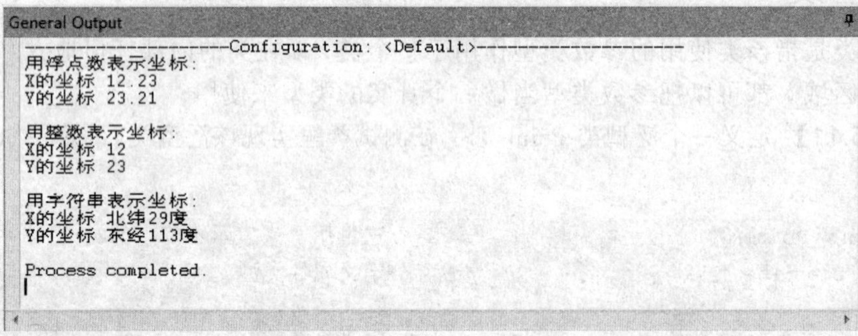

图 5.11　例 5.11 程序运行结果

如果此时我们刻意传入不一样的数据类型：

```
Point<Double> p = new Point<Double>("北纬29度",12.22);
```

那么，在编译时就会报错,从而减少不必要的安全隐患。

5.6.3　泛型方法

泛型方法是在方法上声明类型参数，该类型参数只可作用于声明它的方法上。

【例 5.12】 定义一个类，在该类中定义泛型方法，在测试类里实现该类并调用该泛型方法。（效果如图 5.12 所示）

```java
class Print {
    //定义泛型方法
    public <T> void print(T t) {
        System.out.println(t);
    }

    public <E> void show(E e) {
        System.out.println(e);
    }
}

public class DemoTest {
```

```
    public static void main(String[] args) {
        Print p = new Print();
        p.print(12);
        p.print("hello");
        p.show(new Integer(33));
        p.show(23);
    }
}
```

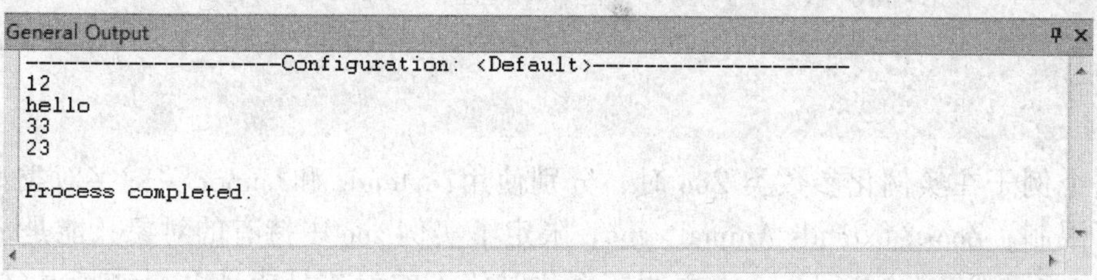

```
General Output                                            ╄ ✕
--------------------Configuration: <Default>--------------------
12
hello
33
23

Process completed.
```

图 5.12　例 5.12 程序运行结果

5.6.4　通配符泛型

使用泛型实例时，需要为泛型指定具体的类型参数。如当使用 List 实例时，需要指明 List 中需要存放的类型 List<Integer>，然而有时泛型实例的作用域可能更加广泛，无法指明具体的参数类型。那么 Java 泛型机制如何解决呢？Java 设计者很聪明地设计了一种类型：通配符类型，符号是"?"，用以代表未知类型的泛型参数。通配符类型可以应用在所有继承自 Object 的类上。假设 X 是 T 的任一子类型，Y 是 T 的任一超类型，则通配符主要有两种应用形式：

（1）<?extends T>通配符表示一种模糊的泛型参数，可指代任一 X，这里简称指代子类型。

（2）<?super T>通配符表示一种模糊的泛型参数，可指代任一 Y，这里简称指代超类型。

另外，常将<?super Object>简记为<?>。

【例 5.13】　定义一个泛型类 Zoo，在测试类 GenericTest 里分别使用<?extends T>和<?super T>通配符。

```
class Animal{
}
class Bird extends Animal{
}
class Fish extends Animal{
}
class Zoo<T>{
    private T t;
    public Zoo(T t){
        this.t=t;
    }
    public T Get(){
        return this.t;
```

```
        }
    }
    public class GenericTest {
        public static void main(String [] args) {
            Zoo<? extends Animal> zoo=new Zoo<Bird>(new Bird());
            zoo=new Zoo<Fish>(new Fish());
            //zoo=new Zoo<Integer>(5);
            zoo=new Zoo<Bird>(new Bird());
            zoo=new Zoo<Animal>(new Animal());
            //zoo=new Zoo<Fish>(new Fish());//不合法
        }
    }
```

这个例子在实例化参数类 Zoo 时，分别使用?extends 和?super 关键字对类型参数进行了限制：Zoo<? extends Animal> zoo，限定了实例 zoo 中持有的对象只能是 Animal 的子类；Zoo<? super Bird> zoo，表明实例化时传入的参数只能是 Bird 类或其父类。

5.7 对象克隆

对于基本数据类型，赋值操作就是将赋值符号右侧表达式的值赋给左侧的变量。然而，当参与赋值操作的变量为引用类型（类类型）时，结果就不一样了。在第 4 章介绍对象的清除时就已了解到，一个引用型变量的内容并不是所引用的那个对象的具体内容，而是与该对象有关的一些存储信息。通过引用，可以方便地对所引用的对象进行各种操作。因此，引用型变量的赋值操作实际上是引用的相互赋值。如有一个描述学生的类 Stu，其中有两个实例变量 stuNo 和 name，分别用来描述学号和姓名，有如下的语句：

```
Stu  s1,s2;
s1=new Stu(B0537082,"WangXia");
s2=s1;
```

其中，s1 和 s2 都是引用型变量，s1 的内容为 Stu 类对象的引用，而不是对象本身。赋值操作 s2=s1 只是将 s1 所指示的对象引用赋值给 s2，使得 s2 和 s1 引用同一个对象。其赋值原理如图 5.13 所示。

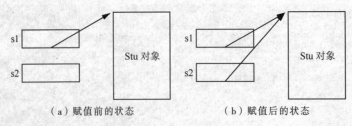

（a）赋值前的状态　　　　（b）赋值后的状态

图 5.13　引用型变量的赋值原理示意图

显然，当 s1 所引用的对象中的属性值发生变化时，s2 所引用的对象中的值也对应地发生了变化，因为它们引用的是同一个对象。有时，这样的赋值是不希望的，而是希望将对象本身也复制过去，也即使得 s2 与 s1 引用的不是同一个对象，而是两个对象，只是其中的内容相同而已。在 Java 中，这样的对象复制是通过一种称为对象克隆的技术来实现的。

在 Java 中，实现克隆可以通过实现 Cloneable 接口来完成，也可以通过重写 Object.clone()方法来完成。在这里仅介绍实现 Cloneable 接口的情况，而重写 Object.clone()方法由于篇幅限制，在此不作探讨。下面通过示例来说明如何通过实现 Cloneable 接口来完成克隆。

【例 5.14】 定义一个 DrawImage 类实现 Cloneable 克隆接口，在界面上显示同一张图片的多个副本。

```java
//MyObjectClone.java 文件
import java.awt.*;
import java.awt.image.*;
import java.applet.*;
class DrawImage implements Cloneable{//类 DrawImage 实现了克隆接口 Cloneable
    Image im;                        //im 是图片对象
    //x,y 描述界面上图片显示的左上角横纵坐标值。w,h 分别表示显示区域的宽和高
    int x,y,w,h;
    public DrawImage(String p,int x,int y,int w,int h){
        //p 为图片文件名
        im=Toolkit.getDefaultToolkit().getImage(p);
        //根据 p 生成图片对象
        setPos(x,y);                 //设置图片显示的左上角坐标
        setSize(w,h);                //设置显示区域的宽和高
    }
    public void setPos(int x,int y){this.x=x;this.y=y;}
    public void setSize(int w,int h){this.w=w;this.h=h;}
//draw()方法用于绘制图片，observer 为显示图片的对象容器，它是 ImageObserver 类
//的一个引用;g 为 Graphics 类的一个引用,目的是调用其中的绘图方法 drawImage();
public void draw(Graphics g, ImageObserver observer){
//im 为 Image 类的引用，x,y 为左上角坐标，w,h 为绘图区宽和高
    g.drawImage(im,x,y,w,h,observer);
}
    public Object clone(){      //覆盖了 Cloneable 接口中的 clone()方法
        DrawImage d=null;       //局部变量没有默认值，为其赋初值 null
        try{                    //异常捕获，有关异常捕获的知识请参阅后续章节
            d=(DrawImage)super.clone();
                                //调用父类 Object 中的 clone()方法
        }catch(CloneNotSupportedException e){    }
        return d;  //返回 d
    }
}
public class MyObjectClone extends Applet{//Applet 程序
    public void paint(Graphics g){           //重写 Applet 中的方法 paint()
        DrawImage obj[]=new DrawImage[20];
        //当前目录下有文件名为 sea.jpg 的图片
        DrawImage c=new DrawImage("flower.jpg",0,0,40,40);
```

```
            for(int i=0,k=0;i<20/5;i++)           //i 控制行，k 用于 obj 数组下标
            for(int j=0;j<5;j++,k++){              //j 控制列
                obj[k]=(DrawImage)c.clone();
        obj[k].setPos(j*50,i*50);
        //图片高宽都为 40，设置为 50 是为了图片间有空隙
                obj[k].draw(g,this);               //在当前对象容器 Applet 上绘图
            }
        }
    }
MyObjectClone.html 文件
<html><body><applet code=MyObjectClone.class width=600 height=600>
</applet></body>
```

将以上两个文件放在同一个位置，再在同一位置放入一个名变 flower.jpg 的图片文件。本例编译后用 Appletviewer 工具运行可得如图 5.14 所示的结果（本例中所选图片如结果中所示）。

本例中，在类 MyObjectClone 的 paint()方法中仅实例化了 DrawImage 类的一个对象 c，在循环语句内，通过克隆语句 obj[k]=(DrawImage)c.clone()将 c 所引用的对象"克隆"给了 obj[k]，共 20 张图片。

要使一个类的对象具有克隆功能，在定义类时，应使所定义的类实现克隆接口 Cloneable；紧接着在类中重写（覆盖）Cloneable 接口中的 clone() 方法；在 clone()方法体内，首先定义一个当前类的引用，接着通过语句 super.clone()调用父类中的

图 5.14 通过克隆在界面上显示
同一张图片的多个拷贝

clone()方法，将其强制转换为当前类类型，最后返回所定义的引用。在实例化具有克隆功能的类的实例后，只须调用类所提供的 clone()方法即可实现对象的复制。

对象克隆实现了一些用一般的赋值所不能完成的功能，为程序设计带来了极大的方便，灵活地使用对象克隆，在某些情况下对于编写正确的程序十分必要。

5.8 对象转型和类的设计原则

类的继承研究的是类之间的关系，而对象转型研究的则是具有继承关系的类的对象引用（即类类型的变量）之间的关系。对象的转型其实就是一种数据类型的转换，如前面已说明了的基本数据类型之间在赋值或运算过程中有可能进行的类型转换也是一种对象的转型，但本处讨论的转型主要是类的对象引用之间的转型，简单地讲就是类类型的变量之间的相互转换问题，主要是相互赋值问题。本节主要探讨对象转型，然后接着对类的设计原则作简单介绍。

1. 对象转型

继承是构成子类型关系的一种重要途径，类 A 继承类 B，则类型 A 是类型 B 的

子类型。Java 允许祖先类类型的引用变量引用后代类类型的对象实例。例如：

```
B obj=new A();//超类的引用变量 obj 引用子类对象实例
```

类似的，可将后代类型的引用变量隐式地转换为父类类型的引用变量。例如：

```
A obj1=new A();
B obj2=new obj1;
```

两个对象引用之间并不是可以任意相互赋值的，它们之间赋值遵循如下规则：

（1）同个类的不同对象引用之间可以任意相互赋值。

（2）子类的对象引用可以直接赋值给父类的对象引用。

（3）父类的对象引用也可以赋值给子类的对象引用，但是有条件的，其条件为：只有当父类的对象引用已引用了子类的对象时，通过强制类型转换，才能将父类对象的引用赋值给子类对象的引用；如果一个父类对象的引用未指向一个子类对象，那当通过强制类型转换将它赋值给一个子类对象的引用时，运行时出错。

（4）没有继承关系的不同类的对象引用之间不能相互赋值。

下面通过例 5.15 说明上面的转换规则。

【例 5.15】定义一个父类 SuperClass 及其子类 SubClass，定义另一个类 OtherClass，在测试类里实现这些类的对象的转型。（效果如图 5.15 所示）

```java
class SuperClass{
    void prt(){
        System.out.println("SuperClass");
    }
}

class SubClass extends SuperClass{
    void prt(){
        System.out.println("SubClass");
    }
}

class OtherClass{
    void prt(){
        System.out.println("OtherClass");
    }
}

public class ObjTrsf{
    public static void main(String[] args){
        SuperClass supc1=new SuperClass(),supc2;
        SubClass   subc1=new SubClass(),subc2,subc3,subc4;
        OtherClass othc1=new OtherClass();
        //同类对象的引用可以任意相互赋值
        supc2=supc1;
        supc1.prt();
        supc2.prt();
```

```
            //子类对象的引用subc1可以直接赋值给父类对象的引用supc2
            supc2=subc1;
            subc1.prt();
            supc2.prt();
            //已指向子类对象的父类对象的引用supc2通过强制类型转换
            //可以赋值给子类对象的引用subc2
            subc2=(SubClass)supc2;
            supc2.prt();
            subc2.prt();

            //父类对象的引用supc1未指向子类对象,通过强制类型转换将它赋值给
            //子类的对象 subc3,运行时出错
            /*------------------------------------①
            subc3=(SubClass)supc1;
            subc3.prt();
            */

            //将与SubClass类没有关系的OtherClass类的对象引用赋值给
            //SubClass类的对象引用subc4,编译时出错
            /*------------------------------------②
            subc4=(SubClass)othc1;
            othc1.prt();
            subc4.prt();
            */
        }
    }
```

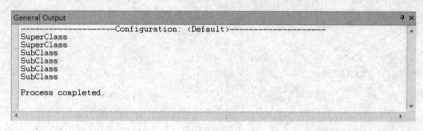

图 5.15　例 5.15 程序运行结果

如果将标号"①"处所对应的多行注释去掉,那运行时出错;如果将标号"②"处所对应的多行注释去掉,则编译时出错。例中的注释说明已详细介绍了对象引用的赋值规则,在此不再作过多的解释。

对象转型在多态性的实现中扮演了相当重要的角色,通常都是将一个子类对象的引用赋值给一个父类对象的引用,通过父类对象的引用来调用相应的代码段来完成多态性。对象转型在构建像链表等的数据结构中也经常用到。很多情况下,都定义一个Object类的对象引用,再将别的对象引用赋值给它。我们曾经说及,Object类是Java中所有类的根。因此,可以将任何类的对象引用赋值给Object类的对象引用,这在实现很多通用的数据结构中,是相当有用的。

类型转换不会对对象实例作任何改变,实际上对象实例不是变量,只有对象引用才是变量,才能有类型转换。

2. 类的设计原则

第4章在讲述类的概念时讲到：类是面向对象方法学中一个极其重要的概念，面向对象的方法主要是描述类而不是对象。因此，类设计的好坏，在很大程度上决定着整个程序的优劣。在关于面向对象的基本概念的学习即将结束之际，就类的设计原则作个简单介绍，以供读者参阅。

从软件工程的角度讲，一个类也可看作一个模块。因此，类的设计原则与模块的设计原则相仿。关于类的设计原则并无一个统一的说法，但大多对于以下几点基本认同：

（1）开闭原则：一个类在扩展性方面应该是开放的，而在更改方面应该是封闭的。在设计一个类时应尽量考虑它的可扩展性，一个扩展性好的类是比较受欢迎的。同时，一个类应该具有很好的封闭性，这主要靠数据的封装来实现。

（2）替换原则：子类应当可以替换父类的使用，并出现在父类能够出现的任何地方，这主要是靠子类继承父类的所有属性和行为来完成的。

（3）依赖原则：在进行业务设计时，与特定业务有关的依赖关系应该尽量依赖接口和抽象类，而不是依赖于具体类。具体类只负责相关业务的实现，修改具体类不影响与特定业务有关的依赖关系。为此，在进行业务设计时，应尽量在接口或抽象类中定义业务方法的原型，并通过具体的实现类（子类）来实现该业务方法；业务方法内容的修改将不会影响到运行时业务方法的调用。

（4）单一职责原则：就一个类而言，应该仅有一个引起它变化的原因。在构造对象时，将对象的不同职责分离至两个或多个类中，确保引起该类变化的原因只有一个。其带来的好处：提高内聚、降低耦合。

5.9 综合应用示例

【例5.16】 证件管理程序。

在应用中，可设计一个简单应用程序，用来管理各种证件。

证件根据用途可分为不同类型，如学生证、工作证等；此应用程序应能够允许添加证件类型，如添加军人证等，并可根据证件类型浏览各种证件；对每种证件应具有添加、编辑、删除等操作。实际上，要管理好各种证件，还需要有更多的功能，但为示例的简化，仅考虑一些常用而简单的需求，并仅对两种具体的证件——学生证和教师工作证作处理。

本应用程序中，主要考虑了如下几个类：证件类（IDCard）、学生证类（StuedntIDCard）、教师证类（TeacherIDCard）、证件目录类（IDCardCatalog）、证件管理类（IDCardManager）。下面对它们分别介绍。

IDCard类是用于描述各种证件的抽象类。每种证件都有证件编号、持证人姓名、姓别等属性，获取和设置各种属性的行为方法，它们是所用证件都应具有的。因此，将这些属性和行为抽取出来，形成一个更高层次的类。只说"证件"，没说哪种具体的证件，显然是没有意义的，所以将 IDCard 类定义为一个抽象的类，它提供了证件类的一些公共属性和方法，当需创建某一具体的证件类时，只需直接继承于它，再添加所需的方法即可。IDCard 类的 UML 图如图 5.16 所示。

StudentIDCard 类用于描述学生证信息，它是 IDCard 的直接子类，其中添加了两个属性分别用于描述学生所在的专业和入学日期，并添加了对属性的设置和获取等方法。StudentIDCard 的 UML 图如图 5.17 所示。

IDCard
-number:String
-name:String
-sex:String
+IDCard()
+IDCard(String,String,String)
+getNumber():String
+getName():String
+getSex():String
+setInfo(String,String,String):void
+clone():Object
+toString():String
+browse():String

StudentIDCard
-specialty:String
-enroll:Date
+StudentIDCard()
+StudentIDCard(String,String,String,String,Date)
+getSpecialty():String
+getEnroll():Date
+setInfo(String,String,String,String,Date):void
+clone():Object
+browse():String

图 5.16 证件类 IDCard 的 UML 图   图 5.17 学生证类 StudentIDCard 的 UML 图

TeacherIDCard 类用于描述教师证信息，它也是 IDCard 的直接子类，添加了三个属性，分别用于描述教师职务、出生日期和证件签发日期。TeacherIDCard 的 UML 图如图 5.18 所示。

证件目录类 IDCardCatalog 是同种类型证件的集合，其中可有多张证件，它们都被组织在其中，通过链表连接起来。同时，给予每个目录一个名字。目录下应该能添加新证件，也能编辑、删除和浏览其中的每个证件。借助证件目录，每个证件就有机地组织在一起了。IDCardCatalog 的 UML 图如图 5.19 所示。

证件管理类 IDCardManager 用于管理证件目录，其中可用多个目录，每个目录都被组织在其中，通过一个链表连接起来，并提供了添加新目录、获取新目录、浏览目录等操作。通过证件管理类，每个目录就有机地组织在一起了。这样，不同的证件被组织在不同的目录中，多个目录借助证件管理类组织起来。IDCardManager 类的 UML 图如图 5.20 所示。

TeacherIDCard
-duty:String
-birth:Date
-PODate:Date
+TeacherIDCard()
+TeacherIDCard(String,String,String,String,Date,Date)
+getDuty():String
+getBirth():Date
+getPODate():Date
+setInfo(String,String,String,String,Date,Date):void
+clone():Object
+browse():String

IDCardCatalog
-ctlgName:String
-idCardList:LinkList
+IDCardManager()
+IDCardManager(String)
+IDCardManager(String,IDCard)
+addIDCard(IDCard):void
+getName():String
+getLinkList():LinkList
+editIDCard(IDCard):boolean
+deleteIDCard(String):IDCard
+browse():String

图 5.18 教师证类 TeacherIDCard 的 UML 图   图 5.19 证件目录类 IDCardCatalog 的 UML 图

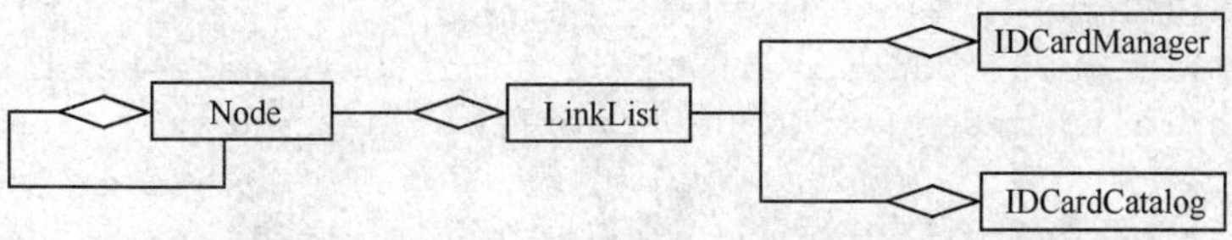

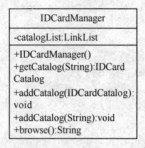

图 5.20　证件管理类 IDCardManager 的 UML 图

因为证件是通过链表组织在目录中的，而且目录也通过链表组织起来。所以，设计一个链表类 LinkList 作为通用工具，其中的结点设计为 Node 类型。它们的详细描述见代码。

Node 类对 LinkList 类，以及 LingList 类对 IDCardManager 类和 IDCardCatalog 类都是聚集的关系，它们的关系如图 5.21 所示。

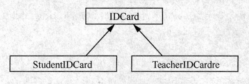

图 5.21　Node 类,Linklist 类，IDCardManager 类和 IDCardCatalog 类的关系图

StudentIDCard 类和 eacherIDCard 类都继承于 IDCard 类，它们之间的关系如图 5.22 所示。

图 5.22　证件类继承图

同时，为显示方便，设计了一个用于显示证件及目录的类 IDCardView，这为显示证件及目录的信息提供了简便的方法。

```java
//---------------链表结点类定义，文件为Node.java---------------
public class Node{
    private Object data; //数据
    private Node  next; //指向下一结点的引用
    public  Node(){
        this.data=null;
        this.next=null;
    }
    public  Node(Object data){
        this.data=data;
        this.next=null;
    }
    public Object getData(){return data;}
```

```java
        public Node    getNext(){return next;}
        public void updateData(Object data){this.data=data;}
        public void setNext(Node next){this.next=next;}
}
//---------------链表类定义，文件为LinkList.java----------------
public class LinkList{
    Node head;
    public LinkList(){head=new Node();}
    public LinkList(Object obj){head=new Node(obj);}
    public Node getHead(){return head;}
    public void addNode(Object obj){            //在链表尾部添加结点
        Node p=head,q=new Node(obj);
        if(head.getData()= =null){head=q;return;}
        while(p.getNext()!=null)p=p.getNext();    //找到链表表尾
        p.setNext(q);
    }
    public boolean updateData(Node node,Object data){
        Node p=findNode(node);
        if(p= =null)return false;
        p.updateData(data);
        return true;
    }
    public Node deleteNode(Node node){
        Node p,q;
        p=q=head;
        if(p= =null)return null;
        while(p.getNext()!=null){
            if(p.getNext().getData()==node.getData())break;
            p=p.getNext();
        }
        q=p;
        q.setNext(p.getNext());
        p.setNext(null);
        return p;
    }
    public Node findNode(Node node){
        Node p=head;
        while(p.getData()!=node.getData()&&p!=null)
            p=p.getNext();
        if(p= =null)return null;
        return p;
    }
}
//---------------证件类定义，文件为IDCard.java----------------
public abstract class IDCard implements Cloneable{
    private String number;          //编号
    private String name;            //姓名
    private String sex;             //性别
    public IDCard(){}
```

```java
    public IDCard(String number,String name,String sex){
        this.number=new String(number);
        this.name=new String(name);
        this.sex=new String(sex);
    }
    public String getNumber(){return number;}
    public String getName(){return  name;}
    public String getSex(){return sex;}
    public void setInfo(String number,String name,String sex){
        this.number=new String(number);
        this.name=new String(name);
        this.sex=new String(sex);
    }
    public Object clone() throws CloneNotSupportedException{
        IDCard idc=null;
        idc=(IDCard)super.clone();
        idc.number=new String(number);
        idc.name=new String(name);
        idc.sex=new String(sex);
     return idc;
    }
    public String toString(){
        return "证件编号:"+number+"\n"+
               "姓    名:"+name+"\n"+
               "性    别:"+sex+"\n";
    }
    public abstract String browse();
}
//---------------学生证类定义,文件为StudentIDCard.java----------------
import java.util.*;
import java.text.*;
public class StudentIDCard extends IDCard implements Cloneable{
    private String specialty;          //专业
    private Date enroll;               //入校日期
    public StudentIDCard(){  }
    public StudentIDCard(String number,String name,String sex,
                    String specialty,Date enroll){
        super(number,name,sex);
        this.specialty=new String(specialty);
        Calendar n=Calendar.getInstance();
        n.setTime(enroll);
        this.enroll=n.getTime();
     }
    public String getspecialty(){return specialty;}
    public Date   getEnroll(){return enroll;}
    public void setInfo(String number,String name,String sex,
                    String specialty,Date enroll){
        super.setInfo(number,name,sex);
        this.specialty=new String(specialty);
        Calendar n=Calendar.getInstance();
```

```java
            n.setTime(enroll);
            this.enroll=n.getTime();
        }
        public Object clone() throws CloneNotSupportedException{
            StudentIDCard idc=null;
            idc=(StudentIDCard)super.clone();
            idc.specialty=new String(specialty);
            Calendar n=Calendar.getInstance();
            n.setTime(enroll);
            idc.enroll=n.getTime();
            return idc;
        }
        public String browse(){
            DateFormat f=DateFormat.getDateInstance(DateFormat.LONG,
                    Locale.CHINA);
            return super.toString()+"专     业:"+specialty+"\n"+"入学日期:
                    "+f.format(enroll)+"\n\n";
        }
}
//---------------教师证类定义,文件为TeacherIDCard.java---------------
import java.util.*;
import java.text.*;
public class TeacherIDCard extends IDCard implements Cloneable{
    private String duty;         //职务
    private Date birth;          //出生日期
    private Date PODate;         //签发日期
    public TeacherIDCard(){}
    public TeacherIDCard(String number,String name,String sex,
                        String duty,Date birth,Date PODate){
        super(number,name,sex);
        this.duty=new String(duty);
        Calendar n=Calendar.getInstance();
        n.setTime(birth);
        this.birth=n.getTime();
        n.setTime(PODate);
        this.PODate=n.getTime();
    }
    public String getDuty(){return duty;}
    public Date   getBirth(){return birth;}
    public Date   getPODate(){return PODate;}
    public void setInfo(String number,String name,String sex,
                    String duty,Date birth,Date PODate){
        super.setInfo(number,name,sex);
        Calendar n=Calendar.getInstance();
        n.setTime(birth);
        this.birth=n.getTime();
        n.setTime(PODate);
        this.PODate=n.getTime();
    }
    public Object clone() throws CloneNotSupportedException{
```

```java
            TeacherIDCard idc=null;
            idc=(TeacherIDCard)super.clone();
            idc.duty=new String(duty);
            Calendar n=Calendar.getInstance();
            n.setTime(birth);
    idc.birth=n.getTime();
            n.setTime(PODate);
            idc.PODate=n.getTime();
            return idc;
        }
        public String browse(){
        DateFormat f=DateFormat.getDateInstance(DateFormat.LONG,
                Locale.CHINA);
            return super.toString()+
                "教员职务:"+duty+"\n"
                +"出生日期:"+f.format(birth)+"\n"
                +"签发日期:"+f.format(PODate)+"\n\n";
        }
}
//---------------证件目录类定义,文件为IDCardCatalog.java---------------
public class IDCardCatalog{
    private String ctlgName;                //目录名
    private LinkList idCardList;            //该目录下存放的证件列表
    public IDCardCatalog(){}
    public IDCardCatalog(String ctlgName){
        this.ctlgName=new String(ctlgName);
        idCardList=new LinkList();
    }
    public IDCardCatalog(String ctlgName,IDCard data){
        this.ctlgName=new String(ctlgName);
        idCardList=new LinkList(data);
    }
    public void addIDCard(IDCard card){
        idCardList.addNode(card);
    }
    public String getName(){return ctlgName;}
    public LinkList getLinkList(){return idCardList;}
    public boolean editIDCard(IDCard data){
        Node p=idCardList.getHead();
        while(p!=null){ if(((IDCard)(p.getData())).getNumber().
        equals(data.getNumber()))break;
                p=p.getNext();
        }
        if(p!=null){idCardList.updateData(p,data);return true;}
        return false;
    }
    public IDCard deleteIDCard(String idCardNum){
        Node p=idCardList.getHead(),q;
        while(p!=null){
                if(((IDCard)(p.getData())).getNumber().
```

```java
                    equals (idCardNum))break;
                p=p.getNext();
            }
            if(p!=null){q=idCardList.deleteNode(p);}
            else q=null;
            return (IDCard)q.getData();
        }
        public String   browse(){
            String s="";
            Node p=idCardList.getHead();
            while(p!=null){
                s=s+((IDCard)(p.getData())).browse();
                p=p.getNext();
            }
            return s;
        }
}
//---------------证件管理类定义,文件为IDCardManager.java----------------
public class IDCardManager{
    private LinkList catalogList;       //目录列表
    public IDCardManager(){catalogList=new LinkList();}
    public IDCardCatalog  getCatalog(String name){
                                        //返回名为name的目录
        Node p=catalogList.getHead();
    while(p!=null&&!(((IDCardCatalog)(p.getData())).getName().
        equals(name)))p=p.getNext();
        if(p= =null)return null;
        return (IDCardCatalog)(p.getData());
    }
    public void addCatalog(IDCardCatalog idcc){
        catalogList.addNode(idcc);
    }
    public void addCatalog(String name){
        catalogList.addNode(new IDCardCatalog(name));
    }
    public String browse(){
        Node p=catalogList.getHead();
        IDCardCatalog idc=null;
        String s="";
        while(p!=null){
            idc=(IDCardCatalog)(p.getData());
            s=s+idc.getName()+"\n"+idc.browse();
            p=p.getNext();
        }
        return s;
    }
}
//---------------证件及目录显示类定义,文件名为IDCardView.java-------------
public class IDCardView{
    public static void show(IDCard idc){
```

```java
        System.out.println(idc.toString());
    }
    public static void show(IDCardCatalog idcc){
        System.out.println(idcc.browse());
    }
    public static void show(IDCardManager idm){
        System.out.println(idm.browse());
    }
}
//---------------主类定义, 文件为IDCardTest.java---------------
import java.util.*;
public class IDCardTest{
    public static void main(String[] args){
        IDCardManager idcm;
        IDCardCatalog idcc;
        TeacherIDCard tidc;
        StudentIDCard sidc;
        Calendar t=Calendar.getInstance();
        Date t1,t2;
        idcm=new IDCardManager();
        idcc=new IDCardCatalog("教师证");
        t.set(1965,12,24);t1=t.getTime();
        t.set(1989,4,32); t2=t.getTime();
        tidc=new TeacherIDCard("1989010","王朋","男","教授",t1,t2);
        idcc.addIDCard(tidc);
        t.set(1978,2,14);t1=t.getTime();
        t.set(1997,11,2); t2=t.getTime();
        tidc=new TeacherIDCard("1997002","左琳","女","讲师",t1,t2);
        idcc.addIDCard(tidc);
        t.set(1984,6,24);t1=t.getTime();
        t.set(2006,1,15); t2=t.getTime();
        tidc=new TeacherIDCard("2006105","仁一","男","助教",t1,t2);
        idcc.addIDCard(tidc);
        idcm.addCatalog(idcc);

        idcc=new IDCardCatalog("学生证");
        t.set(2003,9,1);t1=t.getTime();
        sidc=new StudentIDCard("B0337089","李亚东","男","信息
                        管理",t1);
        idcc.addIDCard(sidc);
        t.set(2005,9,1);t1=t.getTime();
        sidc=new StudentIDCard("B0512002","陈茜","女","法学",t1);
        idcc.addIDCard(sidc);
        idcm.addCatalog(idcc);
        System.out.println("-----------------------------");
        System.out.println("证件列表:");
        IDCardView.show(idcm);
    }
}
```

第6章

异常处理

错误是编程中不可避免和必须要处理的问题。编程人员和编程工具处理错误的能力在很大程度上影响着编程工作的效率和质量。到目前为止，前面章节里的程序没有包含处理异常的代码。如果程序在运行过程中发生了异常，那么系统就会以相应的错误消息终止程序的执行。如果因为程序的错误或者某些外部因素导致系统终止用户丢失数据，那程序就无法满足用户的需求。在程序发生异常时，程序应该能做到：通知用户程序出现了一个错误；保存全部工作；允许用户安全地退出程序。

对于异常的情况，例如可能造成程序崩溃的错误输入，Java使用"异常处理"的错误捕获机制来进行处理。

本章要点

- 异常和异常类。
- 检查和非检查异常。
- 异常处理。
- 异常处理技巧。
- 创建自己的异常类。
- 综合应用示例。

6.1 异常和异常类

异常是指发生在正常情况以外的事件，如用户输入错误、除数为零、需要的文件不存在、文件打不开、数组下标越界、内存不足等。程序在运行过程中发生这样或那样的错误及异常是不可避免的。然而，一个好的应用程序，除了应具备用户要求的功能外，还应具备能预见程序执行过程中可能产生的各种异常的能力，并把处理异常的功能包括在客户程序中。也就是说，在设计程序时，要充分考虑到各种意外情况，不仅要保证应用程序的正确性，而且还应该具有较强的容错能力。这种对异常情况给予恰当的处理技术就是异常处理。

第6章 异常处理

用任何一种程序设计语言的设计程序在运行时都可能出现各种意想不到的事件或异常的情况，计算机系统对于异常的处理通常有两种方法：

（1）计算机系统本身直接检测程序中的错误，遇到错误时终止程序运行。

（2）由程序员在程序设计中加入处理异常的功能。它又可以进一步区分为没有异常处理机制的程序设计语言中的异常处理和有异常处理机制的程序设计语言中的异常处理两种。

在没有异常处理机制的程序设计语言中进行异常处理，通常是在程序设计中使用if…else 或 switch…case 等语句来预设所能设想到的错误情况，以捕捉程序中可能发生的错误。在使用这种异常处理方式的程序中，对异常的监视、报告和处理的代码与程序中完成正常功能的代码交织在一起，即在完成正常功能的程序的许多地方插入与处理异常有关的程序块。这种处理方式虽然在异常的发生点就可以看到程序如何处理异常，但它干扰了人们对程序正常功能的理解，使程序的可读性和可维护性下降，并且会由于人的思维限制，而常常遗漏一些意想不到的异常。

Java 的特色之一是异常处理机制（Exception Handling）。Java 采用面向对象的异常处理机制。通过异常处理机制，可以预防错误的程序代码或系统错误所造成的不可预期的结果发生，并且当这些不可预期的错误发生时，异常处理机制会尝试恢复异常发生前的状态或对这些错误结果做一些善后处理。通过异常处理机制，减少了编程人员的工作量，增加了程序的灵活性，增强了程序的可读性和可靠性。

Java 对异常的处理是面向对象的。在 Java 中，预定义了很多异常类，每个异常类都代表了相应的错误，当产生异常时，如果存在一个被异常类与此异常相对应，系统将自动生成一个异常类对象。

所有的异常类都是从 Throwable 类派生而来的。Throwable 类被包含在 java.lang 包中，图 6.1 显示了 Java 异常类的层次结构。

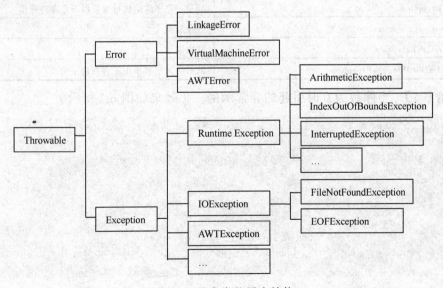

图 6.1　异常类的层次结构

Throwable 类不能直接使用，在 Throwable 类中定义了方法来检索与异常相关的错误信息，并且打印显示异常发生的栈跟踪信息。它包含有两个直接子类：Exception 类和 Error 类。

Error 类及其所有子类用来表示严重的运行错误，比如内存溢出，一般无法在程序中进行恢复和处理。因此，我们不会用到它。Exception 类及其所有子类定义了所有能够被程序恢复和处理的标准异常，在编程中，我们要处理的异常主要是这一类。Exception 类拥有两个构造函数：public Exception()和 public Exception(String s)。其中第二个构造函数中的字符串参数 s 表示对该异常的描述说明。

Exception 类的所有子类又可以分成两种类别，RunTimeException 异常和其他异常。RunTimeException 异常表示异常产生的原因是程序中存在错误所引起的。如数组下标越界、空对象引用，只要程序中不存在错误，这类异常就不会产生。其他异常不是由于程序错误引起的，而是由于运行环境的异常、系统的不稳定等原因引起的。这一类异常应该主动地去处理。表 6.1 列出了一些常见的系统预定义异常类。

表 6.1 常见的系统预定义异常类

Exception 类	说　明
ArithmeticException	算术错误，如被 0 除
ArrayIndexOutOfBoundException	数组下标引用越界
ArrayStoreException	试图在数组中存放错误的数据类型
FileNotFoundException	访问的文件不存在
IOException	输入、输出错误
NullPointerException	引用空对象
NumberFormatException	字符串和数字转换错误
SecurityException	Applet 程序试图执行浏览器不允许的操作
OutOfMemoryException	内存溢出
StackOverflowException	堆栈溢出
StringIndexOutOfBoundsException	试图访问字符串中不存在的字符

【例 6.1】 当除数为 0 时引起的异常示例。（效果如图 6.2 所示）

```
public class TestArithmeticException
{
    public static void main(String[] args)
    {
        int a,b,c;
        a=67;b=0;
        c=a/b;
        System.out.println(a+"/"+b+"="+c);
    }
}
```

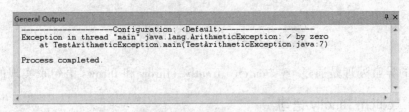

图 6.2　例 6.1 程序运行结果

6.2　已检查和未检查的异常

Java 规范将任何 Error 的子类以及 RuntimeException 的子类都称为未检查（unchecked）异常。而其他的异常都被称为已检查（checked）异常。

在 Java 程序中，无论何时使用 java.io 包中类的输入或输出方法，都会使用 throws IOException 子句。如果没有在这些方法头中包括 throws 子句，编译器就将生成语法错误。但是，我们并不担心诸如被 0 除或者数组索引出界的情况。如果在程序执行期间发生这些类型的错误，那程序以相应的错误消息终止。对于这些类型的异常，我们无须在方法头中包括 throws 子句。所以，在程序中，哪些类型的异常需要在方法头中包括 throws 子句呢？

IOException 是已检查异常，由于 System.in.read 方法可能会引发 IOException 异常，因而抛出的是已检查异常。当编译器遇到这些方法调用时，会检查程序是否处理 IOException，或通过抛出异常来报告。启用编译器检查类似 IOException 或其他类型的已检查异常，可以帮助客户程序减少不能正确处理的异常的数量。到目前为止，由于前面章节的程序不要求处理 IOException 或其他类型的已检查异常，所以程序通过抛出它们来声明检查异常。

编译程序，当编译器或许无法确定是否发生诸如被 0 除或索引出界的异常时，因此，这些类型的异常（未检查异常）不会被编译器检查出。于是，为了提高程序的正确性，编程人员必须检查这些类型的异常。

由于编译器不检查未检查异常，所以程序无须使用 throws 子句声明它们，也不需要在程序中提供代码来处理它们。属于 RuntimeException 类的子类的异常是未检查异常。如果程序中不提供代码处理未检查异常，那就由 Java 的默认异常处理程序来处理异常。

在方法头中，throws 后面列出了方法可能抛出的各类异常。throws 子句的语法是：

```
throws ExceptionType1,ExceptionType2…
```

其中的 ExceptionType1、ExceptionType2 等都是异常类的名称。

例如，考虑下面的方法：

```
public static void exceptionMethod() throws NumberFormatException,IOException
{
    //statements
}
```

exceptionMethod 方法抛出 NumberFormatException 和 IOException 类型的异常。

6.3 异常处理

Java 的异常处理是通过 try、catch、finally、throw 和 throws 语句来实现的。

6.3.1 try…catch…finally 语句

在大多数情况下，系统预设的异常处理方法只会输出一些简单的提示到控制台上，然后结束程序的运行。这样的处理方式在许多情况下并不符合我们的要求。为此，Java 提供了 try…catch…finally 语句，使用该语句可以明确地捕捉到某种类型的异常，并按我们的要求加以适当的处理，这是充分发挥异常处理机制的最佳方式。

try…catch…finally 组合语句用来实现抛出异常和捕获异常的功能，其一般语法格式如下：

```
try
{
    statement                //可能发生异常的程序代码
}
catch(ExceptionType1 objRef1)
{
    exception handling       //处理异常的程序代码 1
}
catch(ExceptionType2 objRef2)
{
    exception handling       //处理异常的程序代码 2
}
…
catch(ExceptionTypeN objRefN)
{
    exception handling       //处理异常的程序代码 N
}
finally
{
    finally handling         //无论是否发生异常都要执行的程序代码
}
```

注意下面有关 try…catch…finally 语句的规定：

（1）将可能出现错误的代码放在 try 块中，对 try 块中的程序代码进行检查，可能会抛出一个或多个异常。因此，try 后面可跟一个或多个 catch 块。

（2）如果 try 块中没有抛出异常，所有与 try 块相关的 catch 块将被忽略，程序在最后的 catch 块后继续执行。

（3）如果 try 块中抛出异常，try 块中的剩余语句将被忽略。程序以它们在 try 块后显示的顺序搜索 catch 块，并查找适当的异常处理程序。如果抛出的异常类型与其中一个 catch 块中的参数类型相匹配，那就执行此 catch 块的代码,还可忽略这个 catch 块后面的剩余块。

（4）如果最后的 catch 块后面有 finally 块，则不管是否发生异常，都会执行 finally 块。finally 块一般用来进行一些扫尾工作，如释放资源、关闭文件等。

【例 6.2】 使用 try...catch...finally 语句处理异常示例。（效果如图 6.3 所示）

```
public class TestNegativeArraySizeException
{
    public static void main(String[] args)
    {   int a,b,c;
        a=67;  b=0;
        try
        {   int x[] = new int[-5];
            c = a/b;
            System.out.println(a+"/"+b+"="+c);
        }
        catch(NegativeArraySizeException e)
        {   System.out.println("exception:"+e.getMessage());
            e.printStackTrace();
        }
        catch(ArithmeticException e)
        {   System.out.println("b=0:"+e.getMessage());
        }
        finally
        {   System.out.println("end");
        }
    }
}
```

```
General Output
-----------------Configuration: <Default>------------------
exception:null
java.lang.NegativeArraySizeException
        at TestNegativeArraySizeException.main(TestNegativeArraySizeException.java:7)
end

Process completed.
```

图 6.3　例 6.2 程序运行结果

6.3.2 再次抛出异常

Java 程序的异常十分复杂，在某些情况下，程序需要捕捉一个异常并且进行一些处理，但是却不能从根本上找到造成该异常的原因。需要这种处理的一个典型情况是：当程序出现错误时，需要进行某些本地资源的释放工作，但仍不能完全解决出现的问题。这时，对于那些错误情况，需要调用那些处理错误的代码,然后再次调用 throw 命令，重新抛出异常，使得异常重新回到调用链上。下面代码是一个较典型的例子：

```
Graphics g = image.getGraphics();
try
{
    //可能抛出的异常代码
}
```

```
catch (MalformedURLException e)
{
    g.dispose();
    throw e;
}
```

上面的代码显示了导致程序必须再次抛出已捕获异常的一个最常见的原因。如果不在 catch 从句中对 g 进行处理，那么它永远都不会被释放。而造成这样异常的根本原因：采用了错误格式的 URL 却没有被解决。程序假设方法的调用者知道如何处理这样的异常，所以应该要把该异常传递给那些最终知道如何进行处理的程序模块。

当然也可以抛出一个和捕获的异常类型不同的异常：

```
try
{
    Obj a = new Obj();
    a.load(s);
    a.paint(g);
}
catch (RuntimeException e)
{
    //产生另外一个OBJ错误
    throw new Exception("OBJ error");
}
```

6.4　异常处理技巧

在 Java 程序发生异常时，编程人员通常有几种选择，例如终止程序；从异常中恢复继续执行程序；或者记录错误并继续执行。

在某些情况下，当程序发生异常时，最好是让程序终止。如编写了一个程序，程序准备从文件中输入数据，但在程序执行过程中输入的文件并不存在，那么继续执行该程序将没有任何意义。在这种情况下，程序可以输出相应的错误信息并终止。

在其他情况下，希望处理异常并使程序继续执行。如有一个数字作为输入的程序。如果用户输入一个字符来替代数字，程序将抛出 NumberFormatException。在类似情况下，程序可以保护必要的代码，一直提示用户输入正确的数字，直至输入有效为止。例如：

```
flag = false;
do
{
    try
    {
        System.out.print("输入一个整数：");
        number = Integer.parseInt(inText.getText());
        flag = true;
    }
```

```
        catch(NumberFormatException ne)
        {
            System.out.println("\n异常"+ne.toString());
        }
}while(!flag);
```

继续执行 do...while 循环以提示用户,直至用户输入有效的整数。

发生异常时终止的程序通常假定终止是相当安全的。同时如果程序是设计用来连续不间断工作的,如互联网服务端程序,那么如果发生异常,它就不可以终止。这些程序必须能报告异常,并继续运行。

异常处理可以将错误处理代码从正常的程序编写工作中分离出来。这样可以让编程人员专注于业务逻辑的实现,使程序容易阅读、容易修改。但是应该注意到,由于异常处理需要初始化新的异常对象,需要重新返回调用堆栈并向调用方法传递异常,所以通常情况下,异常处理需要更多的时间和资源。滥用异常的结果就是降低代码的执行速度。

异常控制不能代替简单的测试。如果可能的话,应该用判断语句测试简单的异常,而用异常处理去处理那些 if 语句不能解决的问题。比如不要使用异常处理进行输入有效性检查,可以使用简单的 if 语句来判断。同执行简单的测试相比,捕捉异常所需要的时间大大超过了前者。

其次是不要将异常划分过细,否则会导致代码行数增多,错误不容易解决。合理地规划异常分类,将使代码更加清晰,同时也能满足正常处理和异常处理分隔开来的目标。

6.5 创建自己的异常类

在创建用户自己的类或编写程序时,可能会发生异常,而 Java 提供了相当多的异常类来处理这些异常。但 Java 不提供用户程序所需的所有异常类。因此 Java 允许编程人员创建自己的异常类以处理 Java 的异常类未包含的异常。编程人员可以通过扩展 Exception 或其子类(比如 IOException)来创建自己的异常类。

【例 6.3】 创建自定义的除数为 0 时产生的异常类。

```
public class myException extends Exception
{
    public myException()
    {
        super("不能被 0 除");
    }
    public myException(String str)
    {
        super(str);
    }
}
```

下面是主类 Example，要求从键盘输入被除数和除数，并输出运算结果。

```java
public class TestmyException
{
    public static void main(String[] args)
    {
        Scanner reader = new Scanner(System.in);
        double num = 0;
        double deno = 0;
        try
        {
            System.out.println("请输入被除数：");
            num = reader.nextDouble();
            System.out.println("请输入除数：");
            deno = reader.nextDouble();
            if(deno == 0.0)
                throw new myException();
            System.out.println("商是："+(num/deno));
        }
        catch(myException e)
        {
            System.out.println("出现异常："+e.toString());
        }
        catch(Exception e)
        {
            System.out.println("出现异常："+e.toString());
        }
    }
}
```

当除数不为 0 时，效果如图 6.4 所示。
当除数为 0 时，效果如图 6.5 所示。

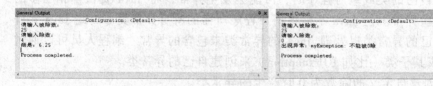

图 6.4　例 6.3 程序运行结果 1　　　　　图 6.5　例 6.3 程序运行结果 2

如果创建的异常类是 Exception 类的直接子类或异常类（如已检查异常）的直接子类，则创建的类的异常属于已检查异常。

6.6 综合应用示例

【例 6.4】 在对队列进行插入删除操作时，可能会出现两种错误：（1）空队列时试图删除一个元素；（2）满队列时试图添加一个元素。试用 EmptyQueueException 和 FullQueueException 异常类分别表示这两种错误。队列抛出异常对象说明所抛出的异常类型。

```java
class Exception extends Throwable{
    Exception (){ super();}
    Exception (String s){super(s);}
}
class FullQueueException extends Exception{ //自定义队列满时产生的异常
    public FullQueueException (){
       super("temp to add a item to a full queue");}
    public FullQueueException(final String s){
       super(s);}}
class EmptyQueueException extends Exception{//自定义队列空时产生的异常
    public EmptyQueueException(){
       super("temp to delete from a empty queue");     }
    public EmptyQueueException(final String s){
       super(s);} }
class Queue{                                          //队列类
    protected  int[]  item;
    protected  int    front=0;
    protected  int    back=0;
    protected  int size=0;
    public Queue( int length ){
        item=new int[length];}
    public boolean isFull(){
        if (size==item.length)  return true;
        else return false;                             }
    public boolean isEmpty(){
        if (size==0)            return true;
        else return false;
    }
    public void addBack(int data)throws FullQueueException
                              //插入函数
    {
     if(front ==item.length)     //判断是否满
        return;
     else
     {
        item[++front] = data;    //队尾指针加1,把值 data 加入队尾
        size++;
     }


    }
   public int  removeFront()
    throws EmptyQueueException{ //删除函数
    int unit;
    if (isEmpty())
        throw new EmptyQueueException();
    size--;
    unit=item[front];
    front++;
```

```
            if (front==item.length )
              front=0;
           return unit   ;   }
    }
    public class JavaQueueExcep{        //主测试程序
        public static void main(String[] args ){
          int[]    a={1,2,3,4,5,6} ;
          Queue queue1=new Queue(10);
          try {
              for (int i=0;i<a.length;i++)
              queue1.addBack(a[i]);
           } catch ( FullQueueException   e)
              {
              System.out.println(e.getMessage());  }
    try{
        for (int i=0;i<=queue1.item.length;i++){
            int b;
            b=queue1.removeFront();}
        }catch (EmptyQueueException   e){
            System.out.println(e.getMessage());}
        }
    }
```

程序中的注释语句对程序作了详细说明,在此就不再作过多解释。仅需说明的是,程序在队列不满时和队列不空时是不会抛出任何异常的,如要想查看异常是否会被程序捕获,可以通过连续调用队列的 addBack 函数和 removeFront 函数把队列置满或置空的状态才行。

图形编程

通过图形用户界面（GUI），用户与程序之间可以方便地进行交互。Java 包含了许多支持 GUI 设计的类，例如按钮、菜单、列表、文本框等组件类，接下来介绍如何创建和管理窗口、字体、输出文本和使用图形等内容。

本章要点

- Swing 与 AWT 的关系及图形程序设计的层次结构。
- 掌握框架、面板和的使用。
- 理解 Color、Font 和 FontMetrics 类。
- 掌握在 Graphics 类中绘制图形和显示字符。
- 掌握图形的加载和显示。

7.1 Swing 概述

Swing 是 Java 的新一代 GUI 工具包。它允许使用 Java 进行企业级开发，程序员可以使用 Swing 建立包含许多功能强大的组件的大型 Java 应用程序。此外，还可以很容易地扩充和修改这些组件以控制它们的外观和行为。Swing 是 Java 产品（Java Foundation Classes，JFC）的一部分，大多数 Swing 组件是直接用 Java 代码绘制的，更少依赖目标机器上的平台，更少使用本地 GUI 资源。因此，Swing 组件称为轻型组件。Java JDK 1.7 版本中包括许多已更新的 Swing 类和一些新的特性。

1. Swing 与 AWT 之间的关系

Swing 不是 AWT 的替代，Swing 实际上是建立在核心 AWT 库之上的。Swing 产生的主要原因就是 AWT 不能满足图形化用户界面发展的需要。此外，AWT 基于同位体的体系结构也成为其致命的弱点。而 Swing 不包含任何平台专用代码，不依赖操作系统的支持，其组件是用纯 Java 实现的轻量级（Light-weight）组件，没有本地代码。这是它与 AWT 组件的最大区别。由于 AWT 组件通过与具体平台相关的对等类（Peer）实现，因此 Swing 比 AWT 组件具有更强的实用性。Swing 在不同的平台上表现一致，并且有能力提供本地窗口系统不支持的其他特性。

2. Swing 特性

绝大多数 Swing 组件是轻型组件，只有少数几个顶层容器不是轻型的。它们使用简化的图形基本元素在屏幕上绘制自己，甚至允许部分图像是透明的。Swing 类能够规定每个组件的外观风格，甚至可以在运行时重新设置自己应用程序的外观风格。此外，Swing 组件的设计支持对组件行为进行随意修改，用户可根据自己的需要进行设计。

3. Swing 组件和容器

在 Javax.swing 包中，定义了两种类型的组件：顶层容器（JFrame、JApplet、Jdialog、JWindow）和轻量级组件（JComponent），Swing 组件都是 AWT 的 Container 类的直接子类和间接子类。图 7.1 列出了其中的部分继承关系图。

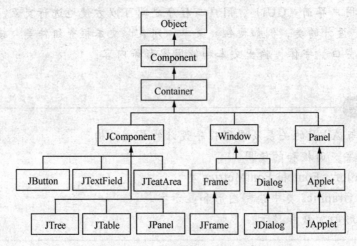

图 7.1 Java 图形程序设计所用类的层次结构图

组件是一个可以以图形化的方式显示在屏幕上并能与用户进行交互的对象，组件不能独立地显示出来，必须将组件放在一定的容器中才可以显示出来。容器(Container)也是一个类，实际上是 Component 的子类。因此，容器本身也是一个组件，具有组件的所有性质，但是它的主要功能是容纳其他组件和容器。

Swing 组件以"J"开头，除了有与 AWT 类似的按钮（JButton）、标签（JLabel）、复选框（JCheckBox）、菜单（JMenu）等基本组件外，还增加了一个丰富的高层组件集合，如表格（JTable）、树（JTree）等。

7.2 框 架

Java 应用程序要创建一个用户界面，最常用的 Swing 容器是 JFrame 类。JFrame 类提供了一个包含标题、边框等的顶层窗口，尽管 JFrame 框架是一个容器，但不能直接用 add()把组件添加到窗口中，而必须用 getContentPane().add()得到内容窗格。

1. JFrame 类的构造方法

（1）JFrame()：创建一个无标题的框架。

（2）JFrame(String title)：创建一个标题为 title 的框架。

2. JFrame 类的常用成员方法

（1）public void setVisible(Boolean b)：设置框架是否可见，框架默认不可见。

（2）public void setSize(int width,int height)：设置框架的大小，框架默认位置是(0,0)。

（3）public void setBounds(int x,int y,int width,int)：设置框架出现在屏幕上的初始位置(x,y)，框架在屏幕上的宽和高为(width,height)。

（4）public void setResizable(Boolean b)：设置框架是否可调整大小，框架默认不可调整大小。

（5）public void setLocation(x,y)：设置框架在屏幕左上角的放置位置为(x,y)处。

（6）public void setDefaultCloseOperation (int Operation)：设置单击框架右上角关闭图标后，根据其中参数进行相应处理。其中 Operation 的有效值如下：

DO_NOTHING_ON_CLOSE：什么也不做。

HIDE_ON_CLOSE：隐藏当前框架。

DISPOSE_ON_CLOSE：隐藏当前框架，并释放框架所占的其他资源。

EXIT_ON_CLOSE：结束框架所在的应用程序。

7.2.1 创建并显示框架

【例 7.1】 用 JFrame 创建一个指定标题为 MyFrame 的框架并在窗口默认位置显示。（效果如图 7.2 所示）

```java
//文件名为MyFrame.java
import javax.swing.*;
public class MyFrame
{
    public static void main(String[] args)
    {
        JFrame frame=new JFrame("MyFrame");
                            //创建以 MyFrame 为标题的窗体

        frame.setSize(400,400);   //设置窗体的大小，窗口默认位置是（0,0）
        frame.setVisible(true);   //设置窗体可见，如果不设置，窗体不可见
        frame.setDefaultCloseOperation(frame. EXIT_ON_CLOSE);
                                //当框架关闭时结束程序
        //如果选择其他参数，框架关闭后，程序不会结束
    }
}
```

图 7.2　创建框架并显示标题

7.2.2 给框架定位

在默认的情况下，框架在屏幕的左上角(0,0)，如果要在指定的位置上显示框架，则需要使用 JFrame 类中的 setLocation(x,y)方法进行定位，(x,y)为框架在屏幕左上角的坐标位置。

7.2.3 在框架中创建组件

图 7.2 中，所显示的是空的框架，应当把组件添加到内容窗格中，不是直接添加到框架中，而是用 getContentPane()方法返回窗格内容，然后调用内容窗格的 add()方法将一个组件添加到内容窗格中，如下所示：

```
frame.getContentPane().add(new JButton("在框架中添加组件"));
//或 java.awt.Container con = getContentPane();
//con.add(new JButton("在框架中添加组件"));
```

这样使用很麻烦。所以在 Java 5 之后的新版本允许框架的 add 方法，将组件放置在内容窗格中，如

```
frame.add(new JButton("在框架中添加组件"));
```

这种新特性称为内容窗格授权。严格来说，就是将一个组件添加到框架的内容窗格中，简称为将组件添加到框架中。

【例 7.2】 在框架中添加按钮组件，并在窗口默认位置显示。（效果如图 7.3 所示）

```java
//文件名为MyFrameComponent.java
import javax.swing.*;
public class MyFrameComponent
{
    public static void main(String[] args)
    {
        JFrame frame=new JFrame("MyFrameComponent");
                            //创建以 MyFrameComponent 为标题的窗体
        frame. add(new JButton("在框架中添加组件"));
        frame.setSize(400,400); //设置窗体的大小,窗口默认位置是（0,0）
        frame.setVisible(true); //设置窗体可见,如果不设置,窗体不可见
        frame.setDefaultCloseOperation(frame. EXIT_ON_CLOSE);
                            //当框架关闭时结束程序
                            //如果选择其他参数,框架关闭后,程序不会结束
    }
}
```

窗格的默认布局是 BorderLayout，无论你如何调整框架的大小，按钮都会显示在框架的中心，如果要把组件放置在指定位置，就要用到布局管理器，我们将在后续中学习。

图 7.3 在框架中添加一个按钮

7.3 在面板中显示信息

面板是用来集合其他组件的 JPcomponent 的扩展。用面板容纳各种组件,可以随意地指定布局管理器,以达到实现要求的布局效果,实质上面板就是一个容器,在一个容器内可以嵌套另一个容器。JPane 的另一个重要用途是绘制文字和图形。

容器、面板和组件的关系如图 7.4 所示。

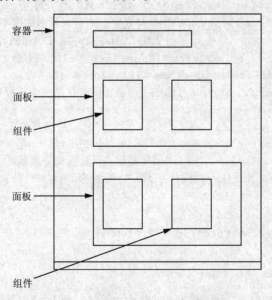

图 7.4 容器、面板、组件关系图

面板是不可见的,要在面板上显示文本信息,需要创建一个由 JPanel 扩展的新类,并覆盖 paintComponent(Grahics g)方法,在该方法中调用 drawString(String,x,y)显示字符串,Grahics 类支持从左向右水平绘制文本和绘制图形。

【例 7.3】 在面板中显示信息。设计一个 DrawStringPanel 类,扩展面板,重载 paintComponent(Graphics g)方法,使用 g.drawString("在容器中显示文本字符串",10,20)方法绘制文字,设置字体颜色为蓝色;再设计一个 TestPanel 并测试类,该类包含一个 DrawStringPanel 类对象，三个面板对象 panel、panel2、pane2，其中面板 panel、pane2 设置布局管理器为 GridLayout(0,2)，面板 panel2 设置布局管理器为 GridLayout(0,1)，面板的边框设置为 panel.setBorder(new TitledBorder(""))；在面板中分别放置一个标签，在面板 panel 中嵌套面板 panel2。（效果如图 7.5 所示）

```java
//文件名为TestPanel.java
import javax.swing.border.*;
import java.awt.event.*;
import javax.swing.*;
import java.util.*;
import java.awt.*;
public class TestPanel extends JFrame
{
    public TestPanel()
    {
        add(new DrawStringPanel ());
                            //把创建 DrawStringPanel 对象并添加到容器
        setLayout(new GridLayout(0,1));
                            //创建并设置布局管理器
        JPanel panel=new JPanel(new GridLayout(0,2));
                            //创建面板并设置面板管理器
        panel.setBorder(new TitledBorder(""));//设置面板边框
        panel.add(new JLabel("在第一个面板显示的文本"));
                            //创建 JLabell 对象并添加到容器
        JPanel panel2=new JPanel(new GridLayout(0,1));
        panel2.setBorder(new TitledBorder(" "));//设置面板边框
        panel2.add(new JLabel("面板嵌套在第一个面板中显示的文本"));
        panel.add(panel2);
        add(panel);                             //把面板添加到容器
        JPanel pane2=new JPanel(new GridLayout(0,2));
                            //创建面板并设置面板管理器
        pane2.add(new JLabel("第二个面板显示的文本"));//把 JLabell 对
                                                //象添加到容器
        add(pane2);                             //把面板添加到容器
        pane2.setBorder(new TitledBorder(" "));  //设置面板边框

    }

    public static void main(String[] args)
    {
        TestPanel frame = new TestPanel ();   //创建TestPanel类对象
        frame.setSize(300,300);                //设置框架的大小
        frame.setVisible(true);                //设置框架可见
        frame.setDefaultCloseOperation(JFrame.EXIT_ON_CLOSE);
    }
}
```

```
class DrawStringPanel extends JPanel
{
    public void paintComponent(Graphics g)
    {
        super.paintComponent(g);
        g.setColor(Color.blue);                    //设置显示对象的颜色
        g.drawString("在容器中显示文本字符串",10,20);
    }
}
```

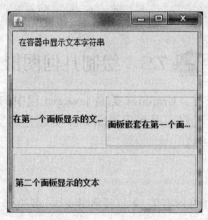

图 7.5　在面板中显示字符串信息

在面板中显示简单图形的方法与显示文本方法相似，所有的画图方法都有指定图位的参数。Java 坐标系统用 x 表示水平轴，y 表示垂直轴，原点(0,0)在窗口的左上角，其所有度量单位用像素。

7.4　颜　　色

Java 的 java.awt.Color 类为 GUI 组件设置颜色。颜色中的 R（红）、G（绿）、B（蓝）为三原色的比例。一个 RGB 值由三部分组成：第一个 RGB 部分定义红色的量；第二个 RGB 部分定义绿色的量；第三个 RGB 部分定义蓝色的量。RGB 值中某一部分的值越大，那种特定颜色的量就越大，这就是通常所说的 RGB 模式。

Color 类的构造方法为：

（1）public Color(int r, int g, int b)使用在 0～255 范围内的整数指定红、绿和蓝三种颜色的比例来创建一种 Color 对象。

（2）public Color(float r, float g, float b)使用在 0.0～1.0 范围内的浮点数指定红、绿和蓝三种颜色的比例来创建一种 Color 对象。

（3）public Color(int rgb)使用指定的组合 RGB 值创建一种 Color 对象。

1. 设置颜色

用 java.awt.Graphics 类的方法设定颜色或获取颜色。这些方法及其功能如下：

（1）setColor(Color c)：设定前景颜色，c 代表颜色。

（2）setColor(new Color(int r,int g,int b))：设定前景颜色的另一个方法。
（3）setBackground(Color c)：设定背景颜色，c 代表颜色。
（4）getColor()：获取当前所使用的颜色。

2．Color 类的使用

用户可通过创建 Color 对象指定组件的颜色值，也可以用 Java 提供的一些常用的颜色 Color 类数据成员常量取得颜色值或者是 Color 类的成员方法取得颜色值。如上例的

```
g.setColor(Color.blue);      //设置显示对象的颜色
```

7.5 绘制几何图形

本节将介绍 Graphics 类，Graphics 类是 java.awt 包中的一个类。其中包括了很多绘制图形和文字的方法，我们可以利用 Graphics 类创建的实例随意绘制图形和文字，在组件上面取得许多的特效。

7.5.1 绘制图形

Graphics 类可绘制的图形有直线、各种矩形、多边形、圆和椭圆等。下面列举 Graphics 类中一些绘制图形的方法：

（1）绘制一个线段，从(x1,y1)到(x2,y2)

```
drawLine(x1 , y1 , x2 , y2)
```

（2）绘制空心椭圆，其中 x 和 y 表示外接矩形的左上角坐标值，w 和 h 表示半径，当 w 和 h 相等时，画出来的就是一个圆。

```
drawOval ( x , y , w , h )
```

（3）绘制实心圆，这里的参数 x、y、w、h 的意义和（2）一样。

```
fillOval ( x , y , w , h )
```

（4）绘制一个矩形框。

```
drawRect ( x , y , w , h )
```

（5）绘制一个有填充颜色的矩形。

```
fillRect ( x , y , w , h )
```

（6）绘制一个圆角矩形框。

```
drawRoundRect ( x , y , w , h , aw ,ah )
```

（7）绘制一个有填充颜色的圆角矩形。

```
fillRoundRect ( x , y , w , h )
```

（8）绘制一个三维矩形，其中 raised 是一个布尔值，表示矩形从表面凸起还是

凹进。

```
draw3DRect ( x , y , w , h , raised );
```

（9）绘制一个椭圆框，其中 angle1 和 angle2 分别表示起始角和生成角。

```
drawArc ( x , y , w , h , angle1, angle2 );
```

（10）绘制一个具有填充颜色的椭圆。

```
fillArc ( x , y , w , h , angle1, angle2 );
```

（11）绘制一个多边形，其中 x、y 表示 x 坐标和 y 坐标的数组，n 表示点的个数。

```
drawPolygon ( x , y , n )
```

【例 7.4】绘制图形示例。设计一个 DrawGraphicsPanel 类，扩展面板，重载 paintComponent(Graphics g)方法，使用 drawRect、fillRect、drawOval、fillOval、drawRoundRect、drawPolygon 等绘制图形。（效果如图 7.6 所示）

```
//文件名为TestDrawGraphicsPanel.java
import java.awt.*;
import javax.swing.*;
public class TestDrawGraphicsPanel extends JFrame
{
    public TestDrawGraphicsPanel ()
    {

      add(new DrawGraphicsPanel ());

    }

    public static void main(String [] args)
    {
        TestDrawGraphicsPanel frame=new TestDrawGraphicsPanel ();
        frame.setSize(400,500);
        frame.setVisible(true);

    }
}
class DrawGraphicsPanel extends JPanel
{
    public void paintComponent(Graphics g)
    {
        g.drawRect(10,10,20,20);
        g.fillRect(30,30,40,40);
        g.drawOval(100,120,100,100);
        g.fillOval(160,160,40,40);
        g.drawRoundRect(80,10,100,50,10,10);
        int x[]={225,290,210,275,250};
        int y[]={90,40,40,90,10};
        g.setColor(Color.green);   //设置前景色
```

```
            g.drawPolygon(x,y,x.length);           //绘制五角星
            g.drawLine(100,280,200,360);           //绘制直线
        }
    }
```

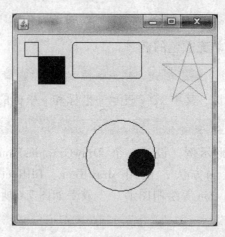

图 7.6　绘制几何图形

7.5.2　写字

　　drawstring (String str , int x , int y)在屏幕的指定位置显示一个字符串。其中 x 和 y 为字符串画上去之后所占区域的左上角坐标值。

　　Java 中还有一个类 Font，使用它可以获得更加丰富多彩和逼真精确的字体效果。一个 Font 类的对象表示了一种字体显示效果，包括字体类型、字形和字号。下面的语句用于创建一个 Font 类的对象：

```
    Font MyFont=new Font("Arial", Font.BOLD,10);
```

　　MyFont 对应的是 10 磅 Arial 类型的黑体字，其中指定字形时需要用到 Font 类的三个常量：Font.PLAIN、Font.BOLD、Font.ITALIC。如果希望使用该 Font 对象，可以利用 Graphics 类的 setFont()方法：g.setFont(MyFont)；程序里首先用一个 Font 类型的对象保存系统默认定义的字体，然后再设置不同的字体并显示其不同效果，最后再把字体恢复成原来的默认效果。

　　【例 7.5】着色、写字示例。设计一个 DrawStringColorPanel 类，扩展面板，重载 paintComponent(Graphics g)方法，用 drawString 绘制 "welcom to java"，颜色为蓝色，字形为 Arial，字体为 BOLD，字号为 60 磅；"欢迎进入 JAVA"，颜色为红色，字形为 "华文彩云"，字体为 ITALIC 字号为 60 磅。(效果如图 7.7 所示)

```
    //文件名为 TestDrawStringColorPanel.java
    import java.awt.*;
    import javax.swing.*;
    public class TestDrawStringColorPanel extends JFrame
    {
        public TestDrawStringColorPanel
        {
```

```
            add(new DrawStringColorPanel ());
    }
    public static void main(String [] args)
    {
        TestDrawStringColorPanel frame=new TestDrawStringColorPanel ();
        frame.setSize(500,500);
        frame.setVisible(true);
    }
}
class DrawStringColorPanel extends JPanel
{
    public void paintComponent(Graphics g)
    {
        g.setColor(Color.BLUE);                   //设置画笔颜色
        Font myfont1=new Font("Arial" , Font.BOLD,60);
        g.setFont(myfont1);                       //设置字体为myfont1
        g.drawString("welcom to java",20,100);
        g.setColor(Color.RED);                    //设置画笔颜色
        Font myfont2=new Font("华文彩云" ,Font.ITALIC,60);
        g.setFont(myfont2);                       //设置字体为myfont2
        g.drawString("欢迎进入JAVA",20,200);
    }
```

图 7.7 绘制指定字体和颜色的文字

7.6 文本和字体

在屏幕上显示文本时,可以设置背景颜色、前景颜色和字体属性等,处理组件文本的字体和字体的高度、宽度的信息包含在 Font 和 FontMetrics 类中。

7.6.1 Font 类

Font 类对象包含了对文档字体的完整定义。可以通过组件或图像对象的 getFomrMetrics()方法来获取 FontMetrics 类对象。

Font 类的构造方法如下：

```
public Font(String name,int style,int size)
```

参数说明：字体的名称 name 可以取 ScanSerif、Monospace、Dialog、Serif、DialogInput 等之一，字形 style 可以取 Font.BOLD、Font.ITALIC、Font.PLAIN 之一，字的大小 size 单位为磅。

Font 类方法：
public static Font getFont(String mf)。
public static Font getFont(String mf,Font font)。
成员方法：
public string getFamilyt()。
public string getSize()。
public string getStyle()。
public boolean isBold()。
public boolean isItalic()。
public boolean isPlain()。

7.6.2 Fontmetrics 类

Fontmetrics 可用来计算字符串的精确长度和宽度，它是一个抽象类，不能直接被实例化，但可以通过调用 Component 或 Graphics 对象的 getFomrMetrics()方法获取一个 Fontmetrics 对象。Fontmetrics 使用下列属性来确定字符信息，如图 7.8 所示。

（1）高度（height）：为 descent、ascent、leading 之和的距离；
（2）下差（descent）：一个字符低于基线的部分；
（3）上差（ascent）：一个字符高于基线的部分；
（4）字冠（leading）：为 height 减去 descent、ascent 的距离。

图 7.8　Fontmetrics 类字符的字体属性

Fontmetrics 类方法：
public FontMetrics getFomrMetrics(Font font)：返回指定字体的尺度。
public FontMetrics getFomrMetrics()：返回当前字体的尺度。

Fontmetrics 类的成员方法：

public int getAscent()。

public int getDescent()。

public font getFont()。

public int getHeight()。

public int getLeading()。

public int getMaxAscent()。

public int getMaxAdvance()。

public int getMaxDescent()。

public int stringWidth(String str)。

返回字体度量的基本基本信息。

【例 7.6】 根据设置的字体及颜色在框架显示"xing"。（效果如图 7.9 所示）

```
//文件名为 TestDrawStringTextPanel.java
import java.awt.*;
import java.awt.event.*;
import javax.swing.*;
import java.util.*;
public class TestDrawStringTextPanel extends JFrame
{
    public TestDrawStringTextPanel ()
    {   super("TestDrawStringTextPanel");
        add(new DrawStringTextPanel ());
    }

    public static void main(String[] args)
    {
        TestDrawStringTextPanel frame=new TestDrawStringTextPanel;
                                    //创建 Example7_6 类对象


        frame.setSize(400,400);     //设置框架的大小
        frame.setVisible(true);     //设置框架可见
        frame.setDefaultCloseOperation(JFrame.EXIT_ON_CLOSE);
    }
}

class DrawStringTextPanel extends JPanel
{
    String msg="xing";
    JPanel jpanel=new JPanel();
    public TestDrawStringTextPanel()
    {
    }
    public void paintComponent(Graphics g)
    {
        super.paintComponent(g);
```

```java
        Font myFont1=new Font("SansSerif",Font.ITALIC,80);
                            //构建字体对象
        Font myFont2=new Font("SansSerif",Font.BOLD,40);
                            //构建字体对象
        g.setFont(myFont1); //设置字体
        FontMetrics fm1=g.getFontMetrics(myFont1);
                            //FontMetrics类对象并返回指定字体尺寸
        int ascent=fm1.getAscent();
        int descent=fm1.getDescent();
        int height=fm1.getHeight();
        int leading=fm1.getLeading();
        int stringWidth=fm1.stringWidth(msg);
        int x=(getSize().width-stringWidth)/2;//设置框架水平中央位置
        int y=(getSize().height+ascent)/2;      //设置框架垂直中央显示
        g.setColor(Color.red);                  //设置字体颜色
        g.drawString(msg,x,y);
        g.drawString(msg,x,height-leading-ascent);
        g.drawString(msg,x,height+descent);
        g.setFont(myFont2); //设置字体
        FontMetrics fm2=g.getFontMetrics(myFont2);
                            //FontMetrics类对象返回并指定字体尺寸
    ascent=fm2.getAscent();
    descent=fm2.getDescent();
    height=fm2.getHeight();
    leading=fm2.getLeading();
    stringWidth=fm2.stringWidth(msg);
    x=(getSize().width-stringWidth)/2;          //设置框架水平中央位置
    g.setColor(Color.yellow);                   //设置字体颜色
    g.drawString(msg,x,280);
    g.drawString(msg,x,height-leading+300);
    g.drawString(msg,x,height+descent+250);
    }
}
```

图 7.9　字体、颜色效果图

7.7 图像

7.7.1 加载图像并显示图像

一个 Image 图形图像，要从文件中获取图像，可以调用 Applet 或者 Toolkit 类中的 getImage 方法加载或使用 ImageIcon 类来加载。Java 中处理图像要经过下列三个步骤：加载图像、生成 ImageIcon 对象、显示图像。

加载图的方法如下：

- public Image getImage(String filename)　//通过本地加载
- public Image getImage(URL url)　　　　//通过网络加载

调用 Graphics.drawImage()方法可以初始化实际的加载。

将 ImageIcon 对象作为参数创建组件就可以在组件中显示图像。

【例 7.7】 设计 TestImage 类按指定图片名称和指定大小应用 getToolkit().getImage(filename)方法加载图像。（效果如图 7.10 所示）

```java
//文件名为TestImage.java
import java.awt.*;
import javax.swing.*;
public class TestImage extends JFrame
{
    Image image;
    public TestImage ()
    {

    }

    public TestImage ( String filename)
    {
        super(filename);
        image=getToolkit().getImage(filename);
                    //用Toolkit类中的getImage方法加载

    }
    public void paint(Graphics g)
    {
        super.paint(g);
        g.drawImage(image,10,10,200,200,this);//显示图像
    }
    public static void main(String[] args)
    {
        Frame f=new TestImage ("images/CAT11.jpg");
        f.setSize(400,400);
        f.show();
    }
}
```

图 7.10 应用 GetImage()方法加载图像

7.7.2 图标

Swing 引入了图标，在各种组件中可以使用它们，使用 Icon 接口和 ImageIcon 类处理简单图像。Icon 接口指定了三个用来设置图标的大小和显示的方法。图标不一定是位图或 GIF 图像，对于绘制自身的组件来说，图标可以是任意图像。

ImageIcon 使用 java.awt.Image 对象存储和显示任何图形，并提供了同步图像加载，这使得 ImageIcon 变得非常强，并且易于使用。

ImageIcon 类的构造方法：

- ImageIcon (Image image)
- ImageIcon (Image image,String annotate)
- ImageIcon (String filename)
- ImageIcon (String filename, String annotate)
- ImageIcon (URL location)
- ImageIcon (URL location, String annotate)

【例 7.8】使用图标在标签上加载指定名称的图像。（效果如图 7.11 所示）

```
//文件名为 TestImageIcon.java
import java.awt.*;
import javax.swing.*;
public class TestImageIcon extends JFrame
{
    public static void main(String[] args)
    {
        JPanel JP=new JPanel();
        ImageIcon x=new ImageIcon("images/CAT11.jpg");
        //以图标方式加载图像
        JLabel jl=new JLabel(x);
        Frame f=new TestImageIcon ();
        JP.add(jl);
        f.add(JP);
```

```
            f.setSize(400,400);
            f.show();
      }
}
```

图 7.11　用图标加载图像

7.8　综合应用示例

【例 7.9】 综合练习。

（1）设计一个 ImagePanel 类按指定图片名称和指定大小应用 getToolkit().getImage(filename)方法加载图像该类按指定名称加载图像，并重载 paintComponent(Graphics g)方法，使用 g.drawImage(image,0,0,450,200,this);在指定位置按指定大小显示图像，用 drawString 绘制"在容器中显示文本字符串"和"welcom to java"，颜色为蓝色，字形为 Arial，字体为 BOLD，字号为 60 磅；"欢迎进入 JAVA"，颜色为红色，字形为"华文彩云"，字体为 ITALIC，字号为 60 磅。

（2）设计一个 TestMessagePanel 并测试类，该类包含一个 ImagePanel 类对象，三个面板对象 panel、panel2、pane2，其中面板 panel、pane2 设置布局管理器为 GridLayout(0,2)，面板 panel2 设置布局管理器为 GridLayout(0,1)，面板的边框设置为 setBorder(new TitledBorder(""))；在面板 panel 中加入一个标签，在面板 panel2 中用指定图像创建标签并把标签，在面板 panel 中嵌套面板 panel2，pane2 中加入一个标签，在面 pane2 中加入 ImagePanel 对象，并用 main 进行测试。（效果如图 7.12 所示）

```
import javax.swing.border.*;
import java.awt.event.*;
import javax.swing.*;
import java.util.*;
import java.awt.*;
public class TestMessagePanel extends JFrame
{
      public TestMessagePanel ()
      {   ImageIcon x=new ImageIcon("images/CAT11.jpg");
                                    //以图标方式加载图像
```

```java
            add(new ImagePanel ("images/CAT1.JPG"));
                                    //把创建 ImagePanel
//对象并添加到容器
            setLayout(new GridLayout(0,1)); //创建并设置布局管理器
            JPanel panel=new JPanel(new GridLayout(0,2));
                                    //创建面板并设置面板管理器
            panel.setBorder(new TitledBorder(" "));   //设置面板边框
            panel.add(new JLabel("在第一个面板显示的文本"));
                                    //创建 JLabell 对象
//并添加到容器
            JPanel panel2=new JPanel(new GridLayout(0,1));
            panel2.setBorder(new TitledBorder(" "));   //设置面板边框
            panel2.add(new JLabel(x));
                        //用指定图像创建标签并把标签添加到 panel2 面板
            panel.add(panel2);    //把 panel2 面板添加到 panel 面板
            add(panel);           //把面板添加到容器
            JPanel pane2=new JPanel(new GridLayout(0,2));
                                    //创建面板并设置面板管理器
            pane2.add(new JLabel("第二个面板显示的文本"));
                            //把 JLabell 对
                            //象添加到容器
            add(pane2);           //把面板添加到容器
            pane2.setBorder(new TitledBorder(" "));   //设置面板边框
            pane2.add(new ImagePanel ("images/CAT16.JPG"));
        }

        public static void main(String[] args)
        {
            TestMessagePanel frame = new TestMessagePanel ();
                            //创建 TestMessagePanel 类对象
            frame.setSize(450,460);              //设置框架的大小
            frame.setVisible(true);              //设置框架可见
            frame.setDefaultCloseOperation(JFrame.EXIT_ON_CLOSE);
        }
    }

    class ImagePanel extends JPanel
    {   Image image;
        public ImagePanel (String filename)
        {
            image=getToolkit().getImage(filename);
                        //用 Toolkit 类中 getImage 方法加载
        }
        public void paintComponent(Graphics g)
        {
            super.paintComponent(g);
            g.drawImage(image,0,0,450,200,this);
                            //指定位置按指定大小显示图像
```

```
        g.drawString("在容器中显示文本字符串",10,20);
        g.setColor(Color.BLUE);        //设置画笔颜色
        Font myfont1=new Font("Arial", Font.BOLD,60);
        g.setFont(myfont1);            //设置字体为myfont1
        g.drawString("welcom to java",10,60);
        g.setColor(Color.RED);         //设置画笔颜色
        Font myfont2=new Font("华文彩云", Font.ITALIC,60);
        g.setFont(myfont2);            //设置字体为myfont2
        g.drawString("欢迎进入 JAVA",10,120);
    }
}
```

图 7.12 综合效果图

第 8 章 Java Swing 与事件处理

事件触发机制和事件处理机制是围绕 AWT 进行的，而 Swing 是在 AWT 的基础上构建起来的，所以 Swing 组件也使用了 AWT 的事件管理机。

本章要点

- 理解布局管理器的作用。
- 掌握 FolwLayout、GrildLayout、BorderLayout、BoxLayout 的使用。
- 了解组件之间的关系。
- 掌握常用组件的使用。
- 了解事件处理的原理。
- 掌握事件的注册、监听和处理。
- 了解 WT 事件继承层次。
- 理解高级事件和低级事件的概念。
- 掌握窗口事件、鼠标事件、键盘事件的应用。

8.1 布局管理介绍

为了使 Swing 用户界面能在跨平台上表现一致，Java 布局管理器提供了一层抽象，自动把用户界面映射到所有的窗口系统。当把 Java 的 GUI 组件添加到容器时，它们由容器的布局管理器来安排位置。

对于 JFrame 窗口，程序可以将组件添加到它们的内容面板中。JFrame 的内容面板是一个容器类型的类对象，可以通过 getContentPane() 返回该内容面板，内容面板的默认布局是 BorderLayout 布局，容器可以使用 setLayout（布局对象）方法来设置自己的布局。

8.1.1 顺序布局（FlowLayout）

FlowLayout 是最简单的布局管理器，组件按添加的顺序从左到右排列在容器中，一行排满后再到下一行从左到右排列，每行中的组件都居中排列，组件之间默认的水平和垂直间隙都是 5 像素，因此可以指定组件间距，也可以用下列三个常量中的某一个来指定组件的对齐方式，它们的取值分别是 FlowLayout.LEFT、FlowLayout.CENTER、FlowLayout.RIGHT。

FlowLayout 有三个构造方法：
public FlowLayout(int align, int Level, int UP)
public FlowLayout(int align)
public FlowLayout()

FlowLayout 布局对象可以调用 setHgap(int hgap)、setVgap(int Vgap)方法来设置布局的水平和垂直间隙。

对于使用 FlowLayout 的容器，加入组件可使用 add(组件名)方法即可，对于一个原本不使用 FlowLayout 布局的容器，若要将其布局改为 FlowLayout，使用 setLayout(new FlowLayout())即可。

【例 8.1】 下面是 FlowLayout 布局的使用，在 JFrame 内容面板中放置 10 个组件。（效果如图 8.1 所示）

```java
//文件名为 TestFrameFlow.java
import java.awt.*;
import javax.swing.*;
class FrameFlow extends JFrame
{
    FrameFlow(String name)
    {
      super(name);

      FlowLayout flowLayout=new FlowLayout();
      flowLayout.setAlignment(FlowLayout.LEFT);   //设置布局的对齐方式
      flowLayout.setHgap(4);                      //设置组件的水平间距
      flowLayout.setVgap(6);                      //设置组件的垂直间距
      setLayout(flowLayout);        //设置容器的布局为 flowLayout
      for(int i=1;i<=10;i++)
      {
          add(new JButton("按钮 "+i));            //把按钮加入容器
      }
      validate();                                 //设置容器有效
      setBounds(50,50,100,100);
      setSize(300,300);
      setVisible(true);                           //设置组件可见
      setDefaultCloseOperation(JFrame.DISPOSE_ON_CLOSE);
                              //关闭窗口，并结束程序的运行
    }
```

```
}
public class TestFrameFlow
{
    public static void main(String args[])
    {
        FrameFlow frame=new FrameFlow("FlowLayout布局窗口");
    }
}
```

图 8.1　使用 FlowLayout 布局管理器窗口

8.1.2　网格布局（GridLayout）

GridLayout 布局管理器根据构造方法的行和列把容器分成网格的形式排列组件。组件就位于这些小网格中，其使用比较灵活，定位也比较精确，容器中所有组件大小相同。每个组件按照添加的顺序从左到右、从上到下地占据一个网格。如果界面上需要放置的组件较多，且这些组件的大小又一致时，那使用 GridLayout 布局策略就是最佳的选择。

GridLayout 布局管理器有三个构造方法：

（1）public GridLayout(int x, int y, int　Level, int UP)：用于创建指定行数和列数的 GridLayout 类的对象，在此布局管理器中的所有构件大小相同，且指定了组件的水平和垂直间距。参数 x、y 分别表示组件容器最多容纳组件的行数和列数。Level、Uprigh 分别表示组件之间的水平间距和垂直间距。

（2）public GridLayout(int x, int y)：用于创建指定行数 x 和列数 y 的 GridLayout 类对象。

（3）public GridLayout()：用于创建默认（1 行 1 列）的 GridLayout 类对象。

注意：

（1）行数 x 和列数 y 不能同时为 0。

（2）假如其中一个设为 0，而另一个不为 0，则列数固定，行数由布局管理器动态决定。

（3）假如行列都不为 0，则行数固定，列数由布局管理器动态确定。

【例 8.2】　使用 GridLayout 布局，在 JFrame 容器中放置 4×5 个按钮组件，设置组

件水平和垂直间距为 5 和 6。（效果如图 8.2 所示）

```java
//文件名为 TestFrameGrid.java
import java.awt.*;
import javax.swing.*;
class FrameGrid extends JFrame
{
    FrameGrid(String name)
    {
      super(name);

      GridLayout gridLayout=new GridLayout(4,3);

      gridLayout.setHgap(4);                    //设置组件的水平间距
      gridLayout.setVgap(6);                    //设置组件的垂直间距
      setLayout(GridLayout);                    //设置容器的布局为 GridLayout
      for(int j=1;j<=4;j++)
      for(int i=1;i<=3;i++)
      {
          add(new JButton("按钮"+i));           //把按钮加入容器
      }
      validate();                               //设置容器有效
      setBounds(10,10,10,10);
      setSize(300,300);
      setVisible(true);                         //设置组件可见
      setDefaultCloseOperation(JFrame.DISPOSE_ON_CLOSE);
                                                //关闭窗口，并结束程序的运行
    }
}
public class TestFrameGrid
{
    public static void main(String args[])
    {
       FrameGrid frame=new FrameGrid("GridLayout 布局窗口");
    }
}
```

图 8.2 使用 GridLayout 布局管理器窗口

8.1.3 边框布局(BorderLayout)

BorderLayout 布局管理器将容器分为 EAST(东)、WEST(西)、SOUTH(南)、NORTH(北)、CENTER(中心)5 个区,中间的区最大。向这个容器内每加入一个组件都应该指明把它放在容器的哪个区域中。分布在北部和南部区域的组件将横向扩展至占据整个容器的长度,分布在东部和西部的组件将伸展至占据容器剩余部分的全部宽度,最后剩余的部分将分配给位于中央的组件。如果某个区域没有分配组件,那其他组件就可以占据它的空间。BorderLayout 布局使用 add(conponent,index)方法将组件加入相应的的区中,其中 conponent 为组件,index 为指定区,如 BorderLayou.EAST(或 WEST、SOUTH、NORTH、CENTER 中之一)。

(1) BorderLayout 布局管理器有两个构造方法:

(2) public BorderLayout(int Level, int Upright):用于创建指定组件之间的水平间距为 Level 和垂直间距为 Uprigh 的 BorderLayout 类对象。

(3) public BorderLayout():用于创建一个各组件间的水平、垂直间隔为 0 的 BorderLayout 类对象。BorderLayout 仅指定了 5 个区域的位置,如果容器中需要加入的组件超过 5 个,就必须使用容器的嵌套或改用其他的布局策略。

【例 8.3】 使用 BorderLayout 布局。把 5 个按钮组件分别放置在框架的东、南、西、北、中 5 个区域,设置组件水平和垂直间距为 5 和 6。(效果如图 8.3 所示)

```java
//文件名为TestFrameBorder.java
import java.awt.*;
import javax.swing.*;
class FrameBorder extends JFrame
{
    FrameBorder(String name)
    {
     super(name);
         BorderLayout borderLayout=new BorderLayout();
                                      //创建布局管理器
     borderLayout.setHgap(4);          //设置组件的水平间距
     borderLayout.setVgap(6);          //设置组件的垂直间距
     setLayout(borderLayout);
     JButton BEast=new JButton("东");
     JButton BSouth=new JButton("南");
     JButton BWest=new JButton("西");
     JButton BNorth=new JButton("北");
     JButton BCenter=new JButton("中心");
     add(BEast,BorderLayout.EAST);    //把按钮加入容器
     add(BSouth,BorderLayout.SOUTH);
     add(BWest,BorderLayout.WEST);
     add(BNorth,BorderLayout.NORTH);
     add(BCenter,BorderLayout.CENTER);
     validate();                       //设置容器有效
     setBounds(10,10,10,10);
     setSize(300,300);
```

```
            setVisible(true);              //设置组件可见
            setDefaultCloseOperation(JFrame.DISPOSE_ON_CLOSE);
                                           //关闭窗口，并结束程序的运行
    }
}
public class TestFrameBorder
{
    public static void main(String args[])
    {
        FrameBorder frame=new FrameBorder("BorderLayout 布局窗口");
    }
}
```

图 8.3　使用 BorderLayout 布局管理器窗口

8.1.4　箱式布局（BoxLayout）

BoxLayout 布局管理器允许多个组件在容器中沿横向方向或纵向方向布置组件。如果采用横向方向排列组件，当组件的总宽度超过容器的宽度时，组件也不会换行，而是沿着同一行继续排列组件。如果纵向方向排列组件，当组件的总高度超过容器的高度时，组件也不会换列，而是沿着同一列继续排列组件。当重新调整框架的大小时仍然按横向方向排列或纵向方向排列，这时有些组件可能处于不可见状态。

BoxLayout 布局管理器构造方法如下：

BoxLayout(Container target, int axis)：创建一个将沿给定轴放置组件的布局管理器。

BoxLayout 管理器是用 axis 参数构造的，该参数指定了将进行的布局类型。有 4 个选择：

（1）X_AXIS：从左到右横向布置组件。

（2）Y_AXIS：从上到下纵向布置组件。

（3）LINE_AXIS：根据容器的 ComponentOrientation 属性，按照文字在一行中的排列方式布置组件。如果容器的 ComponentOrientation 表示横向，则将组件横向放置，否则将它们纵向放置。对于横向方向，如果容器的 ComponentOrientation 表示从左到右，则组件被从左到右放置，否则将它们从右到左放置。对于纵向方向，组件总是从上到下放置。

（4）PAGE_AXIS：根据容器的 ComponentOrientation 属性，按照文本行在一页中的排列方式布置组件。如果容器的 ComponentOrientation 表示横向，则将组件纵向放置，否则将它们横向放置。对于横向方向，如果容器的 ComponentOrientation 表示从左到右，则组件被从左到右放置，否则将它们从右到左放置。对于纵向方向，组件总是从上向下放置。对于所有方向，组件按照将它们添加到容器中的顺序排列。

【例 8.4】使用 BoxLayout 布局。设计 FrameBoxLayout，该类有面板 panel1、panel2，两个面板的布局管理器设置分别为 BoxLayout.X_AXIS 和 BoxLayout.Y_AXIS，两个面板中分别加入 5 个按钮，面板 panel1 加入到框架的 BorderLayout.EAST，面板 panel2 加入到框架的 BorderLayout.CENTER。（效果如图 8.4 所示）

```java
//文件名为 TestFrameBoxLayout.java
import java.awt.*;
import javax.swing.*;
class FrameBoxLayout extends JFrame
{
    FrameBoxLayout(String name)
    {
      super(name);
      JPanel panel1 = new JPanel();
      panel1.setLayout(new BoxLayout(panel1, BoxLayout.X_AXIS));
      for (int i=1;i<=5;i++)
        panel1.add(new JButton("横向"+i));        //把按钮加入面板
      add(panel1,BorderLayout.EAST);
      JPanel panel2 = new JPanel();
      panel2.setLayout(new BoxLayout(panel2, BoxLayout.Y_AXIS));
      for (int i=1;i<=15;i++)
          panel2.add(new JButton("纵向"+i));//把按钮加入面板
      add(panel2,BorderLayout.CENTER);
      validate();                              //设置容器有效
      setBounds(10,10,10,10);
      setSize(450,300);
      setVisible(true);                        //设置组件可见
      setDefaultCloseOperation(JFrame.DISPOSE_ON_CLOSE);
                                         //关闭窗口，并结束程序的运行
    }
}
public class TestFrameBoxLayout
{
    public static void main(String args[])
    {
      FrameBoxLayout frame=new FrameBoxLayout("BoxLayout 布局窗口");
    }
}
```

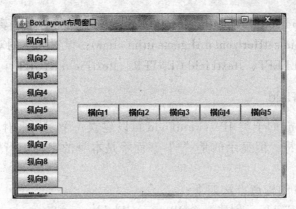

图 8.4　使用 BoxLayout 布局管理器窗口

8.2　文本输入

文本输入中常用的组件有 JTextField、JPasswordField、JtextArea 等。

8.2.1　文本框 JTextField

JTextField 称为文本框。它定义了一个单行条形文本区，可以输出基于任何文本的信息，也可以接收用户的输入。当输入文本并按【Enter】键时，会发生 ActionEvent 事件，可以通过 ActionListener 中的 actionPerformed()方法对事件进行相应处理。可以使用 setEditable(boolean)方法设置为只读属性。

其构造方法如下：

（1）public JTtextField(int　n)：创建一个指定列数的文本域。

（2）public JTextField(String　text)：创建一个指定 text 文本的文本域。

（3）public JTextField(String　text, int　n)：创建一个 text 文本和指定列数的文本域。

常用的成员方法如下：

（1）int getColumns( )：获取此对象的列数。

（2）public void setColumns(int Columns)：设置此对象的列数。

（3）public void setFont(Font f)：设置字体。

（4）public void setHorizontalAlignment(int alig)：设置文本的水平对齐方式（LEFT、CENTER、RIGHT）。

（5）public void setColumnWidth()：获取此对象的列宽。

（6）public String getText()：获取文本框中的文本。

（7）public void setEditable(Boolean　b)：指定文本框是否可编辑。创建的文本框默认是可编辑的。

（8）public void getText(String s)：设置文本框中的文本参数为 s，文本框中原来的文本被清除。

（9）public String getText()：获取文本框中的文本。

（10） public void setEditablet(Boolean b)：指定文本框是否可编辑，默认为可编辑。
（11） public void setHorizontalAlignment(int align)：设置文本的对齐方式，align 的有效值为 JtextField.LEFT、JtextField.CENTER、JtextField.RIGHT。

8.2.2 JPasswordField

使用 Jcomponent 的子类 JPasswordField 可以建立一个密码框对象，即用户可以在此文本框中输入字符，但显示的是"*"，而不是本身的字符。当然，用户也可以设置回显字符。

JPasswordField 的构造方法如下：
（1） JPasswordField()：创建一个 JPasswordField。
（2） JPasswordField(int columns)：创建一个指定列数的 JPasswordField。
（3） JPasswordField(String text)：创建一个指定 text 文本 JPasswordField。
（4） JPasswordField(String text, int columns)：创建一个指定 text 文本和指定列数的 JPasswordField。

JPasswordField 的常用方法如下：
（1） getPassword()：获取 JPasswordField 的文本内容。
（2） getEchoChar()：获取密码的回显字符。
（3） setEchoChar(char c)：设置密码的回显字符。

8.2.3 文本域 JTextArea

JTextArea 称为文本域。它与文本框的主要区别是：文本框只能输入/输出一行文本，而文本域可以输入/输出多行文本。使用 setEditable(boolean)方法，可以将其设置为只读的。在 JTextArea 中可以显示水平或垂直的滚动条。

要判断文本是否输入完毕，可以在 JTextArea 旁边设置一个按钮，通过按钮点击产生的 ActionEvent 对输入的文本进行处理。

JTextArea 的构造方法如下：
（1） public JTextArea()：用默认构造方法创建一个空文本域。
（2） public JTextArea(int columns)：用构造方法创建一个指定列数的空文本域。
（3） public JTextArea(String text)：用构造方法创建一个指定 text 文本的文本域。
（4） public JTextArea(String tex t,int columns)：用构造方法创建一个指定 text 文本和指定列数的文本域。
（5） JTextArea(String str,int x,int y)：用构造方法创建一个指定 text 文本和指定行数、列数的文本域。

JPasswordField 的常用成员方法如下：
（1） public void insert(String str,int pos)：在指定的位置 pos 插入指定的文本 str。
（2） public void append(String str)：将指定的文本添加到末尾。
（3） public void replaceRange(String str start,int end)：用字符串 str 替换文本中从 start 开始到 end 的文字。
（4） setLineWrap(Boolean b)：设置文本在文本区域的右边界是否可以自动换行。

（5）setWrapStyleWord(Boolean b)：设置以单词为界或以字符为界换行。
（6）getCaretPosition()：获取文本区域中输入光标的位置。
（7）setCaretPosition(int position)：设置文本区域中输入光标的位置。

JTextField、JPasswordField、JPasswordField 能产生 ActionEvent 事件和 TextEvent 事件及其他事件。在文本域中按【Enter】键能引发 ActionEvent 事件，改变文本域内容引发 TextEvent 事件。

【例 8.5】 在容器中添加文本组件。在文本区域 tetArea 中显示"海南大学是一所综合性大学,该大学下设学院"，当在 password 输入字符串时，引发 ActionEvent 事件，password 中字符串设置在 titleText 中显示，当在 titleText 中输入字符串时，引发 ActionEvent 事件，titleTex 中字符串设置在当前框架的标题中显示。（效果如图 8.5 所示）

```java
//文件名为TestTextFile1.java
import java.awt.*;
import java.awt.event.*;
import javax.swing.*;
class TextFile1 extends JFrame implements ActionListener
{
    private   JTextField titleText;
    private   JPasswordField password;
    private   JPanel JPtextArea,JPtitleText,JPpassword;
    private   JTextArea tetArea;
    TextFile1(String name)
    {
        super(name);
        JPtextArea=new JPanel();
        JPtitleText=new JPanel();
        JPpassword=new JPanel();
        titleText=new JTextField(10);
        password=new JPasswordField(10);
        tetArea=new JTextArea(4,3);
        password.setEchoChar('*');
        titleText.addActionListener(this);   //事件监听
        password.addActionListener(this);

        String categorise="海南大学是一所综合性大学,该大学下设学院";
        tetArea.append(categorise);

        JPpassword.add(new Label("请输入密码："));
        JPpassword.add(password);
        JPtitleText.add(new Label("这是文本域："));
        JPtitleText.add(titleText);
        JPtextArea.add(new Label("这是文本区："));
        JPtextArea.add(tetArea);
        setLayout(new GridLayout(3,1));
        add(JPpassword);
        add(JPtitleText);
```

```
        add(JPtextArea);
        setSize(200,200);
        setVisible(true);
        validate();
        setDefaultCloseOperation(JFrame.DISPOSE_ON_CLOSE);
        //关闭窗口,并结束程序的运行
    }
    public void actionPerformed(ActionEvent e)  //事件处理方法
    {
        if(e.getSource()==titleText)
        {
            this.setTitle(titleText.getText());
        }
        else if (e.getSource()==password)
        {
            char c[]=password.getPassword();
            titleText.setText(new String(c));    //在文本域加入字符串
        }
    }
}
    public class TestTextFile1
{
    public static void main(String args[])
    {
        TextFile1 frame=new TextFile1("文本组件窗口");
        frame.pack();
    }
}
```

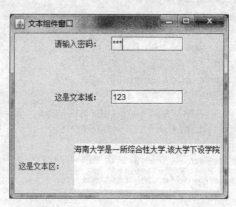

图8.5 使用文本组件窗口

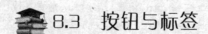

8.3.1 按钮

按钮是为用户点击时触发行为事件的简单组件。按钮上通常有一行文字(标签)

或一个图标以表明它的功能。此外，Swing 组件中的按钮还可以实现下述效果：

（1）改变按钮的图标，即一个按钮可以有多个图标，可根据 Swing 按钮所处的状态而自动变换不同的图标。

（2）为按钮加入提示，即当鼠标在按钮上稍做停留时，在按钮边可出现提示，当鼠标移出按钮时，提示自动消失。

（3）在按钮上设置快捷键。

（4）设置默认按钮，即通过【Enter】键运行此按钮的功能。

按钮 JButton 类有如下构造方法：

（1）public JButton ()：建立一个没有图像或者没有文本的按钮。

（2）public JButton (String text)：建立一个显示指定 text 文本的按钮。

（3）public JButton (Icon icon)：建立一个显示指定 icon 图标的按钮。

（4）public JButton (String text,Icon icon)：建立一个显示指定 text 文本和指定 icon 图标的按钮。

按钮 JButton 的常用成员方法如下：

（1）public void setText(String text)：重新设置当前按钮的名字为 text。

（2）public void getText()：获取当前按钮上的名字。

（3）public void setIcon(Icon icon)：重新设置当前按钮的图标为 icon。

（4）public void getIcon ()：获取当前按钮上的图标。

（5）public void setHorizontaTextPosistion(int textPosition)：设置按钮名字相对按钮上图标的水平位置。TextPosition 的有效值为 AbstractButton.LEFT、AbstractButton.CENTERT、AbstractButton.RIGHT。

（6）public void setHorizontaTextPosistion(int textPosition)：设置按钮名字相对按钮上图标的水平位置。TextPosition 的有效值为 AbstractButton.TOP、AbstractButton.CENTERT、AbstractButton.BOTTOM。

（7）public void setMnemonic(char mnemonic)：设置按钮的快捷方式，mnemonic 的有效值为'a'～'z'。如果按钮设置了按钮的快捷方式，如参数 mnemonic 的取值为's'，那么按【Alt+S】组合键就可激活键盘。

（8）public void setActionListener(ActionListener)：向按钮增加动作监听。

（9）public void removeActionListener(ActionListener)：移去按钮上的动作监听。

注意：目前 Java 支持的两种图片格式的扩展名为 GIF 和 JPG，其他图片格式不支持。

按钮可以产生多种事件，不过常常需要响应 ActionEvent。事件响应我们将在后续内容中讲到。

8.3.2 标签

标签是用户用来显示一小段文本、图片或两者皆有的显示区域，它只起到信息说明的作用，本身不响应输入事件，所以不能获取键盘焦点。JLabel 标签的构造方法如下：

（1）public JLabel()：创建一个默认的空标签。

（2）public JLabel(String text)：创建一个指定 text 文本的标签。

（3）public JLabel(String text,int horizontalAlignment)：创建一个指定文本和水平对齐的标签。其中 horizontalAlignment 的有效值为 SwingConstants.LEFT、SwingConstants.CENTER、SwingConstants.RIGHT。

（4）public JLabel(Icon icon)：创建一个指定 icon 图标标签。

（5）public JLabel(Icon icon , int horizontalAlignment)：创建一个指定 icon 图标和水平对齐方式的标签。

（6）public JLabel(String text, Icon icon , int horizontalAlignment t)：创建一个指定文本、icon 图标和水平对齐方式的标签。

8.4 选择组件

常用的选择组件有复选框组件、单选按钮组件、组合框组件、列表组件等。

8.4.1 复选框

复选框是一种允许用户打开或关闭某种给定特性，允许用户从一组选项中进行多个选择，也可以不选择。

JCheckbox 的构造方法如下：

（1）public JCheckbox ()：创建一个默认的未选的空复选框。

（2）public JCheckbox (String text)：创建一个指定文字的未选的复选框。

（3）public JCheckbox (String text Boolean selected)：创建一个指定文字并指定初始状态是否选中的复选框。

（4）public JCheckbox (Icon icon)：创建一个指定图标的未选的复选框。

（5）public JCheckbox (Icon icon,boolean selected)：创建一个指定图标并指定复选框的初始状态是否选中的复选框。

（6）public JCheckbox (String text, Icon icon)：创建一个指定文字和指定图标的未选的复选框。

（7）public JCheckbox (String text,Icon icon,boolean selected)：创建一个指定文字和图标并指定复选框的初始状态是否选中的复选框。

JCheckbox 的常用成员方法如下：

（1）public void setIcon(Icon defaultIcon)：设置复选框上的默认图标。

（2）public void setSelctedIcon(Icon selectedIcon)：设置复选框选中状态下的图标。

（3）public boolean isselected()：复选框处于选中状态下该方法返回 true，否则返回 false。

Jcheckbox 能够产生 ActionEvent 和 ItemEvent 事件。

8.4.2 单选按钮

单选按钮让用户从一组选项中选择唯一的选项。单选按钮是圆形的，同一时刻只能有一个被选中。如果创建多个单选按钮后，应使用 ButtonGroup 再创建一个对象，然后用这个若干个单选按钮归于组。归到同一组的单选按钮同一时刻只能有一个被选中。单选按钮也产生 ItemEvent 事件。

JRadioButton 的构造方法如下：

（1）public JRadioButton()：默认的构造方法，创建一个未选中的空单选按钮。

（2）public JRadioButton(String text)：创建一个指定文字的未选中的单选按钮。

（3）public JradioButton (String text Boolean selected)：创建一个指定文字并指定初始状态是否选中的单选按钮。

（4）public JRadioButton (Icon icon)：创建一个指定图标的未选的单选按钮。

（5）public JRadioButton (Icon icon,boolean selected)：创建一个指定图标并指定初始状态是否选中的单选按钮。

（6）public JRadioButton (String text, Icon icon)：创建一个指定文字和指定图标的未选中的单选按钮。

（7）public JRadioButton (String text,Icon icon,boolean selected)：创建一个指定文字和图标并指定初始状态是否选中的单选按钮。

【例 8.6】 复选框和单选按钮的使用。当选择发生事件时，将选择框上的名称显示在文本区域中。（效果如图 8.6 所示）

```java
//文件名为 TestCheckboxRadioButton.java
import java.awt.*;
import java.awt.event.*;
import javax.swing.*;
import javax.swing.event.*;
import javax.swing.border.*;;
public class TestCheckboxRadioButton implements ItemListener,ActionListener
{    private JCheckBox JCBox1;
     private JCheckBox JCBox2;
     private JCheckBox JCBox3;
     private JCheckBox JCBox4;
     JTextArea titleText=new JTextArea(20,20);
     JRadioButton
            button1=new JRadioButton("小学",false),//创建单选按钮
            button2=new JRadioButton("初中",false),
            button3=new JRadioButton("高中",false),
            button4=new JRadioButton("大学",false);
     public TestCheckboxRadioButton ()
     {
        JFrame frame=new JFrame("复选框及按钮的使用");
        JLabel JLlabela=new JLabel("您的职业是:");
        JCBox1=new JCheckBox("教师",false);            //创建复选框
        JCBox2=new JCheckBox("医生",false);
        JCBox3=new JCheckBox("警察",false);
        JCBox4=new JCheckBox("艺术家",false);
```

```java
            setLayout(new FlowLayout());
        JPanel jcboxPanel=new JPanel();    //创建面板
        JPanel jrabutPanel=new JPanel();

        jcboxPanel.add(JLlabela);
        jcboxPanel.add(JCBox1);                //把复选框添加到面板
        jcboxPanel.add(JCBox2);
        jcboxPanel.add(JCBox3);
        jcboxPanel.add(JCBox4);
        add(jcboxPanel,"South");               //把面板添加到容器
        JCBox1.addItemListener(this);
        //当前窗口注册为 JCBox1 的 ItemEvent 事件监听器
        JCBox2.addItemListener(this);
        JCBox3.addItemListener(this);
        JCBox4.addItemListener(this);
        ButtonGroup group=new ButtonGroup();
        JLabel JLlabelb=new JLabel("您的学历是:");
        JRadioButton
             button1=new JRadioButton("小学",false),//创建单选按钮
             button2=new JRadioButton("初中",false),
             button3=new JRadioButton("高中",false),
             button4=new JRadioButton("大学",false);
        group.add(button1);                    //把单选按钮添加到按钮组
        group.add(button2);
        group.add(button3);
        group.add(button4);
        jrabutPanel.add(JLlabelb);
        jrabutPanel.add(button1);              //把单选按钮添加到面板
        jrabutPanel.add(button2);
        jrabutPanel.add(button3);
        jrabutPanel.add(button4);
        add(jrabutPanel);
        button1.addActionListener(this);
        button2.addActionListener(this);
        button3.addActionListener(this);
        button4.addActionListener(this);
        titleText.setLineWrap(true);
        add(titleText);
        frame.setSize(400,350);
        frame.setLocation(200,200);
        frame.setVisible(true);
        frame.setDefaultCloseOperation(JFrame.EXIT_ON_CLOSE);
    }
    public void itemStateChanged(ItemEvent e)
    {
        JCheckBox JCBox=(JCheckBox)e.getItem();
        if (JCBox==JCBox1)
          if (JCBox1.isSelected())
            titleText.append("\n"+"您的职业是[教师]");
```

```
            else
                System.out.println("\n"+"您没被选中了[教师]");
        if (JCBox==JCBox2)
            if (JCBox2.isSelected())
                titleText.append("\n"+"您的职业是[医生]");
                    else
                titleText.append("\n"+"您没被选中了[医生]");
        if (JCBox==JCBox3)
            if (JCBox3.isSelected())
                titleText.append("\n"+"您的职业是[警察]");
                    else
                titleText.append("\n"+"您没被选中了[警察]");
        if (JCBox==JCBox4)
            if (JCBox4.isSelected())
                titleText.append("\n"+"您的职业是[艺术家]");
                    else
                titleText.append("\n"+"您没被选中了[艺术家]");
    }
    public void actionPerformed(ActionEvent e)
    {
        String but=e.getActionCommand( );
        if (but=="小学")
            titleText.append("\n"+"您学历是[小学]");
        if (but=="初中")
                titleText.append("\n"+"您学历是[初中");// Set yellow light
        if (but=="高中")
            titleText.append("\n"+"您学历是[高中"); // Set green light
        if (but=="大学")
                titleText.append("\n"+"您学历是[大学]");
    }
    public static void main(String args[])
    {
        TestCheckboxRadioButton frame=new TestCheckboxRadioButton ();
    }
}
```

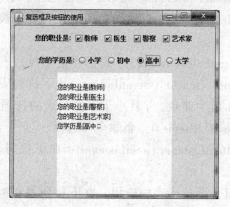

图 8.6　复选框和单选按钮组件窗口

8.4.3 列表

列表是一个向用户展示选项的图形组件。列表一次通常只显示几个选项，它允许用户进行一个或多行选择。当列表清单的事件超出组件的可用空间时，列表常常有一个滚动窗格，可以用它来访问所有选择。

JList 的构造方法如下：

（1）public JLlist (Vectorl istData)：创建一个指定向量内容的列表对象。

（2）public JList ( )：创建一个空的没有内容的列表对象。

（3）public JList (Object[ ] listData)：创建一个指定对象数组内容的列表对象。

（4）public JList (ListModel model)：创建一个指定的数据模型的列表对象。

JList 的常用成员方法如下：

（1）public int getSelectedIndex ( )：返回列表选项的第一个序号。

（2）public int getSelectedIndices ( )：返回所有选项的序号。

（3）public void setSelection Background (Color c)：设置单元格的背景颜色。

（4）public void setSelection Foreground (Color c)：设置单元格的前景颜色。

（5）public int getVisibleRowCount ( )：获取可见的列表选项值。

（6）public void setVisibleRowCount (int num)：设置可见的列表选项。

（7）public void setSelectedValue(Object obj,Boolean shouldcroll)：设置列表元素，参数 obj 是列表中的唯一选择。如果 shouldcroll 为 true，列表会自动滚动，以确保可以看见元素。

8.4.4 下拉列表和组合框

组合框可以把按钮、可编辑的组件和列表组成一体的下拉列表框，与列表不同的是组合框只允许用户一次进行一个选择。选择的内容通常被复制到窗口顶端的一个可编辑的组件中，而列表一次可以选择一个或多个。

组合框 JComboBox 的构造方法如下：

（1）public JComboBox ()：创建一个没有选项的下拉列表。

（2）public void addItem (Object anObject)：增加选项。

（3）public int getSelectedIndex ()：返回当前下拉列表中被选中的选项有索引，索引的起始值是 0。

（4）public Object getSelectedItem ()：返回当前下拉列表中被选中的选项。

（5）public void removeItemAt (int anIndex)：从下拉列表的选项中删除索引值是 anIndex 的选项。AnIndex 值为非负，并且小于下拉列表的选项总数，否则会发生异常。

（6）public void removeAllItems ()：删除全部选项。

（7）public void addItemListener (ItemListener)：向下拉列表中增加 ItemEvent 事件的监视器。

【例 8.7】列表与组合下拉列表的应用。在下拉列表和组合列表中显示字符串数组的内容。（效果如图 8.7 所示）

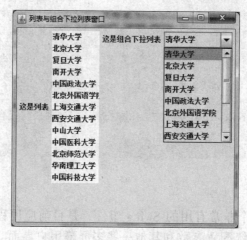

图 8.7 列与组合下拉列表组件窗口

```
//文件名为TestJlistJCombox.java
import javax.swing.*;
import java.awt.*;
class JlistJCombox extends JFrame
{
    JPanel JComboxPanel,ListPanel;
    JComboBox JCombox;
    JList Jlist;
    JlistJCombox (String s)
    {
      super(s);
      setSize(500,370);
      setLocation(120,120);
      setVisible(true);
      setDefaultCloseOperation(JFrame.EXIT_ON_CLOSE);
      String university[]={"清华大学","北京大学","复旦大学","南开大学",
      "中国政法大学","北京外国语学院","上海交通大学","西安交通大学","中山大学",
      "中国医科大学","北京师范大学","华南理工大学","中国科技大学"};
      JComboxPanel=new JPanel();              //创建面板
      ListPanel=new JPanel();
      JCombox=new JComboBox(university);      //创建组合下拉列表
      Jlist=new JList(university);            //创建列表
      JComboxPanel.add(new JLabel("这是组合下拉列表"));
                                              //创建标签并添加到面板
      JComboxPanel.add(JCombox);              //把组合下拉列表添加到面板
      ListPanel.add(new JLabel("这是列表"));
      ListPanel.add(Jlist);
          setLayout(new BorderLayout());      //设置容器的布局管理
      add(JComboxPanel,BorderLayout.EAST);    //把面板添加到容器
      add(ListPanel,BorderLayout.WEST);
      validate();
      validate();
```

```
        }
     }
  public class TestJlistJCombox
  {
     public static void main(String args[])
     {
        JlistJComboxwin=new JlistJCombox ("列表与组合下拉列表窗口");
     }
  }
```

8.4.5 选项卡

JTabbedPane 是一个非常有用的 Swing 组件，是目前应用程序中一种常用工具，可以显示选项内容、系统配置参数和其他一些多屏幕用户界面。程序员可以根据需要创建出带有选项卡激活组件的选项窗格。通常，在 JTabbedPane 中放置一些面板，每个面板对应一张卡片，用户通过卡片就可以在面板之间切换。

JTabbedPane 的构造方法如下：

（1） public JTabbedPane()：创建一个空选项卡窗格。

（2） public JTabbedPane(int tabPlacement)：创建一个指定位置的空选项卡窗格，位置参数 tabPlacement 的取值为：SwingConstants.TOP、SwingConstants.BOTTOM、SwingConstants.LEFT、SwingConstants.RIGHT。

JTabbedPane 的常用成员方法如下：

（1） public void addTab(String title,Component copm)：往窗格中添加指定标题和组件的选项卡。

（2） public void addTab(String title,Icon icon,Component copm)：往窗格中添加指定标题、图标和组件的选项卡。

（3） public void addTab(String title, Icon icon,Component copm,String tip)：往窗格中添加指定标题、图标、组件和工具提示的选项卡。

（4） public void insertTab()：插入选项卡。

（5） public void insertTab(String title, Icon icon,Component copm,String tip,int index)：插入指定标题、图标、组件和工具提示和指定选项卡数目的选项卡。

【例 8.8】在选项卡中放置图片。在选项卡中放置 10 张图片，当单击选项卡按钮时显示不同的图片。（效果如图 8.8 所示）

```
//文件名为 TestFrameTabbed.java
import java.awt.*;
import javax.swing.*;
class FrameTabbed extends JFrame
{  JTabbedPane p;
   FrameTabbed(String name)
   {
     super(name);
        setVisible(true);
     p=new JTabbedPane(JTabbedPane.BOTTOM);              //创建选项卡
```

```
            for (int i=1; i<=10; i++)
                p.add
                  (new JButton(new ImageIcon("images/CAT"+i+".jpg")),
                    String.valueOf(i));         //把图片添加到选项卡
            setBounds(50,100,500,300);
            setSize(400,300);
            setVisible(true);
            add(p,BorderLayout.CENTER);
            validate();                    //设置组件可见
            setDefaultCloseOperation(JFrame.DISPOSE_ON_CLOSE);
                                           //关闭窗口,并结束程序的运行
        }
    }
    public class TestFrameTabbed
    {
        public static void main(String args[])
        {
            FrameTabbed frame=new FrameTabbed("JTabbedPane 选项卡的使用");
        }
    }
```

图 8.8　使用选项卡放置图片

8.4.6　滚动条

滚动条（Scrollbar）是一个控制器，使用户能从一个范围的值中进行选择。滚动条有垂直方向和水平方向两种滚动条。滚动条由一个突出的小矩形块组成，这个小矩形块叫滑尺，它位于两个箭头按钮之间。两端的箭头按钮通过可调整单位数来提升或降低滑尺的位置。此外，单击滑尺之间的区域（调页区）可以将滑尺移动一块，默认情况下是 10 个单元。用户可用三种方法中的任一种来修改滚动条的值：通过在任意方向上拖动滑尺、通过按下箭头按钮、通过单击调页区。

JSrollbar 的构造方法如下：

（1）public JScrollbar()：创建垂直滚动条。

（2）public JScrollbar(int　direction)：创建指定 direction 方向的滚动条。direction 参数的取值为 JScrollbar.HORIZONTAL 和 JScrollbar.VERTICAL。

（3）public JScrollbar(int   direction,int value,int   extent,int minimum,int maximum)：创建指定方向、初值、滚动块大小、最小值、最大值的滚动条。

Direction 指定滚动条的方向，JScrollbar.HORIZONTAL（0）表示水平方向，JScrollbar.VERTICAL（1）表示垂直方向。

value 表示滚动条当前值。

extent 表示滚动条长宽值。

minimum 表示滚动条的最小值。

maximum 表示滚动条的最大值。

【例 8.9】 滚动条的使用。把字串数组放在列表中，以列表创建滚动条对象，当列中的内容超过框架的大小时，滑动滚动条即可显示余下的内容。（效果如图 8.9 所示）

```java
//文件名为TestJScrollPane.java
import java.awt.*;
import javax.swing.*;
public class TestJScrollPane extends JFrame
{
    JScrollPane  jscrollPane;
    public TestJScrollPane()
    {   super("滚动条的使用");
        setSize(150,200);
        setDefaultCloseOperation(JFrame.EXIT_ON_CLOSE);
        String categorise[]={"海南大学是一所综合性大学",
        "该大学下设学院，现例举部分学院如下：","信息学院","理工学院",
        "农学院","经济学院","法学院","文学院","海洋学院","高职学院"};
        JList list=new JList(categorise);
        jscrollPane=new JScrollPane(list);
        add(jscrollPane,BorderLayout.CENTER);
    }

    public static void main(String args[])
    {
      TestJScrollPane frame=new TestJScrollPane ();
      frame.setVisible(true);
    }
}
```

图 8.9 滚动条组件窗口

8.4.7 多个窗口

在应用程序中，当需要创建多个窗口，可以创建 JFrame 的一个子类，用于定义任务和通知新窗口做什么。因为 JFrame 类包含支持任何通用窗口特性的基本功能，如最小化窗口、移动窗口、重新设定窗口大小等。JFrame 容器作为底层容器，不能被其他容器所包含，但可以被其他容器创建并弹出成为独立的容器。

8.5 菜 单

Swing 菜单可提供简单明了的指示说明，广泛应用于各种视窗应用程序，让用户顺利地完成操作，程序员可以将其当作布局管理器或容器看待。Java 提供了 5 个实现菜单的类：JMenuBar、JMenu、JMenuItem、JCheckBoxMenuItem 和 JRadioButtonMenuItem。

一般的菜由单菜单栏（JMenuBar）、菜单（JMenu）和菜单项（JMenuItem）三类对象组成，JMenuBar 是顶层菜单组件，添加一个可以 JMenu 对象到 JMenuBar 内，构造一个菜单，菜单由用户可以选择的菜单项组成。

1. 菜单栏

Swing 菜单栏 JMenuBar 类的主要用途是把 JMenu 菜单组合起来，程序员可以用 JMenuBar 类的 add()方法添加 JMenu 对象。

JMenuBar 的构造方法如下：

public JMenuBar()：创建 JMenuBar 类菜单栏对象。

2. 菜单

菜单 JMenu 类的主要用途是组合 JMenuItem 及其子菜单，程序员可以用 JMenu 类的 add()方法添加 JMenuItem 对象。

JMenu 的构造方法如下：

（1）public JMenu( )：创建一个空的 JMenu 对象。

（2）public JMenu(String text)：使用指定的文本创建一个 JMenu 对象。

（3）public JMenu(String text，Boolean b)：使用指定的文本创建一个 JMenu 对象，并给出此菜单是否具有下拉式的属性。

public JMenu(Action a)：创建一个支持 Action 的 JMenu 对象。

3. 菜单项

菜单项用来封装与菜单项相关的操作,它是菜单系统中最基本的组件

JMenuItem 的构造方法如下：

（1）public JMenuItem()：使用空构造一个菜单项对象。

（2）public JMenuItem(Action a)：创建一个支持 Action 的菜单项对象。

（3）public JMenuItem(String text)：使用指定的文本创建一个菜单项对象。

（4）public JMenuItem(Icon icon)：创建一个指定图标的菜单项对象。

（5）public JMenuItem(String text，Icon icon)：创建一个指定文本和图标的菜单项对象。

（6）public JMenuItem(String text，int mnemonic)：创建一个指定文本和键盘设置

快捷的菜单项对象。

【例 8.10】 菜单组件应用。在框架中建立"文件""编辑"两个菜单，文件菜单中有"新建""排开""关闭""退出"4个菜单项，"编辑"菜单中有"撤销""剪切""复制""粘贴"4个菜单项，每个菜单项上设置图像，对菜单项进行注册、监听、处理，当发生事件时，将选择的菜单项名称显示在文本区域中。（效果如图 8.10 所示）

图 8.10　菜单组件窗口

```java
//文件名为TestMenu.java
import java.awt.*;
import javax.swing.*;
import java.awt.event.*;
public class TestMenu extends JFrame implements ActionListener
{
    JTextArea tf=new JTextArea();
    JMenuBar bar=new JMenuBar();      //创建 JMenuBar 对象
    JMenu menu=new JMenu("文件");      //创建 JMenu 对象
    JMenuItem newf=new JMenuItem("新建",new ImageIcon("images/a1.gif"));
     //创建 JMenuItem 对象
    JMenuItem open=new JMenuItem("打开",new ImageIcon("images/a2.gif"));
    JMenuItem close=new JMenuItem("关闭",new ImageIcon("images/a3.gif"));
    JMenuItem quit=new JMenuItem("退出",new ImageIcon("images/a4.gif"));
    JMenu edit=new JMenu("编辑");      //创建 JMenu 对象
    JMenuItem redo=new JMenuItem("撤销",new ImageIcon("images/a5.gif"));
     //创建 JMenuItem 对象
    JMenuItem cut=new JMenuItem("剪切",new ImageIcon("images/a6.gif"));
    JMenuItem copy=new JMenuItem("复制");
    JMenuItem paset=new JMenuItem("粘贴");
    public TestMenu
    {   super("TestMenu ");            //设定 JFrame 的标签
        add(new JScrollPane(tf));      //创建 JFrame 的容器对象
        tf.setEditable(false);              //设置文本区域不可编辑
```

```
            bar.setOpaque(true);         //设置 bar 为不透明,若设置 bar 为透明,
                                         //则在选择菜单时会有残影存留在 JMenuBar 上
        setJMenuBar(bar);                //加入 bar 到 Jframe 中
        menu.add(newf);                  //加入 JMenuItem 对象到 menu 中
        menu.add(open);
        menu.add(close);
        menu.addSeparator( );            //在 JMenu 中加入一分隔线
        menu.add(quit);
        bar.add(menu);                   //将 menu 加载到 bar 上
        edit.add(redo);                  //加入 JMenuItem 对象到 menu 中
        edit.add(cut);
        edit.add(copy);
        edit.addSeparator( );            //在 JMenu 中加入一分隔线
        edit.add(paset);
        bar.add(edit);                   //将 menu 加载到 bar 上
        newf.addActionListener(this);    //注册 JMenuItem 对象给监听者对象
        open.addActionListener(this);
        close.addActionListener(this);
        quit.addActionListener(this);
        redo.addActionListener(this);
        cut.addActionListener(this);
        copy.addActionListener(this);
        paset.addActionListener(this);

        addWindowListener(new WindowAdapter()    //匿名类对象作为监视器
        {
             public void windowClosing(WindowEvent e)
              { System.exit(0); }
        });
    }

    public void actionPerformed(ActionEvent e)
    {
        if(e.getSource( )==newf)tf.setText("新建");
        if(e.getSource( )==open)tf.setText("打开");
        if(e.getSource( )==close)tf.setText("关闭");
        if(e.getSource( )==quit)System.exit(0);
        if(e.getSource( )==redo)tf.setText("撤销");
        if(e.getSource( )==cut)tf.setText("剪切");
        if(e.getSource( )==copy)tf.setText("复制");
        if(e.getSource( )==paset)tf.setText("粘贴");
    }

    public static void main(String[] args)
    {
        JFrame frame = new TestMenu ();
        frame.setSize(400,400);
```

```
            frame.setVisible(true);
        }
}
```

8.6 复杂的布局管理

8.6.1 卡片布局（CardLayout）

布局管理器的功能是容许将组件放置在一系列卡片上，但每次只有一个是可见的。这个可见的组件将占据整个容器空间。

JTabbedPane 创建选项卡窗格的默认布局为 CardLayout，选项卡的有效参数为 JTabbedPane.TOP、JTabbedPane.BOTTOM、JTabbedPane.LEFT、JTabbedPane.RIGHT。

CardLayout 类有两个构造方法：

（1）public CardLayout( )：用于创建一个默认（间距为 0）方式的类对象。

（2）public CardLayout int Level, int Upright)：用于创建一个各组件间的水平间距为 Level 和垂直间距为 Upright 的 CardLayout( )类对象。

通常将卡片放在容器里，可以通过使用 add()方法将组件按添加顺序加入容器中。

通常 CardLayout( )类对象可使用 frist(Container container)、last(Container container)、next(Container container)、previous(Container container)和 show(Container container, String name)成员方法使卡片成为可见。

【例 8.11】卡片布局管理器的使用。面板 cardPanel 设置为 CardLayout 布局管理器并在面板 cardPanel 中放置 10 个图片按钮，面板 p 放置 4 个按钮和 1 组合列表，并对 4 个按钮和组合列表进行监听处理，4 个按钮和组合列表分别是 card_Frist、card_Next、card_Previous、card_Last、card_Image，当事件发生时显示不同的图片。（效果如图 8.11 所示）

```
//文件名为 TestcardLayout.java
import java.awt.*;
import java.awt.event.*;
import javax.swing.*;
class cardLayout extends JFrame  implements ActionListener, ItemListener
{
    private CardLayout card = new CardLayout();
    private JPanel cardPanel = new JPanel();
    private JButton card_Frist, card_Next, card_Previous, card_Last;
    private JComboBox card_Image;
    public  cardLayout()
    {  super("卡片布局管理器");
       cardPanel.setLayout(card);    //设置布局管理器
       for (int i=1; i<=10; i++)
    cardPanel.add(new JButton(new ImageIcon("images/CAT"+i+".jpg")),
       String.valueOf (i) ) ;
       JPanel p = new JPanel();
       p.add(card_Frist = new JButton("First"));
```

```java
      p.add(card_Next = new JButton("Next"));
      p.add(card_Previous= new JButton("Previous"));
      p.add(card_Last = new JButton("Last"));
      p.add(card_Image = new JComboBox());
      for (int i=1; i<=10; i++)
      card_Image.addItem(String.valueOf(i));
      add(cardPanel, BorderLayout.CENTER);
      add(p, BorderLayout.NORTH);
      card_Frist.addActionListener(this);
      card_Next.addActionListener(this);
      card_Previous.addActionListener(this);
      card_Last.addActionListener(this);
      card_Image.addItemListener(this);
      setVisible(true);
   }
   public void actionPerformed(ActionEvent e)                //事件处理
   {
      String actionCommand = e.getActionCommand();
      if (e.getSource() instanceof JButton)
        if ("First".equals(actionCommand))
           card.first(cardPanel);
        else if ("Last".equals(actionCommand))
           card.last(cardPanel);
        else if ("Previous".equals(actionCommand))
           card.previous(cardPanel);
        else if ("Next".equals(actionCommand))
           card.next(cardPanel);
   }
   public void itemStateChanged(ItemEvent e)
   {
      if (e.getSource() == card_Image)
        card.show(cardPanel, (String)e.getItem());
   }
}

public class TestcardLayout
{
    public static void main(String[] args)
    {
      cardLayout frame = new cardLayout();
      frame.setSize(400,320);
      frame.validate();
      frame.setVisible(true);
      frame.setDefaultCloseOperation(JFrame.EXIT_ON_CLOSE);
    }
}
```

图 8.11　卡片布局管理器窗口

8.6.2　网格袋布局（GridBagLayout）

GridBagLayout 布局管理器既灵活又复杂，它们都按网格方式放置组件，但在 GridBagLayout 中，可以为每个组件指定其包含的网格个数，组件的大小可以根据需要设置，可以任意次序添加入容器的任意位置，从而真正实现了在容器中自由安排组件的大小和位置。

为了精确地指定每个组件的位置和大小，每个 GridBagLayout 布局中的组件都必须与一个 GridBagConstraints 类的对象相对应，由这个对象指定该组件的具体位置和大小。所以，为组件分配位置和空间的任务是通过对应的 GridBagConstraints 对象的属性来实现的。

GridBagConstraints 对象的主要属性有：

（1）gridx 和 gridy：指定组件显示在区域的左上角单元格开始的位置，gridx 和 gridy 分别是网格的列数和行数，GridBagLayout 最左上角的单元为(0,0)。

（2）gridwidth 和 gridheight：分别指定组件显示区域的单元格行数和列数，默认值为(1,1)。

（3）weightx 和 weighty：改变窗口大小时，指明为组件分配水平和垂直额外空间。

（4）fill：指定当组件的大小比它从容器中分配到的大小要小时，怎样改变组件的大小其值分别如下：

① GridBagConstraints.NONE。
② GridBagConstraints.HORIZONTAL。
③ GridBagConstraints.VERTICAL。
④ GridBagConstraints.BOTH。

（5）anchor：指定当组件的大小比它从容器中分配到的大小要小时，怎样指定组件的位置。

① GridBagConstraints.CENTER。
② GridBagConstraints.NORTH。
③ GridBagConstraints.SOUTH。

④ GridBagConstraints.EAST。
⑤ GridBagConstraints.WEST。
⑥ GridBagConstraints.NORTHEAST。
⑦ GridBagConstraints.SOUTHEAST。
⑧ GridBagConstraints.NORTHWEST。
⑨ GridBagConstraints.SOUTHWEST。

参数 fill 和 anchor 是类变量，gridx、gridy、weightx、weighty 等都是实例变量。

8.7 对 话 框

对话框的类型很多类型，我们主要分别介绍的是消息对话框、确认对话框、输入对话框、选项对话框，JOptionPane 类提供了用来建立这 4 种类型对话框的静态方法。

JOptionPane 类建立的对话框由 4 个基本元素组成，其中的一些可能为 null。这些元素分别是一个图标、一个消息、一个输入区、一组选项按钮。

JOptionPane 类的构造方法：

（1）public JOptionPane()。
（2）public JOptionPane(Object　message)。
（3）public JOptionPane(Object　message, int messageType)。
（4）public JOptionPane(Object　message, int messageType,int, optionType)。
（5）public JOptionPane(Object　message, int messageType,int, optionType, Icon icon)。
（6）public JOptionPane(Object　message, int messageType,int, optionType, Icon icon,, Object[] options)。
（7）public JOptionPane(Object　message, int messageType,int, optionType, Icon icon,, Object[] options, Object initialValue)。

1. 消息对话框

消息对话框用于一般消息的显示，要生成消息对话框，可以使用 JOptionPane 类中的静态方法，该方法如下：

```
public ststic void showMessageDialog(Component parent,Object msg,
String int msgType)
```

参数说明：parent 对话框的父类组件，msg 要显示的消息，title 是对话框的标题，msgType 决定所显示消息的类型（取值为 ERROR_MESSAGE、INFORMATION_MESSAGE、WARNING_MESSAGE、QUESTION_MESSAGE、PLAIN_MESSAGE，除了 PLAIN_MESSAGE 外每种消息都有相应的图标）。

2. 确认对话框

确认对话框用于接受或拒绝某一动作，要生成确认对话框，可以使用 JOptionPane 类中的静态方法，该方法如下：

```
public intshowConfirmDialog(Component parent,Object msg,String int
optionType)
```

参数说明：optionType 确定用户可以选择的选项分别是：
YES_NO_CANCEL_OPTION：用户选择 YES、No 和 Cancel 按钮。
YES_NO_OPTION：用户选择 YES 和 No 按钮。
OK_CANCEL_OPTION：用户选择 Ok 和 Cancel 按钮。

3. 输入对话框

输入对话框接收用户在文本区或选项表中的内容，要生成输入对话框，可以使用 JOptionPane 类中的静态方法，方法如下：

（1）public String showInputDialog(Component parent,Object msg,String int msgType)。

（2）public String showInputDialog(Component parent,Object msg,String int msgType, Icon icon,Object option[],Object initialValue)。

4. 选项对话框

对话框可以让用户自己定义对话框的类型。它的最大好处是可以改变按钮上的文字，对于看不懂英文的用户，使用这种对话框较为理想。

要生成选项对话框，可以使用 JOptionPane 类中的静态方法，方法如下：

（1）public int showOptionDialog(Component parent,Object msg,String int optionType int msgType, Icon icon,Object option[],Object initialValue)。

（2）public int showInternalOptionDialog(Component parent,Object msg,String int optionType int msgType,Icon icon,Object option[],Object initialValue)。

参数说明：options 对象数组是为用户提供设置按钮上文字的项。

【例 8.12】 对话框的应用。用户在文本框中输入密码，按【Enter】键后，将弹出一个"消息"对话框，并在文本框和文本区域中显示密码，确认后弹出"确认"对话框，选择 Y 后弹出"输入"对话框，输入内容后确认弹出"选项对话消息"对话框，并在滚动条中显示"你好,这是选项对话框,请比较它们与前面的有何不同"，选择"接收"或"重试"。（效果如图 8.12 至图 8.15 所示）

```
//文件名为TestJOptionPane.java
import java.awt.*;
import java.awt.event.*;
import javax.swing.*;
class joptionPane extends JFrame implements ActionListener
{
    JTextField  myText;
    JPasswordField password;
    JTextArea tetArea;
    joptionPane (String name)
    {
        super(name);
        myText=new JTextField(10);
        password=new JPasswordField(10);
        tetArea=new JTextArea(5,6);
```

```java
        password.setEchoChar('*');
      myText.addActionListener(this);
      password.addActionListener(this);
            setLayout(new FlowLayout());
      add(new Label("请输入密码: "));
      add(password);
      add(new Label("这是文本域: "));
      add(myText);
      add(new Label("这是文本区: "));
      add(tetArea);
      setBounds(50,100,500,300);
       setSize(500,300);
      setVisible(true);
      validate();
      setDefaultCloseOperation(JFrame.DISPOSE_ON_CLOSE);
                                //关闭窗口，并结束程序的运行
    }
    public void actionPerformed(ActionEvent e)   //事件处理方法
    {
        if(e.getSource()==myText)
        {
          this.setTitle(myText.getText());
          JOptionPane.showMessageDialog(this, "SSN not found",
           "For Your Information", JOptionPane.INFORMATION_MESSAGE);
                                //消息对话框
          JOptionPane.showConfirmDialog(this, "SSN not found",
           "For Your Information", JOptionPane.INFORMATION_MESSAGE);
                                //确认对话框
          JOptionPane.showInputDialog(this, "SSN not found",
           "For Your Information", JOptionPane.INFORMATION_MESSAGE);
                                //输入对话框
        }
        else if (e.getSource()==password)
        {
          char c[]=password.getPassword();
          myText.setText(new String(c));      //在文本域加入字符串
          tetArea.append(new String(c));      //在文本区的尾部加入字符串
          JOptionPane.showMessageDialog(this, "消息对话框",
           "For Your Information", JOptionPane.INFORMATION_MESSAGE) ;
                                //消息对话框
          JOptionPane.showConfirmDialog(this, "确认对话框",
           "For Your Information", JOptionPane.INFORMATION_MESSAGE);
                                //确认对话框
          JOptionPane.showInputDialog(this, "输入对话框",
           "For Your Information", JOptionPane.INFORMATION_MESSAGE);
                                //输入对话框
```

```
                String choices[]=new String []{"接收","重试"};
                                                    //下面为选项对话框
                String licenseLabel="选项对话框信息";
                String license="你好,这是选项对话框,请比较它们与前面的有何不同";
                JScrollPane sp=new JScrollPane(new JTextArea(license,6,40));
                Object msgs[]=new Object [] {licenseLabel,sp};
                int returnValue2=JOptionPane.CLOSED_OPTION;
                while(returnValue2!=0){
                    returnValue2=JOptionPane.showOptionDialog(this,msgs,
                    "选项对话框",JOptionPane.OK_CANCEL_OPTION,JOptionPane.
                    QUESTION_MESSAGE, null,choices,choices[1]);
                }
            }
        }
    }
}
public class TestJOptionPane
{
    public static void main(String args[])
    { joptionPane frame=new joptionPane("对话框窗口");
    }
}
```

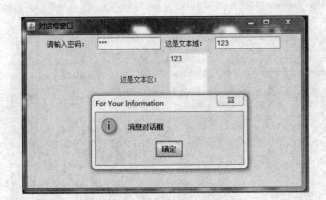

图 8.12 消息对话框窗口

图 8.13 确认对话框窗口

图 8.14 输入对话框窗口

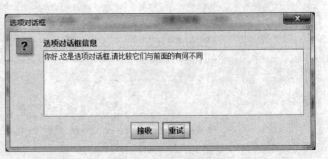

图 8.15 选项对话框窗口

8.8 事件处理基础

8.8.1 事件和事件源

在 Java 图形程序运行时，程序与用户交互是通过事件响应来实现的。图形用户界面之所以被广大用户所喜爱并成为事实上的标准，就在于图形用户界面的事件驱动机制。它可以根据产生的事件来决定执行相应的程序段。事件（Event）代表了某对象可执行的操作及其状态的变化。如在图形用户界面中，用户可以通过移动鼠标、单击鼠标、双击鼠标、按下键盘键等操作来引发事件。程序可以响应也可以忽略事件。

能够产生事件的 GUI 组件称为事件的源对象。一个事件是事件类的实例，事件类的根类是 EventObject。

（1）事件：用户对组件的一个操作，称之为一个事件。

（2）事件源：发生事件的组件就是事件源。

（3）事件处理器：负责处理事件的方法。

8.8.2 事件注册监听和处理

Java 采用委托事件模型来处理事件。委托事件模型的特点是将事件的处理委托给独立的对象，而不是组件本身，从而将使用者界面与程序逻辑分开。整个"委托事件模型"由产生事件的事件源对象、事件对象及事件监听器对象之间的关系所组成。

事件源对象在产生事件时，将与该事件相关的信息封装在一个称为"事件对象"的对象中，并将该对象传递给监听器对象，监听器对象根据该事件对象内的信息决定适当的处理方式。并不是所有的对象都能接收事件，一个对象要成为监听器，必须由源对象注册为监听器。源对象保存监听器列表，当事件产生时，产生事件的对象就会主动通知监听器对象。监听器对象就可以根据产生该事件的对象来决定处理事件的方法。

监听器对象（Listener）就是用来处理事件的对象。监听器对象等候事件的发生，并在事件发生时收到通知。

注意：源对象和监听器对象可以是同一个对象，一个源对象可以有多个监听器。

进行注册的方法与事件类型有关，不同的事件需要不同的事件监听器，而每个监听器都有与其相应的事件处理方法（即成员方法），事件处理方法在相应的事件监听器接口中定义。Java 为每种图形事件类型提供一个监听接口。

事件类型、相应的监听器接口和定义在监听器接口中的方法如表 8.1 所示。

表 8.1 事件类型、事件监听器及监听器方法

事件类型	监听器接口	事件响应方法
ActionEvent	ActionListener	ActionPerformed(ActionEvent e)
ItemEvent	ItemListener	ItemStateChanged(ItemEvent e)

续表

事件类型	监听器接口	事件响应方法
WindowEvent	WindowListener	WindowClosing(WindowEvent e)
		WindowOpened(WindowEvent e)
		windowIconified(WindowEvent e)
		WindowDeiconified(WindowEvent e)
		WindowClosed(WindowEvent e)
		WindowActivated(WindowEvent e)
		WindowDeactivated(WindowEvent e)
ContainerEvent	ContainerListener	componentAdded(ContainerEvent e)
		componentRemoved(ContainerEvent e)
ComponentEvent	ComponentListener	componentMoved(ComponentEvent e)
		componentHidden(ComponentEvent e)
		componentResized(ComponentEvent e)
		componentShown(ComponentEvent e)
FocusEvent	FocusListener	focus(FocusEvent e)
		focusLost(FocusEvent e)
TextEvent	TextListener	textValueChanged(TextEvent e)
KeyEvent	KeyListener	keyPressed(KeyEvent e)
		keyReleased(KeyEvent e)
		key Typed(KeyEvent e)
MouseEvent	MouseListener	mousePressed(MouseEvent e)
		mouseReleased(MouseEvent e)
		mouseEntered(MouseEvent e)
		mouseExited(MouseEvent e)
		mouseClicked(MouseEvent e)
	MouseMotionListener	mouseDragged(MouseEvent e)
		mouseMoved(MouseEvent e)
AdjustmentEvent	AdjustmentListener	adjustmentValueChanged(AdjustmentEvent e)

8.8.3 事件处理

事件处理实际上是一种通信机制。一般来说，每个事件类都有一个窗口与之相对应，而事件类中的每一个具体的事件类型都有一个具体的抽象方法与之对应，该方法必须在监听器类中实现，接到通知后，它开始执行并进行事件处理。

事件对象传递给事件处理方法，它包含与事件类型相关的信息。从事件对象中可以获取处理事件的有用数据。

8.9 AWT 事件继承层次

Java 提供了一组事件类来处理不同对象产生的事件。Java.awt 事件类的继承关系如图 8.16 所示。

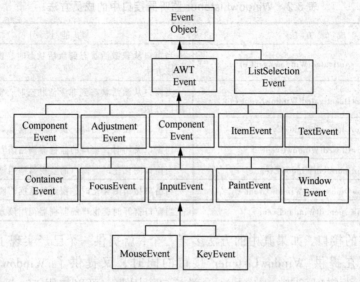

图 8.16　AWT 事件继承层次结构图

8.10 AWT 的语义事件

与 AWT 有关的所有事件类都由 java.awt.AWTEvent 类派生，它也是 EventObject 类的子类。AWT 事件共有 10 类，可以归为两大类：低级事件和高级事件。

java.util.EventObject 类是所有事件对象的基础父类，所有事件都是由它派生出来的。AWT 的相关事件继承于 java.awt.Event 类，这些 AWT 事件分为两大类：低级事件和高级事件。低级事件是指基于组件和容器的事件。高级事件是基于语义的事件，它可以不和特定的动作相关联，而依赖于触发此事件的类，如在 TextField 中按 Enter 键会触发 ActionEvent 事件，滑动滚动条会触发 AdjustmentEvent 事件，或是选中项目列表的某一条就会触发 ItemEvent 事件。

8.11 低级事件类型

低级事件是指基于组件和容器的事件，当一个组件上发生事件。如鼠标的进入、点击、拖放等，或组件的窗口开关等，触发了组件事件。

8.11.1　窗口事件

窗口事件是针对 java.awt.Window 及其子类，包括 Jwindow、Frame、Dialog、

FileDialog。JFrame 类是 Window 对象的子类，Window 对象都能触发 WindowEvent 事件。当一个窗口被激活、撤销激活、打开、关闭等都会触发窗口事件。窗口使用 addWindowlistener()方法获取监视器。Java 提供了处理窗口事件的 WindowListener 监听器接口,该接口中有 7 个成员方法如表 8.2 所示。

表 8.2　WindowListener 监听器接口中的成员方法

成 员 方 法	功 能 说 明
public void WindowActivated(WindowEvent e)	当窗口从非激活状态到激活状态时，窗口的监视器调用该方法
public void WindowDeactivated(WindowEvent e)	当窗口从激活状态到非激活状态时，窗口的监视器调用该方法
public void WindowClosing(WindowEvent e)	当窗口正在被关闭时，窗口的监视器调用该方法
public void WindowClosed(WindowEvent e)	当窗口关闭时，窗口的监视器调用该方法
public void WindowIconiied(WindowEvent e)	当窗口图标化时，窗口的监视器调用该方法
public void WindowDeiconfied(WindowEvent e)	当窗口撤销图标化时，窗口的监视器调用该方法
public void WindowOpened(WindowEvent e)	当窗口打开时，窗口的监视器调用该方法

Java 提供的接口，如果其中的方法多于一个，就提供一个已经实现了相应接口的类。如 Java 在提供 WindowListener 接口的同时，又提供了 WindowAdapte 类，WindowAdapte 类实现了 WindowListener 类接口。因此，可以使用 WindowAdapte 的子类创建的对象作为监视器，在子类中重写所需要的接口方法即可。

8.11.2　鼠标事件

在图形用户界面中，当用户用鼠标进行交互操作时，会产生鼠标事件 MouseEvent。Java 提供了处理鼠标事件的两个监听器接口 MouseListener 和 MouseMotionListener。使用 MouseMotionListener 接口监听鼠标的移动和拖动等行为，使用 MouseListener 接口监听鼠标按下、松开、进入、退出和点击行为。MouseEvent 事件监听者的常用成员方法常用处理方法如表 8.3 和表 8.4 所示。

表 8.3　MouseEvent 事件监听者的常用成员方法

事件监听者	成 员 方 法	说　　明
MouseListener	mouseClicked(MouseEvent e)	代表鼠标点击事件
	mouseEntered(MouseEvent e)	代表鼠标进入事件代表鼠标离开事件
	mouse mouseExited(MouseEvent e)	
	mousePressed(MouseEvent e)	代表鼠标按下事件
	mouseReleased(MouseEvent e)	代表鼠标释放事件
MouseMotionListener	mouseDragged(MouseEvent e)	代表鼠标拖动事件
	mouseMoved(MouseEvent e)	代表鼠标移动事件

表 8.4 MouseEvent 事件中常用处理方法

成 员 方 法	功 能 说 明
public int getX()	返回发生鼠标事件的 X 坐标
public int getY()	返回发生鼠标事件的 Y 坐标
public Point getPoint()	返回 Point 对象，包含鼠标事件发生的坐标点
public int getClickCount()	返回鼠标点击事件的点击次数

因为 MouseEvent 类继承 InputEvent 类，因此，可以将 InputEvent 中定义的方法应用到 MouseEvent 对象上，其常用成员方法如表 8.5 所示。

表 8.5 InputEvent 常用成员方法

成 员 方 法	功 能 说 明
Public long getWhen()	返回表示事件何时发生的时间戳
public boolean isAltDown()	返回事件发生时是否按下【Alt】键
public boolean isControlDown()	返回事件发生时是否按下【Ctrl】键
public boolean isMetaDown()	如果按下鼠标右键，返回 true
public boolean isShiftDown()	返回事件发生时是否按下【Shift】键

【例 8.13】 鼠标事件的使用。监视文本域和窗口上的鼠标事件，当发生鼠标事件时获取鼠标的坐标值，在文本区域显示鼠标的状态。（效果如图 8.17 所示）

```java
//文件名为 TestMousetEventDemo
import java.awt.*;
import java.awt.event.*;
import javax.swing.*;
import javax.swing.event.*;
import javax.swing.border.*;
import java.math.*;
import java.util.*;

class MousetEventDemo extends JFrame implements MouseListener,
MouseMotionListener
{
    private JLabel JLabx=new JLabel("左边文本框中显示 x:"),
    JLaby=new JLabel("右边文本框中显示 y:");
    private JTextField JTFx=new JTextField(5),JTFy=new JTextField(5);
    private JPanel JPButtons=new JPanel(),JPMessage=new JPanel();
    int x,y;
    JTextArea titleText=new JTextArea(10,10);
    public  MousetEventDemo()
    {
        setTitle("测试鼠标事件");
        setLayout(new FlowLayout(FlowLayout.CENTER,0,0));
        JPMessage.add(JLabx);
        JPMessage.add(JLaby);
```

```java
        JPButtons.add(JTFx);
        JPButtons.add(JTFy);
        setLayout(new BorderLayout());
        add(JPMessage,BorderLayout.CENTER);
        add(JPButtons,BorderLayout.SOUTH);
        addMouseMotionListener(this);
        addMouseListener(this);
        titleText.setLineWrap(true);
        add(titleText);
     }

    public void mouseClicked(MouseEvent e)
    {
        titleText.append("\n"+"您单击鼠标！　");
    }

    public void mousePressed(MouseEvent e)
    {
        titleText.append("\n"+"您按下鼠标！　");
    }

    public void mouseEntered(MouseEvent e)
    {
        titleText.append("\n"+"您使用鼠标进入组件区域！　");
    }
    public void mouseExited(MouseEvent e)
    {
        titleText.append("\n"+"您使用鼠离开组件区域！　");
    }
    public void mouseReleased(MouseEvent e)
    {
        titleText.append("\n"+"您松开鼠标！　");
    }

    public void mouseMoved(MouseEvent e)
    {
       x=e.getX();
       y=e.getY();
       JTFx.setText(String.valueOf(x));
       JTFy.setText(String.valueOf(y));
     }
    public void mouseDragged(MouseEvent e)
    {
        titleText.append("\n"+"您拖拉鼠标按钮！　");
    }
}

public class TestMousetEventDemo
{
    public static void main(String args[])
```

```
        {
                MousetEventDemo frame=new MousetEventDemo();
                frame.setSize(300,300);
                frame.setVisible(true);
                frame.setDefaultCloseOperation(JFrame.EXIT_ON_CLOSE);
                //关闭窗体退出
        }
}
```

图 8.17 鼠标事件窗口

8.11.3 键盘事件

当用户使用键盘进行操作时就会激发键盘事件 KeyEvent 的产生。处理 KeyEvent 事件的监听器对象 KeyListener 接口的类，或者是继承 KeyAdapter 的子类。下面是 KeyListener 接口中处理键盘事件的三个事件：

（1）public void KeyPressed(KeyEvent e)：键盘按键被按下时调用该事件。

（2）public void KeyReleased(KeyEvent e)：键盘按键被放开时调用该事件。

（3）public void KeyTyped(KeyEvent e);：键盘按键被敲击时调用该事件。

KeyEvent 类中的常用方法：

（1）public char getKeyChar( )：它返回引发键盘事件的按键对应的 Unicode 字符。如果这个按键没有 Unicode 字符与之对应，则返回 KeyEvent 类的一个静态常量 KeyEvent.CHAR-UNDEFINED。

（2）public String getKeyText( )：它返回引发键盘事件的按键的文本内容。

Java 在 KeyEvent 类中把许多键定义为常量，包括功能键在内，如表 8.6 所示。

表 8.6 常用的键和对应的常量

常　量	说　明
VK_HOME	Home 键
VK_END	End 键
VK_PGUP	Page Up 键
VK_PGDN	Page Down 键
VK_UP	上箭头（↑）

续表

常量	说明
VK_DOWN	上箭头（↓）
VK_LEFT	左箭头（←）
VK_RIGHT	右箭头（→）
VK_ESCAPE	Ese 键
VK_TAB	Tab 键
VK_BACK_SPACE	退格键
VK_CAPS_LOCK	大写字母锁定键
VK_NUM_LOCK	数字键盘锁定键
VK_ENTER	回车键
VK_F1 到 VK_F12	功能键 F1 到 F12
VK_0 到 VK_9	数字键 0 到 9
VK_A 到 VK_Z	字母 A 到 Z 键

【例 8.14】 键盘事件的使用。对文本框进行监听，当在文本框中输入内容时，在文本区域中显示"某键被按下了！"和"某键被释放了！"，当按下某键时，在文本区域中显示"某键被按下了！某键被键入了！"。（效果如图 8.18 所示）

```
//文件名为 TestKeyEventPanel
import java.awt.*;
import java.awt.event.*;
import javax.swing.*;
class KeyEventPanel extends JFrame implements KeyListener{
    private JLabel JLab=new JLabel("请用键盘进行操作");
    private JTextField JTF=new  JTextField(10);
    JTextArea titleText=new JTextArea(20,20);
    KeyEventPanel () {
        setTitle("测试键盘事件");
        setLayout(new FlowLayout(FlowLayout.CENTER,0,0));
        add(JLab);
        add(JTF);
        titleText.setLineWrap(true);
        add(titleText);
        JTF.addKeyListener(this);
        setDefaultCloseOperation(JFrame.EXIT_ON_CLOSE);
        setBounds(10,10,300,300);
        setVisible(true);
        validate();
    }
    public void keyPressed(KeyEvent e){
        titleText.setLineWrap(true);
        int code=e.getKeyCode();
        String str=e.getKeyText(code);
        titleText.append(str+"被按下了！ "+"\n");
    }
```

```java
    public void keyTyped(KeyEvent e){
        titleText.append(e.getKeyChar()+"被键入了! "+"\n");
    }
    public void keyReleased(KeyEvent e) {
        int code=e.getKeyCode();
        String str=e.getKeyText(code);
        titleText.append(str+"被释放了! "+"\n");
    }
}
public class TestKeyEventPanel{
    public static void main(String args[]){
        KeyEventPanel keyEventPanel=new KeyEventPanel ();
    }
}
```

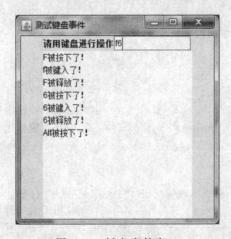

图 8.18　键盘事件窗口

8.12　综合应用示例

【例 8.15】　综合应用实例。

程序分析：实例共有 4 个类。WindowFlow 类的作用是定义一个窗口，窗口中有一个菜单，菜单中有 3 个菜单项：登录、显示和退出。用户如果选择"登录"菜单将调用 PassName 类进行验证，用户如果选择"显示"菜单将弹出"请先登录"对话框提示用户先登录，用户如果选择"退出"菜单将退出系统。PassName 类的作用是登录验证，验证的用户名和密码都是 123456，如果用户输入的用户名和密码正确后按回车键，将弹出"是否要显示图片"对话框来让用户选择。FrameTabbed 类的作用创建选项卡，用户通过选项卡选择显示 10 张图片。TestWindowFlow 类是主类，作用创建一个 WindowFlow 类对象。

程序说明：在源程序保存文件夹中创建 images 子文件夹，images 子文件夹中有 11 张 JPG 格式图片，图片名称分别为"bg.jpg"（主窗口背景图片）、"1.jpg"、"2.jpg"、"3.jpg"、"4.jpg"、"5.jpg"、"6.jpg"、"7.jpg"、"8.jpg"、"9.jpg"、"10.jpg"。

后面 10 张图片是用户要从选项卡中浏览的图片。

源程序代码：

```java
import java.util.*;
import java.awt.*;
import java.io.*;
import java.awt.event.*;
import javax.swing.*;
public class TestWindowFlow {            //TestWindowFlow类
    public static void main(String args[]){
        WindowFlow win=new WindowFlow("综合测试系统");
    }
}

class WindowFlow extends JFrame implements ActionListener{
                                    //WindowFlow类
    JMenuBar menubar;
    JMenu menu;
    JMenuItem itemPassName,itemTest,itemExit;
    PassName passname;
    JButton button;                    //button用于设置背景图片
    Icon icon1;                        //设置按钮上的图标
    JLayeredPane pane;                 //分层窗格用于设置背景图片
    WindowFlow(String s){
        super(s);

        icon1=new ImageIcon("images//bg.jpg");
                                       //用于设置背景图片
        button=new JButton(icon1);   //button用于设置背景图片
        pane=new JLayeredPane();      //分层窗格用于设置背景图片
        pane.setLayout(null);
        pane.add(button,JLayeredPane.DEFAULT_LAYER);
        add(pane,BorderLayout.CENTER);
        button.setBounds(0,0,700,500);//分层窗格(按钮)用于设置背景图片
        setBackground(Color.blue);   //容器背景
        setSize(160,170);
        setLocation(120,120);
        setVisible(true);
        menubar=new JMenuBar();
        menu=new JMenu("选项");
        itemPassName=new JMenuItem("登录");
        itemTest=new JMenuItem("显示");
        itemExit=new JMenuItem("退出");
        menu.add(itemPassName);
        menu.addSeparator();           //加分隔线
        menu.add(itemTest);
        menu.addSeparator();
        menu.add(itemExit);
```

```java
            menubar.add(menu);
            setJMenuBar(menubar);
            itemPassName.addActionListener(this);
            itemTest.addActionListener(this);
            itemExit.addActionListener(this);

            setBounds(0,0,700,500);
            setVisible(true);
            validate();
            setDefaultCloseOperation(JFrame.DISPOSE_ON_CLOSE);
    }

    public void actionPerformed(ActionEvent e){
        if(e.getSource()==itemPassName)
            passname=new PassName();                      //执行登录
        if(e.getSource()==itemTest)
            JOptionPane.showMessageDialog(this,"请先登录！",
                "错误",JOptionPane.WARNING_MESSAGE);      //执行登录
        if(e.getSource()==itemExit){
            int n=JOptionPane.showConfirmDialog(this,"确认退出吗？",
                "退出",JOptionPane.YES_NO_OPTION);
            if(n==JOptionPane.YES_OPTION){ //只有确认后才能退出
                System.exit(0);                           //程序退出
            }
            else if(n==JOptionPane.NO_OPTION){
                setVisible(true);                         //仍旧显示对话框
            }
        }                                                 //退出
    }
}

class PassName extends JFrame implements ActionListener{
                                                  // PassName类
    JPasswordField passWord;
    JTextField studentNo;
    PassName(){
        super("登录");
        passWord=new JPasswordField();
        passWord.addActionListener(this);
        studentNo=new JTextField(10);
        studentNo.addActionListener(this);
        Box baseBox,boxV1,boxV2;
        boxV1=Box.createVerticalBox();
        boxV1.add(new JLabel("用户名"));
        boxV1.add(Box.createVerticalStrut(8));
        boxV1.add(new JLabel("密码"));
        boxV2=Box.createVerticalBox();
        boxV2.add(studentNo);
        boxV2.add(Box.createVerticalStrut(8));
        boxV2.add(passWord);
        baseBox=Box.createHorizontalBox();
        baseBox.add(boxV1);
```

```java
            baseBox.add(Box.createHorizontalStrut(10));
            baseBox.add(boxV2);
                setLayout(new FlowLayout());
            add(baseBox);
            validate();
            setBounds(120,125,200,200);
            setVisible(true);
            setDefaultCloseOperation(JFrame.EXIT_ON_CLOSE);
        }
        public void actionPerformed(ActionEvent e){
            if(e.getSource()==passWord){
                if(passWord.getText().equals("123456")&&
                    studentNo.getText().equals("123456")){
                        int n=JOptionPane.showConfirmDialog(this,"要开始
                            显示图片吗?",
                        "提示",JOptionPane.YES_NO_OPTION);
                        if(n==JOptionPane.YES_OPTION){
                            new  FrameTabbed("显示图片");    //设置菜单项可用
                        }
                        else if(n==JOptionPane.NO_OPTION){
                            System.exit(0);                  //关闭登录对话框
                        }
                    }
                else{
                    JOptionPane.showMessageDialog(this,"不存在该用户名或是
                                            密码错误!",
                    "错误",JOptionPane.WARNING_MESSAGE);
                    }
                }
            else if(e.getSource()==studentNo){
                JOptionPane.showMessageDialog(this,"请输入密码! ","错误",
                JOptionPane.WARNING_MESSAGE);
                }
            }
        }

class FrameTabbed extends JFrame {                    // FrameTabbed 类
    JTabbedPane p;
    FrameTabbed(String name) {
        super(name);
            setVisible(true);
        p=new JTabbedPane(JTabbedPane.BOTTOM);    //创建选项卡
        for (int i=1; i<=10; i++)
            p.add(new JButton(new ImageIcon("images//"+i+".jpg")),
                String.valueOf(i));                   //把图片添加到选项卡
        setBounds(50,100,500,300);
        setSize(400,300);
        setVisible(true);
        add(p,BorderLayout.CENTER);
        validate();                                   //设置组件可见
        setDefaultCloseOperation(JFrame.DISPOSE_ON_CLOSE);
                            //关闭窗口,并结束程序的运行
```

```
        }
    }
```

运行结果：执行后弹出如图 8.19 所示的窗口，用户选择"登录"菜单项验证后弹出如图 8.20 所示的对话框，用户从对话框选择"是"后弹出如图 8.21 所示的选项卡窗口进行浏览图片。

图 8.19　运行弹出主窗口

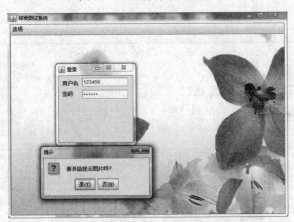

图 8.20　验证后弹出窗口

图 8.21　选项卡窗口

第 9 章 Applet 基础

Java 之所以受到欢迎，其中一个原因在于 Java 具有"让 Internet 动起来"的能力。具体地说，就是 Java 能创建一种特殊类型的程序（通常称作"小应用程序"或者 Applet），具备 Java 执行能力的 Web 浏览器可从网上下载这种程序，然后运行。

在 Applet 中，可以实现图形绘制；字体和颜色控制；动画和声音的插入；人机交互及网络交流等功能。由于 Applet 是在用户的计算机上执行的，所以它的执行速度不受网络带宽或者调制解调器存取速度的限制，用户可以更好地欣赏网页上 Applet 产生的多媒体效果。

本章要点

- Applet 运行原理。
- Applet 的 HTML 标记和属性。
- 多媒体应用。
- JAR 文件。

9.1 Applet 运行原理

9.1.1 运行原理

Applet 就是使用 Java 编写的一段代码。它可以在浏览器环境中运行；它与 Application 的区别主要在于其执行方式的不同。Application 是从其中的 main()方法开始运行的，而 Applet 是在浏览器中运行的。因此，必须创建一个 HTML 文件，通过编写 HTML 代码告诉浏览器载入何种 Applet 以及如何运行。

一个 Java Applet 必须继承 Applet 类，即它是 Applet 类的子类，而且这个类必须是 public 的。Applet 类是一个 AWT 类，它不能和 Swing 组件一起工作。要在 Java Applet 中使用 Swing 组件，需要通过扩展 javax.swing.JApplet 来创建一个 Java Applet，javax.swing.JApplet 是 javax.applet.Applet 的一个子类。在实际的运行中，浏览器在下载字节码时，会自动创建一个用户 Applet 子类的对象，并在事件发生时自动调用该对象的几个主要方法，它们是：

（1）init()方法。当 Applet 程序启动时自动调用 init()方法。init()方法仅用来做初始化操作。用户程序可以重载父类的 init()方法，通过 init()方法初始化图像文件、声音文件、字体或者其他一些对象等。

对 Conatiner 类的子类，重写 paint()方法时必须加入 super.paint(g)；否则这个组件可能不被显示。即：

```
public void paint(Graphics g) {
    super.paint(g);
    ...
    ...
}
```

（2）start()方法。Applet 运行 init()方法后将自动调用 start()方法。start()方法用于小应用程序要实现的功能。可以重载父类的 start()方法，完成用户自己的功能。

（3）paint()方法。用于在 Applet 界面中显示文字、图形和其他界面元素。浏览器调用 paint()方法的事件有三种：

① 当浏览器首次调用显示 Applet 时，会自动调用 paint()方法。
② 当用户调整窗口大小或移动窗口时，浏览器会调用 paint()方法。
③ 当 repaint()方法被调用时，系统将首先调用 update()方法将 Applet 对象所占用的屏幕空间清空，然后调用 paint()方法重画。

（4）stop()方法。当用户从浏览 Applet 程序所在的 Web 页面切换到其他页面时，浏览器会自动调用 stop()方法，让 Applet 程序终止运行。如果用户又回到 Applet 程序所在的 Web 页面，则浏览器将重新启动 Applet 程序的 start()方法。

（5）destroy()方法。当用户关闭 Applet 程序窗口时，浏览器会自动执行此方法来结束程序，释放所占资源。

【例 9.1】 设计一个 DisplayDrawString 类，重载 paint 方法，用 drawString 绘制字符串"Hello World"。（效果如图 9.1 所示）

```
//文件名 DisplayDrawString.java
import java.awt.Graphics;              //引入图形类 Graphics
import javax.swing.*;                  //引入 Applet 类
public class DisplayDrawString extends JApplet{
    String show_text ;
    public void init (){
        show_text = "Hello World";
    }
    public void paint(Graphics g) {
        g.drawString (show_text , 25, 25) ;
        //在坐标为（25，25）的地方显示字符串 show_text
    }
}
```

Applet 源程序编写完后，首先通过 Java 编译器编译成为字节码文件，然后编写相应的 HTML 文件才能够正常执行。例如，为运行上面的 Applet 程序所编写的 HTML 文件 DisplayDrawString.html 如下：

```
<applet code = DisplayDrawString.class height = 400 width = 400>
</applet>
```

调试 Java Applet 程序时，可以用文件打开的方式让浏览器运行 DisplayDrawString.html 来运行 Java Applet，也可以使用系统工具 appletviewer 命令浏览 Applet：

```
appletviewer DisplayDrawString.html
```

图 9.1　运行 Java Applet

9.1.2　关于 repaint()方法和 update(Graphics g)方法

repaint()方法和 update(Graphics g)方法是 Component 类中的一个方法。当调用 repaint()方法时，系统首先清除 paint()方法以前所画的内容，然后再调用 paint()方法。实际上，当调用 repaint()方法时，程序自动取调用 update(Graphics g)方法，浏览器的 Java 运行环境产生一个 Graphics 类的实例，传递给方法 update(Graphics g)中的参数 g。这个方法的功能是：清除 paint()方法以前所画的内容，然后再调用 paint()方法。因此，可以在子类中重写 update()方法（即隐藏父类的方法），根据需要来清除哪些部分或保留哪些部分。例如：

```
    …
    public void update(Graphics g){
        g.setColor(getBackGround());      //首先用背景色来绘制整个画面
        g.fillRect(0,0,width,height);
        g.setColor(getForeGround());      //设置前景色，然后调用paint()方法
        paint(g);
    }
```

9.2　Applet 的 HTML 标记和属性

Applet 是在网页上运行的，要在网页上使用 Applet，HTML 页面必须告诉浏览器需要加载哪一个 Applet，并且加载到网页中的那个位置。前面，我们已经看到了 <applet> 标记的具体实例，下面，我们深入讨论一下 HTML 的 Applet 标记和属性。

使用 applet 标记的一般方式如下：

```
<applet code="DisplayDrawString.class" width=400 height=300>
</applet>
```

我们看到,给出 class 文件名的 code 属性必须包含.class 扩展名;而 width 和 height 属性用来限定 Applet 的大小。这两个值的单位都是像素。与 HTML 的其他标记一样,一个<applet>标记同样需要一个</applet>标记来结束。如果浏览器不能显示 Applet,那么<applet>和</applet>之间的文本就会被显示出来(如果有的话)。这两个标记是必需的,如果遗漏了任何一个,那么浏览器将不能加载 Applet。

一个典型的包含 Applet 的 HTML 页面的内容:

```
<HTML>
<HEAD>
<TITLE>  DisplayDrawStringApplet</TITLE>
</HEAD>
<BODY>
<applet code=DisplayDrawString.class width=320 height=200>
     if your browser could show java, you would see an applet here
</applet>
</BODY>
</HTML>
```

虽然根据 HTML 规范,诸如 Applet 这样的 HTML 标记和属性是不区分大小写的。但是,Applet 的类名是区分大小写的。而有些引号的内容(如 JAR 文件的名字)是否区分大小写则要取决于 Web 服务器的文件系统。

9.2.1 Applet 定位属性

1. width、height

这两个属性用于给出 Applet 的宽度和高度,其单位均是像素。在 Applet 查看器中,这是 Applet 的初始大小,可以任意缩放 Applet 查看器创建的窗口。但是在浏览器中,不能缩放 Applet,所以需要较精确的估计出 Applet 所需要的空间。

2. align

该属性指定了 Applet 的对齐方式。有两种选择:Applet 可以是由文本环绕的一个实体块或者作为一个大字符内联在一行文本中。表 9.1 列举了 align 属性的各种选择项,其中前两个属性值(LEFT 和 RIGHT)使得文本环绕 Applet;而其余的属性把 Applet 内嵌于文本中。

表 9.1 applet 定位属性

属 性	作 用
LEFT	把 Applet 放于页面左边。页面中的文本显示在 applet 的右边
RIGHT	把 Applet 放于页面右边。页面中的文本显示在 applet 的左边
BOTTOM	把 Applet 的底部对齐当前行的文本底部
TOP	把 Applet 的顶部对齐当前行的顶部

续表

属 性	作 用
TEXTTOP	把 Applet 的顶部对齐当前行的文本的顶部
MIDDLE	把 Applet 的中间对齐当前行的基线
ABSMIDDLE	把 Applet 的中间对齐当前行的中间
BASELINE	把 Applet 的底部对齐当前行的基线
ABSBOTTOM	把 Applet 的底部对齐当前行的底部
VSPACE,HSPACE	分别指定了 Applet 的上下空白像素值和左右空白像素值

9.2.2 Applet 代码属性

代码属性用来告诉浏览器如何定位 applet 代码。

1．code

该属性给出 Applet 类的文件名，包括扩展名.class，并且区分大小写。

2．codebase

该属性用于告诉浏览器应该去 codebase 属性指定的目录中搜索 class 文件。例如，如果一个名为 Example 的 Applet 位于目录 MyApplets 中，而 MyApplet 目录位于网页所在位置的目录中，那么应该使用：

```
<applet code="Example.class" codebase="MyApplets" width=200 height=200>
```

3．name

name 属性用于进行脚本编程时引用该 Applet。Netscape 和 Internet Explorer 都允许在网页中使用 JavaScript 进行脚本编程。

下面简单介绍在 JavaScript 中如何调用 Java 代码。如果想要在 JavaScript 中访问一个 Applet，那么该 Applet 必须具有一个名字：

```
<applet code="Example.class" width=100 height=120 NAME="CLOCK">
</applet>
```

这样，我们可以通过"document.applets.applet 名"来引用该 Applet 对象。如：

```
var timeApplet = document.applets.CLOCK;
```

还可以按照如下方式来调用 Applet 的方法（假设 Applet "Example" 有一个名为 "setTime()" 的方法）：

```
Example.setTime();
```

当在同一网页中需要在多个 Applet 间相互直接通信时，name 属性就更加必不可少。

4．archive

该可选属性列出 Java 存档文件、包含类文件的文件或者 Java Applet 需要的其他资源。在 Applet 被加载前，这些文件会从 Web 服务器取得。因为只需要通过一个 HTTP 请求来加载包含多个小文件的 JAR 文件，该技术会大大加快加载进程。这些 JAR 文件之间用逗号分隔，如：

```
<applet code = "Example.class" archive = "com.bokee.icucjavac/
JavaClasses.jar"
            width="100" height="150">
```

5. object

该属性用来指定 Java Applet 类文件的另外一个方法。通过该属性，可以指定包含序列化了的 Java Applet 对象的文件名。但是不同浏览器支持该属性的方式不一样。如果要使用该特性，那就必须使用 Java 插件。一个对象从文件中解除序列化后就恢复到原来的状态。当使用该属性时，init 方法不会被调用，而是调用 Java Applet 的 start 方法。

在每一个 applet 标记中都必须有 code 或者 object 属性。如：

```
<applet object="MyApplet.ser" width="100" height="150">
```

9.2.3 用于非 Java 兼容浏览器的 Applet 属性

如果从使用一个不能处理 Java applet 的浏览器来查看，一个包含 Applet 标记的网页，那么该浏览器会忽略未知的 applet 和 param 标记。<applet>和</applet>之间的文本会由浏览器直接显示出来。对于这些浏览器来说，可以在两个标记间放入一些提示信息，如：

```
<applet code="Example.class" width=300 height=300>
    If your browser could show java,
    you would see an applet here.
</applet>
```

虽然现在的大多数浏览器都能够处理 Applet，但是用户可能会禁止掉 Java。这时可以使用 ALT 属性来显示提示信息：

```
<applet code="HelloWorldApplet.class" width=300 height=300
    ALT="If your browser could show java, you would see an applet here.">
</applet>
```

9.2.4 向 Applet 传递消息

和应用程序一样，Applet 也可以使用参数来获取信息。这是通过使用 HTML 标记 param 及定义的属性来实现的。具体做法是：在<applet>标记中通过 param 来提供不同的参数给 Applet。然后在 Applet 代码中使用 Applet 类的 getParameter 方法，通过指定参数名，可以提取<param>标记中设置的参数值。

例如，想通过网页决定 Java Applet 中使用哪种字体，可以通过使用如下的 HTML 标记：

```
<applet code = "Example.class" width="200" height="200">
<param name="font" value="楷体"/>
</applet>
```

然后，通过 Applet 类的 getParameter 方法，就可以获得参数值：

```
public class Example extends JApplet{
   public void init(){
      String fontName = getParameter("font");
      ...
   }
}
```

注意：定义在 param 中的字符串和 getParameter() 的参数名必须完全一致（区分大小写）。

9.3 多媒体应用

9.3.1 在 Applet 中播放声音

利用 getCodeBase 和 getAudioClip 方法，可以编写播放 AU、AIFF、WAV、MIDI、RM 格式的音频。getCodeBase 方法返回 Applet 对应类文件所对应的 URL。AU 格式是 Java 早期唯一支持的音频格式。getAudioClip 方法的格式如下：

```
getAudioClip(Url url, String name)
```

根据参数 url 提供的地址和该处的声音文件 name，可以获得一个用于播放的音频对象（AudioClip 类型对象）。这个音频对象可以使用下列方法来处理声音文件：

（1）play()：播放声音文件。
（2）loop()：循环播放。
（3）stop()：停止播放。

【例 9.2】 设计一个播放音频 DisplayAudio 类，用于播放音乐，该类有一个面板 panel 放置三个按钮"开始播放""循环播放""停止播放"，一个音频对象，单击按钮时播放音乐。（效果如图 9.2 所示）

```java
//文件名 DisplayAudio.java
import java.applet.*;
import javax.swing.*;
import java.awt.event.*;
public class DisplayAudio extends JApplet implements ActionListener{
    AudioClip clip;//声明一个音频对象
    JButton button_play,button_loop,button_stop;
    JPanel panle=new JPanel();
    public void init(){
        clip=getAudioClip(getCodeBase(),"1.au");
        //根据程序所在的地址处的声音文件 1.au 创建音频对象,Applet 类的
        //getCodeBase()方法可以获得小程序所在的 HTML 页面的 URL 地址
        button_play=new JButton("开始播放");
        button_loop=new JButton("循环播放");
        button_stop=new JButton("停止播放");
        button_play.addActionListener(this);
```

```
                button_stop.addActionListener(this);
                button_loop.addActionListener(this);
                panle .add(button_play);
                panle .add(button_loop);
                panle.add(button_stop);
                add(panle);
        }
        public void stop(){
            clip.stop();//当离开此页面时停止播放
    }
        public void actionPerformed(ActionEvent e){
            if(e.getSource()==button_play){
                clip.play();
            }
            else if(e.getSource()==button_loop){
                clip.loop();
            }
            if(e.getSource()==button_stop){
                clip.stop();
            }
        }
    }
```

与 DisplayAudio.java 对应的 DisplayAudio.html 文件代码如下：

```
<applet code="DisplayAudio.class" height="200" width="300"></applet>
```

图 9.2 播放音频

9.3.2 在 Applet 中绘制图形和图像

Java 图形对象可分为三种：

（1）形状图形对象。它是一些几何图形类型，如矩形、椭圆、直线和曲线，每种形状对象实现 java.awt.Shape 接口。

（2）文本图形对象。它可以按不同的字体、风格和颜色输出。

（3）图像图形对象。它是 java.awt.image.BufferedImage 类的对象。

由于内容编排的关系，本节主要讲述基础性形状和图形对象的绘制。

1. 绘制文本

由于字符串可以用字符串对象、字符数组、字节数组这三种不同形式表示，故 Java 在 Graphics 类中相应地提供了三个成员方法来绘制这三种不同形式的字符串：

（1）drawString(String s, int x, int y)：从参数 x、y 指定的坐标位置处，从左到右绘制参数 s 指定的字符串。

（2）drawChar(char[] ch, int offset, int length, int x, int y)：绘制 char 数组中的部分字符，length 指定数组中要连续绘制的字符的个数，offset 是首字符在数组中的位置。

（3）drawBytes(byte[] by, int offset, int length, int x, int y)：绘制 byte 数组中的部分字节，从 x、y 坐标处开始绘制 length 个字符。

【例 9.3】 设计 DisplayTextDrawString 类，利用 Graphics 类中提供的成员方法绘制文本。（效果如图 9.3 所示）

```
//文件名 DisplayTextDrawString.java
import javax.swing.*; import java.awt.*;
public class DisplayTextDrawString extends JApplet{
    private String s = "WELCOME!";
    private char c[] = {'T','O','a','e','t'};
    private byte b[] = {'d','4','X','I','\047','A','N'};
    public void paint( Graphics g){
        g.drawString( s, 50, 25);
        g.drawChars( c, 0, 2, 50, 50);
        g.drawBytes( b, 2, 5, 50, 75);
    }
}
```

与 DisplayTextDrawString.java 对应的 DisplayTextDrawString.html 文件代码如下：

```
<applet code=" DisplayTextDrawString.class" height="200" width="300"></applet>
```

图 9.3 Graphics 类绘制文本

2. 绘制直线

drawLine(int x1, int y1, int x2, int y2)：绘制从起点(x1, y1)到终点(x2, y2)的直线段。

3. 绘制矩形

drawRect(int x, int y, int w, int h)：绘制矩形；fillRect(int x, int y, int w, int h)：填充矩形。矩形的左上角的坐标有参数 x 和 y 指定，矩形的宽和高由参数 w 和 h 指定。

drawRoundRect(int x, int y, int w, int h, int arcW, int arch)：画一个圆角的矩形（见图 9.4）；而 fillRoundRect(int x, int y, int w, int h, int arcW, int arcH)：画一个填充了颜色的圆角矩形。

【例 9.4】设计 DisplayDrawRect 类，利用 Graphics 类中提供的成员方法绘制矩形。（效果如图 9.5 所示）

```
//DisplayDrawRect.java
import javax.swing.*; import java.awt.*;
public class DisplayDrawRect extends JApplet{
    public void paint( Graphics g){
        g.drawRect(30, 30, 100, 100);                       //画一个矩形
        g.drawRoundRect( 140, 30, 100, 100, 60, 30);//画一个圆角矩形
        g.fillRect(30, 30, 100, 100);                       //填充一个矩形
        g.drawRoundRect( 140, 30, 100, 100, 60, 30);//填充一个圆角矩形
    }
}
```

与 DisplayDrawRect 对应的 DisplayDrawRect.html 文件代码如下：

```
<applet code=" DisplayDrawRect.class" height="300" width="300"></applet>
```

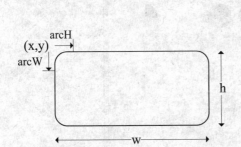
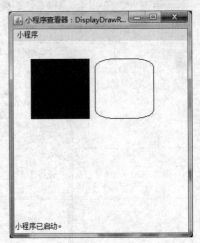

图 9.4 用 DrawRoundRect 方法绘制圆角矩形 图 9.5 绘制矩形

4. 绘制椭圆与圆弧

drawOval(int x, int y, int w, int h)：绘制椭圆；fillOval(int x, int y, int w, int h)：绘制填充椭圆。x、y 给出椭圆距 X 轴和 Y 轴的距离，参数 w、h 给出椭圆的宽和高。

和椭圆一样，圆弧也是根据其外接矩形绘制的，可看作椭圆的一部分。绘制和填充圆弧的方法如下：

（1）drawArc(int x, int y, int width, int height, int starAngle, int arcAngle)：绘制圆弧。
（2）fillArc(int x, int y, int width, int height, int starAngle, int arcAngle)：填充圆弧。

参数 x、y、w、h 的含义与 drawOval 方法一样。参数 starAngle 是指起始角，arcAngle 是指生成角（即圆弧覆盖的角）。角的单位是°，遵循通常的数学习惯（即，0° 指向时钟 3 点处，逆时针方向旋转的角度为正角）。

【例 9.5】 设计 DisplayDrawOval_Arc 类，利用 Graphics 类中提供的成员方法绘制椭圆与圆弧。（效果如图 9.6 所示）

```
//文件名 DisplayDrawOval_Arc.java
import javax.swing.*; import java.awt.*;
public class DisplayDrawOval_Arc  extends  JApplet{
    public void paint( Graphics g){
        g.drawOval(10, 30, 60, 40);           //画一个椭圆
        g.drawOval(80, 30, 40, 40);           //画一个圆
        g.setColor(Color.red);
        g.fillOval(130, 30, 60, 40);          //填充一个椭圆
        g.fillOval(200, 30, 40, 40);          //填充一个圆
        g.drawArc(250, 30, 60, 60, 0, 100);   //画一段圆弧
        g.fillArc(320, 30, 40, 40, 90, 100);  //填充一段圆弧
    }
}
```

与 DisplayDrawOval_Arc 对应的 DisplayDrawOval_Arc.html 文件代码如下：

```
<applet code="DisplayDrawOval_Arc.class" height="300" width= "400">
</applet>
```

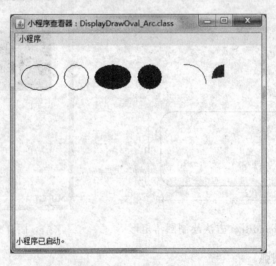

图 9.6 绘制椭圆与圆弧

5. 绘制多边形

多边形类 Polygon 封装了坐标空间中一个二维区域的描述。这个区域由任意多条线段围成，每条线段都是多边形的一条边。在内部，多边形包含坐标(x,y)的一个序列，

每对坐标定义多边形的一个顶点，两对相邻坐标就是多边形一条边的端点。第一个和最后一个点(x, y)通过封闭多边形的一条线段连接。

drawPolygon(int xPoints[], int yPoints[], int nPoints)：绘制多边形；fillPolygon(int xPoints[], int yPoints[], int nPoints)：填充多边形。

【例 9.6】 设计 DisplayDrawPolygon 类，利用 Graphics 类中提供的成员方法绘制多边形。（效果如图 9.7 所示）

```java
//文件名 DisplayDrawPolygon.java
import javax.swing.*; import java.awt.*;
public class DisplayDrawPolygon extends JApplet {
    int px1[]={40,80,0,40};
    int py1[]={5, 45,45,5};
    int px2[]={140,180,180,140,100,100,};
    int py2[]={5, 25, 45, 65, 45, 25};
    int px3[]={40,80,0,40};
    int py3[]={55,95,95,55};
    int px4[]={140,180,180,140,100,100,};
    int py4[]={70,90, 110, 130, 110, 90};
    public void paint(Graphics g){
        g.drawPolygon(px1,py1,4);
        g.drawPolygon(px2,py2,6);
        g.fillPolygon(px3,py3,4);
        g.fillPolygon(px4,py4,6);
    }
}
```

与 DisplayDrawPolygon 对应的 DisplayDrawPolygon.html 文件代码如下：

```
<applet code=" DisplayDrawPolygon.class" height="200" width="300">
</applet>
```

图 9.7 绘制多边形

9.3.3 在 Applet 中显示图像

Java 支持主要两种图像格式：GIF 和 JPEG。Applet 类提供一个重要的方法：

```
public Image getImage(URL url, String name)
```

这个方法返回可以被显示在屏幕上的 Image 对象的引用，也就是将 URL 地址中文件名为 name 的文件加载到内存，并返回该内存的首地址。

【例 9.7】 Applet 实现显示图像的程序，设计 DisplayImage 类，该类有一个面板 panle 放置二个按钮"下一张""上一张"，一个图像对象数组，当单击按钮时显示不同的图像。（效果如图 9.8 所示）

```java
//文件名 DisplayImage.java
import java.applet.*;
import java.awt.*;
import java.awt.event.*;
import javax.swing.*;
public class DisplayImage extends JApplet implements ActionListener{
    Image[] images;
    JButton next = new JButton("下一张"),
    pevious = new JButton("上一张");
    JPanel panle=new JPanel();
    int totalImage = 4;
    int currentImage =0;
    public void init(){
        panle .add(next);
        panle .add(pevious);
        add(panle);
        next.addActionListener(this);
        pevious.addActionListener(this);
        images = new Image[totalImage];
        for(int i = 0; i<totalImage; i++){
            images[i]=getImage(getDocumentBase(),"images/CAT" +
                    (i+1)+".jpg");
        }
    }
    public void paint(Graphics g){
        super.paint(g);//如果不加入该语句，有的组件可能不被显示
        g.drawImage(images[currentImage], 50, 50, this);
    }
    public void actionPerformed(ActionEvent e){
        if(e.getSource()==next){
            currentImage ++;
            if(currentImage > totalImage -1)
                currentImage = 0;
        }
        else if(e.getSource()== pevious){
            currentImage --;
            if(currentImage <0)
                currentImage = totalImage -1;
        }
        repaint();
    }
}
```

与 DisplayImage.java 对应的 DisplayImage.html 文件代码如下:

```
<applet code=" DisplayImage.class" height="300" width="300"></applet>
```

图 9.8　显示图片

9.4　JAR 文 件

　　JAR 文件通过一种改进的方法加载类文件。它允许把所有需要的类文件打包成一个单一的文件。然后通过向服务器发出一个单一的 HTTP 请求，就可以下载这个文件。此存档 Java 类文件称为 Java 存档文件（JAR）。JAR 文件可包括类文件和其他类型的文件，如图像和声音文件。JAR 文件格式是以流行的 ZIP 文件格式为基础，用于将许多个文件聚集为一个文件。与 ZIP 文件不同的是，JAR 文件不仅用于压缩和发布，而且还用于部署和封装库、组件和插件程序，并可被像编译器和虚拟机这样的工具直接使用。在 JAR 中包含特殊的文件，如 Manifests 和部署描述符，用来指示工具如何处理特定的 JAR。一个 JAR 文件可以:

（1）用于发布和使用类库。
（2）作为应用程序和扩展的构建单元。
（3）作为组件、Java Applet 或者插件程序的部署单位。
（4）用于打包与组件相关联的辅助资源。

　　下面，利用 JAR 工具来创建 JAR 文件（默认安装时，它位于 C:\Program Files\Java\jdk1.7.0_75\bin 目录下）。创建 JAR 文件的语法格式如下：

```
jar cvf JARFileName File1 File2 …
```

例如：

```
jar cvf MyClasses.jar *.java icon.gif
```

常见的 JAR 工具用法如表 9.2 所示。

表 9.2 常见的 JAR 工具用法

命 令	功 能
jar cf jar-file input-file...	用一个单独的文件创建一个 JAR 文件
jar cf jar-file dir-name	用一个目录创建一个 JAR 文件
jar cf0 jar-file dir-name	创建一个未压缩的 JAR 文件
jar uf jar-file input-file...	更新一个 JAR 文件
jar tf jar-file	查看一个 JAR 文件的内容
jar xf jar-file	提取一个 JAR 文件的内容
jar xf jar-file archived-file...	从一个 JAR 文件中提取特定的文件
java –jar app.jar	运行一个打包为可执行 JAR 文件的应用程序

一旦创建了 JAR 文件，需要在 Applet 标记中引用它，例如下面的例子：

```
<applet code = "Example.class" archive = "MyClasses.jar" width = "100"
height = "150" >
</applet>
```

注意，此时仍然需要使用 code 属性。code 属性告诉浏览器 Applet 名字。archive 属性仅仅指明了 Applet 及其他文件可能存放的位置。每次需要类文件、图像或者声音文件时，浏览器首先在 archive 属性中指定的 JAR 文件中寻找。当文件不在 JAR 文件中时，才会到 Web 服务器上去取。

一个可执行的 JAR 文件是一个自包含的 Java 应用程序，它存储在特别配置的 JAR 文件中，可以由虚拟机直接执行而无须事先提取文件或者设置类路径。可执行 JAR 有助于方便发布和执行 Java 应用程序。首先创建可执行 JAR 文件，将所有应用程序代码放到一个目录中。假设应用程序中的包是 com.bokee.icucjavac。要创建一个包含应用程序代码的 JAR 文件并标识出主类。为此，在某个位置（不是在应用程序目录中）创建一个名为 manifest 的文件，并在其中加入以下一行：

```
Main-Class: com.bokee.icucjavac
```

然后，创建 JAR 文件：

```
jar cmf manifest ExecutableJar.jar application-dir
```

一个可执行的 JAR 必须通过 menifest 文件的头引用它所需要的所有其他从属 JAR。如果使用了 –jar 选项，那么环境变量 CLASSPATH 和在命令行中指定的所有类路径都被虚拟机所忽略。最后启动可执行 JAR：

```
java -jar ExecutableJar.jar
```

附一个完整的 Manifest 文件清单：

```
Mainifest-Version: 1.0
Name:Example.class
Java-Bean: true
```

```
Name: Example.class
Java-Bean: True
```

9.5 综合应用示例

编写一个 Applet 程序，设计一个简单的计算器，其功能有：单击数字按钮，在文本框中显示相应的数字，单击运算符+、-、*、/、sqrt、%、=等，运算结果显示在文本框中。（效果如图 9.9 所示）

```
//文件名为ComputerJApplet
import java.awt.*;
import java.awt.event.*;
import javax.swing.*;
public class ComputerJApplet extends JApplet {
    public void init() {
        ComputerPanel computerPanel=new ComputerPanel();
        add(computerPanel);

    }
    protected void windowClosed() {
        System.exit(0);
    }
}
 class ComputerPanel extends JPanel{

    JTextField jtextField=new JTextField("0.");
    String temp=null;
    int opNum=0;

    public ComputerPanel() {
        this.setLayout(new BorderLayout());
        JPanel numPanel=new JPanel();
        jtextField.setHorizontalAlignment(SwingConstants.RIGHT);
        this.add(jtextField,BorderLayout.NORTH);
        JButton[] jb=new JButton[20];
        numPanel.setLayout(new GridLayout(4,5,10,10));
        jb[0]=new JButton("7");
        jb[1]=new JButton("8");
        jb[2]=new JButton("9");
        jb[3]=new JButton("/");
        jb[4]=new JButton("sqrt");
        jb[5]=new JButton("4");
        jb[6]=new JButton("5");
        jb[7]=new JButton("6");
        jb[8]=new JButton("*");
        jb[9]=new JButton("%");
        jb[10]=new JButton("1");
        jb[11]=new JButton("2");
        jb[12]=new JButton("3");
```

```java
        jb[13]=new JButton("-");
        jb[14]=new JButton("c");
        jb[14].setForeground(Color.RED);
        jb[15]=new JButton("0");
        jb[16]=new JButton("+/-");
        jb[17]=new JButton(".");
        jb[18]=new JButton("+");
        jb[19]=new JButton("=");

        for(int i=0;i<jb.length;i++){
            jb[i].setFont(new Font("Times",Font.PLAIN,12));
            numPanel.add(jb[i]);
            this.add(numPanel,BorderLayout.CENTER);
        }
        for(int i=0;i<jb.length;i++){
            jb[i].addActionListener(new ActionListener(){
                public void actionPerformed(ActionEvent e){
                    String input=e.getActionCommand();
                    jtextField.setText(getText(input));

                }
            });
        }
    }

    String getText(String input){
        String curText=jtextField.getText();
        double jt=Double.parseDouble(jtextField.getText());
        if(temp!=null){
            if(input.equals("c")){
                curText="0.";
                temp=null;
                opNum=0;
            }
            else if(input.equals("sqrt")){
                curText=String.valueOf(Math.sqrt(jt));

                opNum=0;
            }
            else if(input.equals("+/-")){
                jt=-jt;
                curText=String.valueOf(jt);
                temp=curText;
                opNum=0;
            }
            else if(isDoubleOp(input)){
                if(isDoubleOp(temp)){
                    temp=temp.substring(0,temp.length()-3);
                }
                else if(opNum==1){
```

```java
                        temp=operate(temp);
                        curText=temp;
                    }
                        temp+=" "+input+" ";
                    opNum=1;
                }
                else if(input.equals("=")){
                    if(opNum==1&& !isDoubleOp(temp)){
                        temp=operate(temp);
                        curText=temp;
                    }
                    opNum=0;
                }
                else{
                    if(isDoubleOp(temp)){
                        if(input.equals("."))
                            input="0.";
                        curText=input;
                        temp+=input;
                    }
                    else {
                        String[] s=temp.split(" ");
                        if(s[s.length-1].indexOf(".")<0 || !input.equals
                        (".")){
                            curText=curText+input;
                            temp+=input;
                        }
                    }
                }
            }
        else{//首次输入
            if(input.equals("."))
                input="0.";
            if(isNum(input)){
                temp=input;
                curText=input;
            }
        }
    }
    return curText;
}

String operate(String temp){
    String[] s=temp.split(" ");
    double num1=Double.parseDouble(s[0]);
    double num2=Double.parseDouble(s[2]);
    double result=0;
    if(s[1].equals("+"))
        result=num1+num2;
    else if(s[1].equals("-"))
        result=num1-num2;
```

```java
        else if(s[1].equals("*"))
            result=num1*num2;
        else if(s[1].equals("/"))
            result=num1/num2;
        else if(s[1].equals("%"))
            result=num1%num2;
        opNum=0;
        return String.valueOf(result);
    }

    boolean isNum(String input){
        boolean num=false;
        char firstChar=input.charAt(0);
        if(firstChar>='0' && firstChar<='9')
           num=true;
         return num;
    }

    boolean isDoubleOp(String temp){
        boolean doubleOp=false;
        char lastChar=temp.charAt(temp.length()-1);
        if(lastChar=='+' || lastChar=='-' || lastChar=='*' ||
        lastChar=='/' || lastChar=='%'  || lastChar==' ')
            doubleOp=true;
         return doubleOp;
    }
}
```

图 9.9 运行结果

多 线 程

第 10 章

线程（Thread）是指程序中完成一个任务的从头到尾的执行线索。到现在为止，前面所涉及的程序都是单线程运行的。但现实世界中的很多过程其实具备多条线索同时执行的特点。如 Internet 上的服务器可能需要同时响应多个客户机的请求。

多线程是指同时存在几个执行体，按几条不同的执行线索共同工作的情况。Java 允许在一个程序中并发地运行多个线程，使得编程人员可以很方便地开发具有多线程功能、能同时处理多个任务的功能强大的应用程序。虽然说线程是同步执行的，但在实际的情况是单处理器的计算机在任何给定的时刻只能执行多个线程中的一个。

多线程可以使程序反应更快、交互性更强，并能提高执行效率。

本章要点

- Java 中的线程。
- 线程的生命周期。
- 线程的优先级和调度管理。
- 扩展 Thread 类创建线程。
- Runnable 接口。
- 常用方法。
- 线程同步。
- 线程组。
- 综合应用示例。

10.1 Java 中的线程

程序是一段静态的代码，是应用软件执行的蓝本。进程是程序的一次动态执行，它对应了从代码加载、执行至执行完毕的一个完整的过程。这个过程也是进程本身从产生、发展至消亡的过程。线程是比进程更小的执行单位。一个进程在其执行过程中，可以产生多个线程，形成多条执行线索，每条线索，即每个线程也是一个动态的过程，它也有一个从产生到死亡的过程。

操作系统使用分时管理各个进程，按时间片轮流执行每个进程。Java 的多线程就是在操作系统每次分时给 Java 程序以一个时间片的单元内，在若干独立的可控制的线程之间切换。如果计算机有多个 CPU 处理器，虚拟机将可以充分利用这些处理器，那么 Java 程序在同一时刻就能获得多个时间片，也就可以获得真实的同步线程执行效果。

线程间可以共享相同的内存单元（包括代码和数据），并利用这些共享单元来实现数据交换、实时通信等操作，Java 同时也提供了锁定资源功能（同步操作）以避免冲突。

当程序作为一个 Application 类型的程序运行时，Java 解释器为 main 方法开始一个线程，这个线程也称主线程。如果在 main 方法中再创建了线程，那就称为主线程中的线程。虚拟机在主线程和其他线程之间轮流切换，保证每个线程都有机会使用 CPU 资源，main 方法即便执行完最后的语句，虚拟机也不会结束该程序，只有所有线程都结束之后，才结束该 Java 应用程序。

当程序作为一个 applet 运行时，Web 浏览器开始一个线程运行 Applet。

10.2 线程的生命周期

Java 语言使用 Thread 类及其子类的对象来表示线程。新建的线程在它的一个完整的生命周期内通常要经历新建、就绪、运行、阻塞、死亡 5 种状态，如图 10.1 所示。

1．新建

当一个 Thread 类或其子类的对象通过 new 关键字和构造函数被声明并创建时，该线程对象处于新建状态，此时，它已具备了相应的内存空间和其他资源。处于新建状态的线程可以调用 start()方法进入就绪状态也可以被杀死。

2．就绪

处于就绪状态的线程已经具备了运行的条件，但尚未分配到 CPU 资源，因而它将进入线程队列中排队，等待系统为它分配 CPU。一旦获得了 CPU 资源，该线程就进入运行状态，并自动地调用自己的 run 方法。此时，它脱离创建它的主线程，独立开始了自己的生命周期。

3．运行

线程获得 CPU 资源正在执行任务。当虚拟机将 CPU 使用权切换给线程时，如果线程是 Thread 类的子类创建的，那该类中的 run()方法立即执行。

在运行线程时，如果调用当前线程的 stop 方法或 destroy 方法进入死亡状态；如果调用当前线程的 join(millis)或 wait(millis)方法进入阻塞状态，在 millis 毫秒内由其他线程调用 notify 或 notifyAll 方法将其唤醒，进入就绪状态；调用 sleep(millis)方法可实现线程睡眠操作，睡眠 millis 毫秒后重新进入就绪状态；如果调用 suspend 方法则可实现线程挂起，进入阻塞状态，调用 resume 方法则可使线程进入就绪状态；若分配给当前线程的时间片用完，则当前线程进入就绪状态。若当前线程的 run 方法执行完，则线程进入死亡状态。

4．阻塞

由于某种原因，如执行了 suspend、join 或 sleep 方法，导致正在运行的线程让出 CPU 使用权并暂停自己的执行，即进入堵塞状态，这时只有引起线程堵塞的原因被消除才能使线程回到就绪状态。

5．死亡

处于死亡状态的线程不再具有继续运行的能力。线程死亡的原因有两个：一是正常运行的线程完成了它的全部工作；二是线程被提前强制性地终止。如通过执行 stop 或 destroy 方法来终止线程。

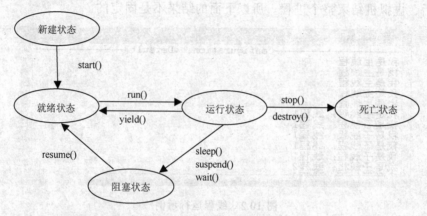

图 10.1　线程的生命周期

下面是一个完整的例子，通过分析运行结果阐述线程的 5 种状态。

【例 10.1】　使用 Thread 类创建主线程、子线程 1 以及子线程 2 三个线程，编程实现主线程和子线程 1、子线程 2 之间进行切换执行。（效果如图 10.2 所示）

```
class ExampleThread extends Thread
{   ExampleThread(String s)
    {   setName(s);            //调用 Thread 类的方法 setName 为线程起名
    }
    public void run()
    {   for(int i=1;i<=5;i++)
        {   System.out.println("我是子线程："+getName());
        }
    }
}
public class ExecOfThread
{
    public static void main(String args[ ])
    {
        ExampleThread   thread1,thread2;
        thread1=new ExampleThread("线程 1");        //新建线程
        thread2=new ExampleThread("线程 2");        //新建线程
        thread1.start();                            //启动线程
```

```
        for(int i=1;i<=5;i++)
        {
            System.out.println("我是主线程");
        }
        thread2.start();                        //启动线程
    }
}
```

程序运行说明：从程序结果可以看出虚拟机首先将 CPU 资源给主线程，主线程在使用 CPU 资源时执行了启动子线程的操作，然后 CPU 资源在主线程和子线程 1、子线程 2 之间进行切换。在子线程完成所有操作后，进入死亡状态，在主线程完成所有操作后，虚拟机结束整个进程。所以下面的结果不是固定的。

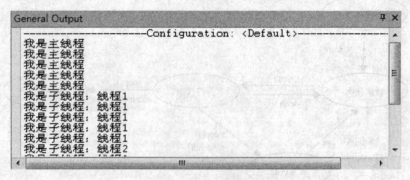

图 10.2　线程运行示例

10.3　线程的优先级和调度管理

在 Java 系统中，运行的每个线程都有优先级。设置优先级是为了在多线程环境中便于系统对线程进行调度，优先级高的线程将优先得到运行。Java 线程的优先级分为 10 个级别，数值越大，优先级越高，未设定优先级的线程其优先级取默认值 5。Java 的优先级设置遵循以下原则：

（1）线程创建时，子线程继承父线程的优先级。

（2）线程创建后，可在程序中通过调用 setPriority()方法改变线程的优先级。

（3）线程的优先级是 1～10 之间的正整数，并用标识符常量 MIN_PRIORITY 表示优先级为 1，用 NORM_PRIORITY 表示优先级为 5，用 MAX_PRIORITY 表示优先级为 10。其他级别的优先级可以直接用 1～10 之间的正整数来设置，也可以在标识符常量的基础上加一个常数。如下面语句将线程的优先级设置为 6。

```
setPriority(Thread.NORM_PRIORITY+3)
```

【例 10.2】 使用 Thread 类创建 No1、No2 以及 No3 三个线程，并设置 No1 线程的优先级为 1，No2 线程的优先级为 6，No3 线程的优先级为 10，编程实现体现这三个线程执行的先后顺序。（效果如图 10.3 所示）

```
public class ThreadPriorityProcessing
{
```

```
        public static void main(String[] args)
        {
                Thread First = new MyThread("No1");       //创建No1线程
                First.setPriority(Thread.MIN_PRIORITY);
                                                          //No1线程优先级为1
                Thread Second = new MyThread("No2");      //创建No2线程
                Second.setPriority(Thread.NORM_PRIORITY+1);
                                                          //No2线程优先级为6
                Thread Third = new MyThread("No3");       //创建No3线程
                Third.setPriority(Thread.MAX_PRIORITY);
                                                          //No3线程优先级为10
                First.start();
                Second.start();
                Third.start();
        }
}
class MyThread extends Thread
{
    String message;
    MyThread(String message)
    {
        this.message = message;
    }
    public void run()
    {
        for(int i=0;i<2:i++)
            System.out.println(message+" "+getPriority());
    }
}
```

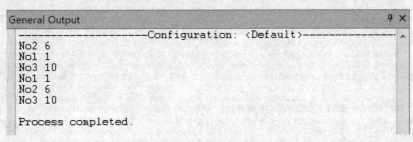

图10.3 线程优先处理示例

程序有三个线程，由于线程No3的优先级高于No1和No2，所以首先执行No3，最后才轮到线程No1。

在实际编程中，不建议使用线程的优先级来保证算法的正确执行。要编写正确、跨平台的多线程代码，必须假设线程在任何时间都有可能被剥夺CPU资源的使用权。

10.4 扩展 Thread 类创建线程

Java 中用 Thread 类或子类创建线程对象。

Thread 类的构造函数有多个,其中常用的有:

public Thread()。

public Thread(Runnable target)。

public Thread(String name)。

public Thread(Runnable target, String name)。

Thread 类提供了许多用于控制线程的方法,其中最关键的方法是:public void run()。

这个方法是从 Runnable 接口继承来的,用户可以扩展 Thread 类,但需要重写 run() 方法,目的是规定线程的具体操作,否则线程就什么也不做,因为父类的 run() 方法中没有任何操作语句。

【例 10.3】 创建并运行三个线程:第一个线程打印 100 次 A;第二个线程打印 100 次 B,第三个线程打印整数 1~100。为了并发运行三个线程,需要为每个任务创建一个可运行对象。由于前两个线程有同样的功能,可以把它们定义在同一个线程类内。(效果如图 10.4 所示)

```java
public class ThreadClassCreateThread
{
    public static void main(String[] args)
    {
        PrintChar printA = new PrintChar('A',100);      //创建线程1
        PrintChar printB = new PrintChar('B',100);      //创建线程2
        PrintNum  print100 = new PrintNum(100);
        print100.start();                                //启动线程
        printA.start();
        printB.start();
    }
}
class PrintChar extends Thread
{
    private char charToPrint;                            //打印字符
    private int times;                                   //打印次数

    public PrintChar(char c, int t)
    {
        charToPrint = c;
        times = t;
    }
    public void run()
    {
        for (int i=1; i < times; i++)
        {
```

```
            System.out.print(charToPrint);
            if(i%20==0)
                System.out.println();
        }
    }
}

class PrintNum extends Thread
{
    private int lastNum;              //打印次数

    public PrintNum(int n)
    {
        lastNum = n;
    }
    public void run()
    {
        for (int i=1; i <= lastNum; i++)
        {
            System.out.print(" " + i);
            if(i%20==0)
                System.out.println();
        }
    }
}
```

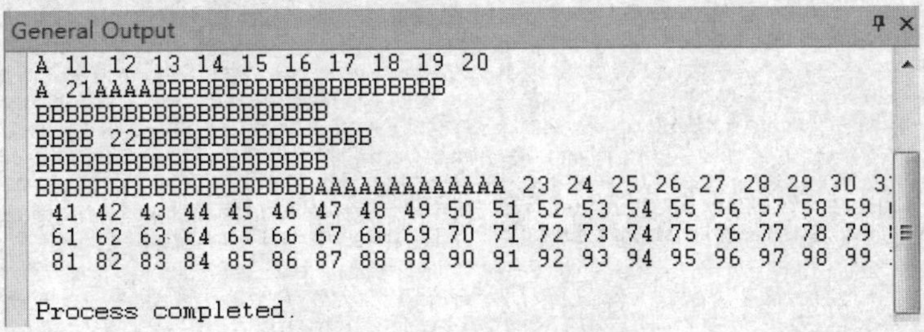

图 10.4　Thread 创建线程示例

在主线程中，通过调用 start()方法开始一个线程，它启动 run()方法。三个线程共享 CPU，在控制台上轮流打印字母和数字。当 run()执行完毕，整个线程就结束了。

10.5　实现 Runnable 接口创建线程

使用 Thread 子类创建线程的优点是：可以在子类中增加新的成员变量，使线程具有某种属性，也可以在子类中心增加方法，使线程具有某种功能。但是 Java 不支持多继承，Thread 类的子类不能再扩展其他类。

创建线程的另一个途径就是用 Thread 类直接创建线程对象。使用 Thread 创建线程对象时，通常使用的构造函数是：

```
Thread(Runnable target)
```

该构造函数的参数是一个 Runnable 类型的接口。因此，在创建线程对象时必须向构造方法的参数传递一个实现 Runnable 接口类的实例，该实例对象称为所创线程的目标对象。

【例 10.4】 利用 Runnable 接口创建线程创建并运行三个线程：第一个线程打印 5 次 A；第二个线程打印 5 次 B，第三个线程打印整数 1～5。（效果如图 10.5 所示）

```java
public class RunnableInterfaceCreateThread
{
    public static void main(String[] args)
    {
        Thread printA = new Thread(new PrintChar('A',5));
        Thread printB = new Thread(new PrintChar('B',5));
        Thread print5 = new Thread(new PrintNum(5));
        print5.start();
        printA.start();
        printB.start();
    }
}

class PrintChar implements Runnable
{
    private char charToPrint;
    private int times;
    public PrintChar(char c, int t)
    {
        charToPrint = c;
        times = t;
    }
    public void run()
    {
        for (int i = 1; i <= times; i++)
            System.out.print(" " +charToPrint);
    }
}

class PrintNum implements Runnable
{
    private int lastNum;

    public PrintNum(int n)
    {
        lastNum = n;
    }

    public void run()
    {
        for (int i=1; i <= lastNum; i++)
            System.out.print(" " + i);
    }
}
```

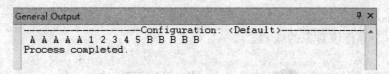

图 10.5　Runnable 接口创建线程示例

程序通过实现 Runnable 接口创建线程类。当线程调用 start()方法后，在它使用 CPU 资源时，目标对象就会自动调用接口中的 run()方法，即接口回调。

10.6　常用方法

Thread 类包含下面几种常用的方法：

（1）start()

用于启动线程的执行，此方法引起 run()方法的调用，调用后立即返回。如果线程已经启动，再调用此方法就会引发 IllegalThreadStateException 异常。

（2）run()

虚拟机调用此方法来执行线程。用户需要创建自己的线程类，并重写 run()方法并且提供线程执行的代码。不能被可运行对象直接调用。

（3）sleep(int millsecond)

线程可以在 run()方法中调用 sleep()方法来放弃处理器资源，休眠一段时间。休眠时间的长短由 sleep()方法的参数决定，millsecond 是休眠时间，单位是毫秒。如果线程在休眠时被打断，虚拟机会抛出 InterruptedException 异常。

（4）isAlive()

检查线程是否处于运行状态。

（5）currentThread()

返回当前处于运行状态的线程对象。

（6）interrupt()

中断一个正在运行的线程。

（7）isInterrupt()

测试当前线程是否被中断。

（8）setPriority(int p)

设置线程的优先级 p（范围 1～10 级）。

（9）setName(String name)

设置该线程名为 name。

（10）getName()

获取并返回此线程名。

（11）activeCount()

返回线程组中当前活动的线程数量。

（12）wait()

将线程处于暂停状态，等待对象变化后另一个线程通知它。

（13）notify()

唤醒一个等待该对象的线程。

10.7 线程同步

由于 Java 支持多线程，具有并发功能，从而大大提高了计算机的处理能力。在各线程之间，不存在共享资源的情况下，几个线程的执行顺序可以是随机的。但是，当两个或两个以上的线程需要共享同一资源时，线程之间的执行顺序就需要协调，并且在某个线程占用这一资源时，其他线程只能等待。

如生产者和消费者的问题，只有当生产者生产出产品并将其放入商店货架后，消费者才能从货架上取走产品进行消费。当生产者没有生产出产品时，消费者是没法消费的。同理，当生产者生产的产品堆满货架时，应该暂停生产，等待消费者消费。

在程序设计中，可用两个线程分别代表生产者和消费者，可将货架视为任意时刻只允许一个线程访问的资源。在这个问题中，两个线程，两个线程要共享货架这一资源，需要在某些时刻（货空/货满）协调它们的工作，即货空时消费者应等待，而货满时生产者应等待。为了保证不发生混乱，还可进一步规定，在生产者往货架上放货物时不允许消费者取货物，当消费者从货架上取货物时不允许生产者放货物。

这种机制在操作系统中称为线程间的同步。

在处理线程同步时，访问资源的程序段使用关键字 synchronized 来修饰，并通过一个称为监控器的系统软件来管理。当执行被 synchronized 修饰的程序段时，监控器将这段程序访问的资源加锁，此时，称该线程占有资源。在这个程序段调用执行完毕之前，其他占有 CPU 资源的线程一旦调用这个程序段时就会引发堵塞，堵塞的线程要一直等到堵塞的原因消除，再排队等待 CPU 资源，以便使用这个程序段。

关键字 synchronized 修饰程序段的语法格式如下：

```
synchronized    [类] 方法或语句块
```

下面通过一个例子来说明线程的同步问题。

【例 10.5】 生产者和消费者的同步问题（效果如图 10.6 所示）

```java
public class ThreadSynchronization
{
    public static void main(String[] args)
    {
        HoldInt h = new HoldInt();
        ProduceInt p = new ProduceInt(h);
        ConsumeInt c = new ConsumeInt(h);
        p.start();
        c.start();
    }
}
class HoldInt
{
    private int sharedInt;
```

```java
        private Boolean writeAble = true;
        public synchronized void set(int val)
        {
            while(!writeAble)
            {
                try{wait(); }
                catch(InterruptedException e) { }
            }
            writeAble = false;
            sharedInt = val;
            notify();
        }
        public synchronized int get()
        {
            while(writeAble)
            {
                try{ wait(); }
                catch(InterruptedException e) { }
            }
            writeAble = true;
            notify();
            return sharedInt;
        }
    }
    class ProduceInt extends Thread
    {
        private HoldInt h;
        public ProduceInt(HoldInt h)
        {
            this.h = h;
        }
        public void run()
        {
            for(int i=1;i<=4;i++)
            {
                h.set(i);
                System.out.println("产生的新数据是: "+i);
            }
        }
    }
    class ConsumeInt extends Thread
    {
        private HoldInt h;
        public ConsumeInt(HoldInt h)
        {
            this.h = h;
        }
        public void run()
        {
            for(int i=1;i<=4;i++)
```

```
        {
            int val = h.get();
            System.out.println("读到的数据是："+val);
        }
    }
}
```

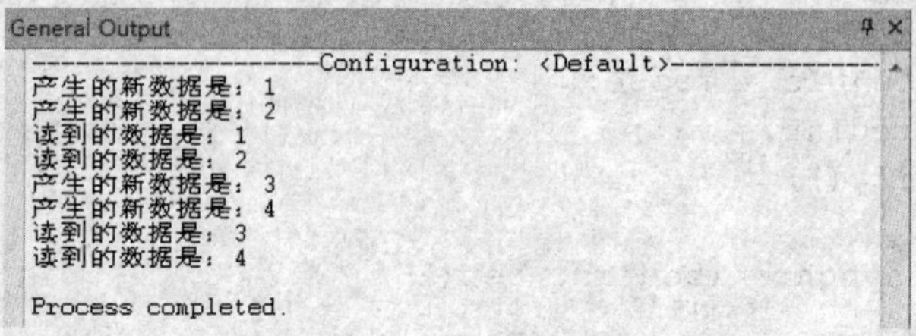

```
General Output
------Configuration: <Default>------
产生的新数据是：1
产生的新数据是：2
读到的数据是：1
读到的数据是：2
产生的新数据是：3
产生的新数据是：4
读到的数据是：3
读到的数据是：4

Process completed.
```

图 10.6　线程同步示例

在程序中，共享数据 shareInt 的方法 set() 和 get() 的修饰符 synchronized 使 HoldInt 的每个对象都有一把锁。当 ProduceInt 对象调用 set() 方法时，HoldInt 对象就被锁定。当 set() 方法中的数据成员 writeAble 值为 true 时，set() 方法就可以向数据成员 shareInt 中写入一个值，而 get() 方法不能从 shareInt 上读出值。如果 set() 方法中的 writeAble 的值为 false，则调用 set() 方法中的 wait() 方法，把调用 set() 方法的 ProduceInt 对象放到 HoldInt 对象的等待队列中，并将 HoldInt 对象的锁打开，使该对象的其他 synchronized 方法可被调用。

ConsumeInt 对象调用 get() 方法的情况与上述情况类似。

10.8　线　程　组

一个线程组（Thread Group）是线程的一个集合。Java 系统的每个线程都属于某一个线程组。有些程序包含相当多的具有类似功能的线程，采用线程组结构后，可以将它们作为一个整体进行操作。例如，可以同时启动、挂起或者唤醒一个线程组中的所有线程。

多数情况下，一个线程属于哪个线程组是由编程人员在程序中指定，若编程人员没有指定，则 Java 系统会自动将这些线程归于 main 线程组。main 线程组是 Java 系统启动时创建的。一个线程组不仅可以包含多个线程，而且线程组中还可以包含其他的线程组，构成树形结构。一个线程可以访问本线程组的有关信息，但无法访问本线程组的父线程组。

使用线程组的主要步骤如下：

（1）使用构造函数 ThreadGroup 来构造线程组：

```
ThreadGroup g = new ThreadGroup("thread group");
```

组名必须是唯一的字符串。

（2）使用 Thread 构造函数，将一个线程放入线程组中：

```
Thread t = new Thread(g, new ThreadClass(),"This thread");
```

new ThreadClass()创建了 ThreadClass 类的一个可运行实例。

（3）使用 activeCount()确定组里有多少个线程处于运行状态。

```
g.activeCount();
```

（4）使用 getThreadGroup()方法查找线程属于哪一个线程组。

10.9 综合应用示例

本实例的作用是：在 GUI 程序中创建启动一个线程 giveLetter，该线程负责每隔 3s 给出一个英文字母，如图 10.7 所示，用户需要在文本框中输入这个英文字母，按【Enter】键确认后得分累计 1，否则不得分。当用户按【Enter】键时，将触发 ActionEvent 事件，那么 JVM 就会中断 giveLetter 线程，把 CUP 的使用权切换给 WT-EventQuecue 线程。

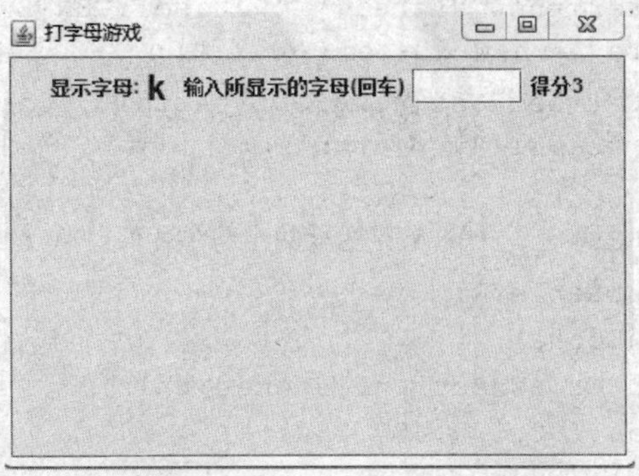

图 10.7 GUI 线程示例

Java 程序包含图形用户界面（GUI）时，Java 虚拟机在运行应用程序时会自动启动更多的线程，其中有两个重要线程 AWT-EventQuecue 和 AWT-Windows。AWT-EventQuecue 线程负责处理 GUI 事件，AWT-Windows 线程负责将窗体或组件绘制到桌面。JVM 要保证各线程都有使用 CPU 资源的机会，程序中发生 GUI 界面事件时，JVM 就会将 CPU 资源切换给 AWT-EventQuecue 线程，AWT-EventQuecue 线程就会来处理这个事件，比如，你单击了程序中的按钮，触发 ActionEvent 事件，AWT-EventQuecue 线程就立刻排队等候执行处理事件的代码。

AWT-Windows 线程负责将窗口一直保持在桌面（显示器）上。当用户按【Enter】键时，将触发 ActionEvent 事件，那么 JVM 就会中断 giveLetter 线程，把 CPU 的使用权切换给 AWT-EventQuecue 线程，以便处理 ActionEvent 事件。

【例 10.6】 GUI 线程。

```
public class GUIThread {
    public static void main(String args[]) {
        WindowTyped win=new WindowTyped();
        win.setTitle("打字母游戏");
        win.setSleepTime(3000);
    }
```

```java
}
import java.awt.*;
import java.awt.event.*;
import javax.swing.*;
public class WindowTyped extends JFrame implements ActionListener,
    Runnable {
    JTextField inputLetter;
    Thread giveLetter;                    //负责给出字母的线程
    JLabel showLetter,showScore;
    int sleepTime,score;
    Color c;
    WindowTyped() {
        setLayout(new FlowLayout());
        giveLetter=new Thread(this);
        inputLetter=new JTextField(6);
        showLetter =new JLabel(" ",JLabel.CENTER);
        showScore  = new JLabel("分数:");
        showLetter.setFont(new Font("Arial",Font.BOLD,22));
        add(new JLabel("显示字母:"));
        add(showLetter);
        add(new JLabel("输入所显示的字母(回车)"));
        add(inputLetter);
        add(showScore);
        inputLetter.addActionListener(this);
        setBounds(100,100,400,280);
        setVisible(true);
        setDefaultCloseOperation(JFrame.EXIT_ON_CLOSE);
        giveLetter.start();           //启动giveLetter线程
    }
    public void run() {
        char c ='a';
        while(true) {
            showLetter.setText(""+c+" ");
            validate();
            c = (char)(c+1);
            if(c>'z')  c = 'a';
            try{ Thread.sleep(sleepTime);
            }
            catch(InterruptedException e){}
        }
    }
    public void setSleepTime(int n){
        sleepTime = n;
    }
    public void actionPerformed(ActionEvent e) {
        String s = showLetter.getText().trim();
        String letter = inputLetter.getText().trim();
```

```
            if(s.equals(letter)) {
                score++;
                showScore.setText("得分"+score);
                inputLetter.setText(null);
                validate();
                giveLetter.interrupt();
                    //唤醒休眠的giveLetter线程，以便加快出字母的速度
            }
        }
    }
```

第 11 章 输入/输出流及文件

与外围设备和其他计算机进行交流的输入/输出操作，尤其是对磁盘的文件操作，是计算机程序重要而必备的功能，任何计算机语言都必须对输入/输出提供支持。Java 也不例外，它的输入/输出类库中包含了丰富的系统工具——已定义好的用于不同情况的输入/输出类；利用它们，Java 程序可以很方便地实现多种输入/输出操作和复杂的文件与目录管理。

本章要点

- Java 输入/输出类库。
- 字符的输入与输出。
- 数据输入/输出流。
- Java 程序的文件与目录。

11.1 Java 输入/输出类库

11.1.1 流的概念

流是指在计算机的输入与输出之间运行的数据的序列：输入流代表从外设流入计算机的数据序列；输出流代表从计算机流向外设的数据序列。

流式输入/输出是一种很常见的输入/输出方式。它最大的特点是数据的获取和发送均沿数据序列顺序进行：每一个数据都必须等待排在它前面的数据读入或送出后才能被读写，每次读写操作处理的都是序列中剩余的未读写数据中的第一个，而不能够随意选择输入/输出的位置。磁带机是实现流式输入/输出的较典型设备。

流序列中的数据既可以是未经加工的原始二进制，也可以是经一定编码处理后符合某种格式规定的特定数据，如字符流序列、数字流序列等。包含数据的性质和格式不同，序列运动方向（输入或输出）不同，流的属性和处理方法也就不同。在 Java 的输入/输出类库中，有各种不同的流类来分别对应这些不同性质的输入/输出流。

Java 的输入/输出处理主要封装在 Java.io 包中，Java 将这些不同类型的输入/输出源抽象为流，用统一的接口来表示，并提供独立于设备和平台的流操作类，从而使程序设计简单明了。Java 有一套完整的输入/输出类层次结构，如表 11.1 所示。

表 11.1 Java 的输入/输出层次结构

类	子 类
InputStream	ByteArrayInputStream
	StringBufferInputStream
	SequenceInputStream
	FilterInputStream
	PipedInputStream
	FileInputStream
	ObjectInputStream
OutputStream	ObjectOutputStream
	FilterOutputStream
	FileOutputStream
	PipedOutputStream
	ByteArrayOutputStream
RandomAccessFile	DataInput
	DataOutput

11.1.2 基本输入/输出流类

Java 中最基本的流类有两个：一个是基本输入流 InputStream，另一个是基本输出流 OutputStream。这两具有最基本的输入/输出功能的抽象类，其他所有输入流类都是继承了 InputStream 的基本输入功能并根据自身属性对这些功能加以扩充的 InputStream 类的子类；同理，其他所有输出流类也都是继承了 OutputStream 的基本输出功能并根据自身属性对这些功能加以扩充的 OutputStream 类的子类。

按处理数据的类型，基本输入/输出流类又为字节流和字符流。其中，基本输入字节流类是 InputStream，基本输出字节流类是 OutputStream；基本输入字符流类是 Reader，基本输出字符流类是 Writer，字符输入/输出在下一节介绍。

1. InputStream 类

InputStream 中包含一套所有输入流都需要的方法，可以完成最基本的自输入流读入数据的功能。

当 Java 程序需要从外设读入数据时，它应该创建一个适当类型的输入流类的对象来完成与该外设，如键盘、磁盘文件或网络套接字等的连接。然后再调用执行这个新创建的流类对象的特定方法，实现对相应外设的输入操作。需要说明的是，由于 InputStream 是不能被实例化的抽象类，所以在实际程序中创建的输入流一般都是 InputStream 的某个子类的对象，由它来实现与外设数据源的连接。InputStream 常用方法如表 11.2 所示。

表 11.2 InputStream 类常用方法

类 型	方 法	简 要 说 明
读入数据方法	int read()	从流中读取一个字节的数据
	int read(byte b[])	将流中某些字节数据读入到一个字节数组中
	int read(byte b[],int off,int len)	从流中读取指定长度的数据放入到一个字节数组中
定位输入位置指针方法	long skip(long n)	在流中跳过 n 个字节
	void mark()	在流的当前位置设置一个标记
	void reset()	返回上一个标记
关闭流方法	void close()	当输入操作完毕时，关闭流

从输入流读入数据的 read()方法共用三种，它们共同的特点是只能逐字节地读取输入数据，也是通过 InputStream 的 read()方法只能把数据以二进制的原始方式读入，而不能分解、重组和理解这些数据，使之变换、恢复到原来的有意义的状态。

流式输入最基本的特点就是读操作的顺序性：每个流都有一个位置指针，它在流刚被创建时产生并指向流的第一数据，以后的每次读操作都是在当前位置指针处执行，伴随着流操作的执行，位置指针自动后移，指向下一个未被读取的数据。InputStream 中用来控制位置指针的方法如表 11.2 所示。

2．OutputStream 类

OutputStream 中包含一套所有输出流都要使用的方法。与读入操作一样，当 Java 程序需要向某外设，如屏幕、磁盘文件或另一计算机输出数据时，应该创建一个新的输出流对象来完成与该外设的连接，然后利用 OutputStream 提供的 write()方法将数据顺序写入到这个外设上。OutputStream 类常用方法如表 11.3 所示。

表 11.3 OutputStream 类常用方法

类 型	方 法	简 要 说 明
写入数据方法	void write(int b)	将参数的低位字节写入到输出流
	void write(byte b[])	将字节数组 b[]中的全部字节顺序写入到输出流
	void flush()	数据暂时放在缓冲区中，等积累到一定数量，统一一次向外设写入
关闭流方法	void close()	当输出操作完毕时，关闭流

输出类写入数据方法与输入流的相似，输出流也是以顺序的写操作为基本特征的，只有前面的数据已被写入外设时，才能输出后面的数据；OutputStream 所实现的写操作与 InputStream 实现的读操作一样，只能忠实地将原始数据以二进制的方式，逐字节地写入输出流所连接的外设中，而不能对所传递的数据完成格式或类型转换。

11.1.3 其他输入/输出流类

基本输入/输出流是定义基本输入/输出操作的抽象类，在 Java 程序中真正使用的是它们的子类。它们对应不同的数据源和输入/输出任务，以及不同的输入/输出流。

较常用的输入/输出流如表 11.4 所示。

表 11.4 常用的输入/输出流

输入/输出流类型	输入/输出流名	简 要 说 明
过滤输入/输出流	FilterInputStream	主要特点是输入/输出数据的同时,能对所传输的数据做指定类型或格式的转换,即可实现对二进制字节数据的理解和编码转换
	FilterOutputStream	
文件	FileInputStream	主要负责完成对磁盘文件的顺序读写操作
	FileOutputStream	
管道输入/输出流	PipedInputStream	主要负责实现程序内部的线程间的通信或不同程序间的通信
	PipedOutputStream	
字节数组流	ByteArrayInputStream	主要实现与内存缓冲区的同步读写
	ByteArrayOutputStream	
顺序输入流	SequenceInputStream	主要负责把两个其他的输入流首尾相接,合并成一个完整的输入流

11.1.4 标准输入/输出

当 Java 程序需要与外设等外界数据源做输入、输出的数据交换时,它需要首先创建一个输入或输出类的对象来完成对这个数据源的连接。如当 Java 程序需要读写文件时,它需要先创建文件输入或文件输出流类的对象。除文件外,程序也经常使用字符界面的标准输入、输出设备进行读写操作。

计算机系统都有默认的标准输入设备和标准输出设备。对一般的系统,标准输入通常是键盘,标准输出通常是显示器。Java 程序使用字符界面与系统标准输入/输出间进行数据通信,即从键盘输入数据,或向显示器输出数据,是十分常见的操作。为此,Java 系统事先定义好两个流对象,分别与系统的标准输入和标准输出相联系,它们是 System.in 和 System.out。

System 是 Java 中一个功能很强大的类,利用它可以获得很多 Java 运行时的系统信息。System 类的所有属性和方法都是静态的,即调用时需要以类名 System 为前缀。System.in 和 System.out 就是 System 类的两个静态属性,分别对应了系统的标准输入和标准输出。

1. 标准输入

Java 的标准输入 System.in 是 InputStream 类的对象,当程序中需要从键盘输入数据的时候,只需调用 System.in 的 read()方法即可。在使用 System.in.read()方法读取数据时,需要注意以下 4 点:

(1) System.in.read()语句必须包含在 try 块中,且 try 块后面应该有一个可接收 IOException 例外的 catch 块。

(2) 执行 System.in.read()方法将从键盘缓冲区读取一个字节的数据,然而返回的却是 16 位的整型量,需要注意的是只有这个整型量的低位字节是真正输入的数据,其高位字节是全零。

（3）System.in.read()只能从键盘读取二进制的数据，而不能是其他类型的数据。

（4）当键盘缓冲区中没有未被读取的数据时，执行 System.in.read()将导致系统转入阻塞状态。在阻塞状态下，当前流程将停留在上述语句位置且整个程序被挂起，等待用户输入一个键盘数据后，才能继续运行下去；所以程序中有时利用 System.in.read()语句来达到暂时保留屏幕的目的。

2. 标准输出

Java 的标准输出 System.out 是打印输出流 PrintStream 类的对象。PrintStream 是过滤输出流类 FilterOutputStream 的一个子类，其中定义了向屏幕输送不同类型数据的方法 print()和 println()。

println()方法有多种重载形式。它的作用是向屏幕输出其参数指定的变量或对象，然后再换行，使光标停留显示在屏幕下一行第一个字符的位置。如果 println()参数为空，则将输出一个空行。

println()方法可输出多种不同类型的变量或对象，包括 boolean、double、float、int、long 类型的变量及 Object 类的对象。由于 Java 中规定子类对象作为实际参数可以与父类对象类型的变量及 Object 类的对象。由于 Java 中规定子类对象作为实际参数可以与父类对象的形式参数匹配，而 Object 类又是所有 Java 类的父类，所以 println()方法实际可以通过重载实现对所有类对象的屏幕输出。

print()方法的重载情况与 println()方法完全一样，也可以实现屏幕上不同类型的变量和对象的操作。不同的是，print()方法输出对象后并不附带一个回车，下一次输出时，显示在同一行。

【例 11.1】 使用 Java 的标准输入 System.in 从键盘输入 "This is standard Input and Output" 字符串，然后使用 Java 的标准输出向屏幕输出该字符串。（效果如图 11.1 所示）

```java
import java.io.*;
public class StdInOut
{
    public static void main(String args[])
    {
        try
        {
            byte bArray[]=new byte[128];
            String S;
            System.out.println("请输入字符：");
            System.in.read(bArray);
            S=new String(bArray);
            System.out.print("输入的字符是：");
            System.out.println(S);
        }
        catch(IOException ioe)
        {
            System.err.println(ioe.toString());
        }
    }
```

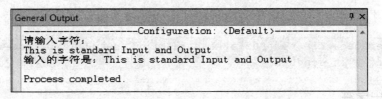

图 11.1　标准输入/输出 Application 程序示例

11.2　字符的输入与输出

通过上一节的学习，我们知道按处理数据的类型，流可以分为字符流与字节流，它们处理的信息的基本单位分别是字符和字节。当我们从文件中读取一段文本，该文件可能是 ASCII 格式的字符，也可能是 Unicode 格式的字符。如果是 Unicode 格式的字符，那以字节为单位处理就比较麻烦。为了解决这个问题，Java 提供了一套流过滤器，用于处理不同字符编码之间的差别。它们是从 Reader 和 Writer 类派生的。字符输入用的流为 Reader，字符输出用的流为 Writer。

11.2.1　输入字符

与字符输入相关的类主要是从 Reader 派生的一些类，类的层次结构如表 11.5 所示。

表 11.5　Reader 相关类层次结构

类	子　　类
Reader	BufferedReader
	CharArrayReader
	FilterReader
	InputStreamReader
	PipedReader
	StringReader

在字符输入流中，InputStreamReader 可以将采用特殊的编码方案的一个输入流转换成 Unicode 字符流。

可以通过以下方式将控制台输入的字符转换成 Unicode：

```
InputStreamReader in=new InputStreamReader(System.in)
```

InputStreamReader 还可以将指定编码方案的输入流转换成 Unicode，如将简体中文输入流转换成 Unicode：

```
InputStreamReader =new InputStreamReader(intput, "GB2312")
```

通过 InputStreamReader 的 Read()方法可以从输入流读取一个或多个字节。实际上，利用 InputStreamReader 读取字符串也不是很方便，通常的用法是将 InputStreamReader 与 BufferReader 结合起来，利用 BufferReader 的 readLine()方法能比较方便地从输入流

中读取出一行字符串,然后对字符串进行其他的处理,如:

```
BufferReader in=new BufferReader(InputStreamReader(System.in))
String s=in.readLine()
```

11.2.2 输出字符

与字符输出相关的类主要从 Writer 派生的一些类,其类层次结构表 11.6 所示。

表 11.6 Writer 相关类层次结构

类	子 类
Writer	BufferedWriter
	CharArrayWriter
	FilterWriter
	OutputStreamWriter
	PipedWriter
	PrintWriter
	StringWriter

对应于 InputStreamReader,Java 提供了一个 OutputStreamWriter 类,它是字符输出与字节输出流之间的一座桥梁,它能将指定编码规则的字符输出流转换成字节流输出。

字符输出通常使用 PrintWriter 类进行输出,PrintWriter 提供的功能与 PrintStream 非常类似,而且方法的名称以及参数都一样,使用起来非常的方便。它和 PrintStream 不同,当 PrintStream 调用 println()方法时,它会自动清空输出流,而 PrintWriter 可以设置调用 println()方法时是否自动清空,而且默认的情况下,自动清空是不会打开的。另外,PrintWriter 不包含一些直接向它发送原始字节的方法,比如 PrintStream 中的 writer(byte[])。

【例 11.2】使用字符输入流 Reader,从键盘输入 "This is a CharInOut test." 字符串;然后使用字符输出流 Writer 的 PrintWriter 类对象,在程序存放的文件夹中自动生成一个名为 "output" 的文本文件,该文本文件的内容就是该字符串。(效果如图 11.2 和图 11.3 所示)

Java 的标准输出向屏幕输出该字符串。(效果如图 11.1 所示)

字符输入/输出程序示例: CharInOut.java

```java
import java.io.*;
public class CharInOut
{
    public static void main(String args[])
    {
        BufferedReader in=null;
        PrintWriter out=null;
        try
        {
```

```
            in=new BufferedReader(new InputStreamReader(System.in));
            out=new PrintWriter(new FileWriter("output.txt",true));
            String Str;
        while(true)
        {
            System.out.println("please input a string:");
            Str=in.readLine();              //读取一行
            if(Str.length()==0) break;      //如果只输入回车符,跳出循环
            out.println(Str);               //字符输出
        }
    }
    catch(IOException e){}
    finally
    {
        if(out!=null) out.close();      //关闭输出流
    }
}
```

程序运行说明:如果用户执行 CharInOut.class 文件,如图 11.2 所示,在提示字符"please input a string:"下方输入"This is a CharInOut test."后按【Enter】键。

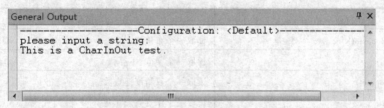

图 11.2　字符输入/输出程序示例

运行后在 CharInOut.java 程序存放的文件夹中自动生成一个名为 "output" 的文本文件,该文本文件的内容就是如图 11.3 所示的内容。

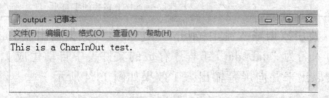

图 11.3　字符输入/输出程序生成文本文件图

11.3　数据输入/输出流

数据输入/输出流 DataInputStream 和 DataOutStream 分别是过滤输入/输出流 FileterInputStream 和 FileterOutStream 的子类。过滤输入/输出流的最主要作用就是在数据源和程序之间一个过滤处理步骤,对原始数据做特定的加工、处理和变换操作。数据输入/输出流 DataInputStream 和 DataOutStream 由于分别实现了 DataInput 和 DataOutput 两个接口中定义的独立于具体机器的带格式的读写操作,从而实现了对不

同类型数据的读写。

在 DataInput 接口中，定义了一些常用的方法用于基本数据类型的数据的输入，如表 11.7 所示。

表 11.7　DataInput 接口中常用的方法

方　法	简要说明
boolean readBoolean()	读取一个布尔值
byte readByte()	读取一个字节
double readDouble()	读取一个双精度浮点数
float readFloat()	读取一个浮点数
int readInt()	读取一个整数
long readLong()	读取一个长整数
short readShort()	读取一个短整数
String readUTF()	读取一个 UTF 格式的字符串

与 DataInput 相对应，DataOutput 接口也定义了一些常用的方法，如表 11.8 所示。

表 11.8　DataOutput 接口中常用的方法

方　法	简要说明
boolean writeBoolean()	读取一个布尔值
byte writeByte()	读取一个字节
double writeDouble()	读取一个双精度浮点数
float writeFloat()	读取一个浮点数
int writeInt()	读取一个整数
long writeLong()	读取一个长整数
short writeShort()	读取一个短整数
String writeUTF()	读取一个 UTF 格式的字符串

【例 11.3】　使用数据输入流 DataInputStream 以及数据输出流 DataOutStream，将一些整数数据写入名为"data.dat"（程序存放的文件夹中自动生成）的文件中，然后再把这些整数读取出来并向屏幕输出。（效果如图 11.4 所示）

```java
import java.io.*;
public class InOutInt
{
    public static void main(String args[])
    {
        final int NUM=10;
        DataInputStream in=null;
        DataOutputStream  out=null;
        int s[]=new int[NUM];
        int i=0;
        try
        {
```

```java
//向文件写入数据
out=new DataOutputStream(new FileOutputStream("data.dat"));
for(i=0;i<NUM;i++)
{
    out.writeInt((i+1)*10);      //向流中写入一个整数
}
if(out!=null) out.close();       //关闭输出流
//从文件读取数据
in=new DataInputStream(new FileInputStream("data.dat"));
for(i=0;i<NUM;i++)
{
    s[i]=in.readInt();           //从流中读取整数并放在数组s中
}
if(in!=null) in.close();         //关闭输入流
}
catch(Exception e){}
for(i=0;i<NUM;i++)
{
    System.out.print(s[i]+" ");
}
System.out.println();
```

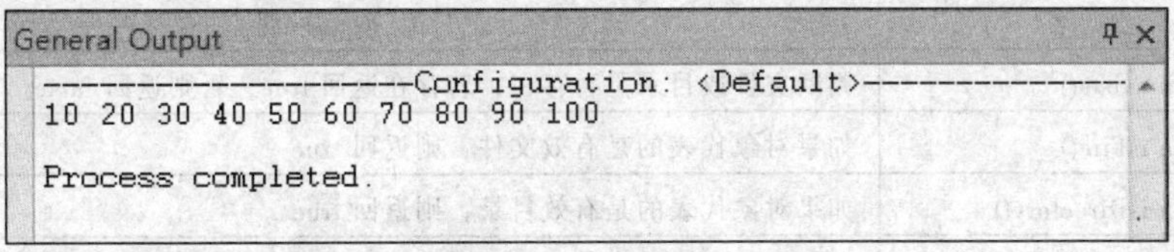

```
General Output                                              ⇲ ×
----------------------Configuration: <Default>--------------
10 20 30 40 50 60 70 80 90 100

Process completed.
```

图 11.4　整数数据写入并读取程序示例

11.4　Java 程序的文件与目录

　　任何计算机程序运行时，它的指令和数据都保存在系统的内存中。由于每次计算机关机时保存在内存中的所有信息都会丢失，所以程序要想永久性保存运算处理所得的结果，就必须把这些结果保存在磁盘文件中。文件是数据赖以保存的永久性机制，文件操作是计算机程序必备的功能。

　　目录是管理文件的特殊机制，同类文件保存在同一个目录下可以简化文件管理，提高工作效率。Java 不但支持文件管理，还支持其他语言，如 C 语言所不支持的目录管理，它们都是有专门的类 File 来实现的。File 类也在 Java.io 包中，但它不是 InputStream 或者 OutputStream 的子类，因为它不负责数据的输入/输出，而专门用来管理磁盘文件和目录。

　　每个 File 类的对象表示一个磁盘文件或目录，其对象属性中包含了文件或目录的相关信息，如名称、长度、所含文件个数等，调用它的方法则可以完成对文件或目录的常用管理操作，如创建、删除等。

11.4.1 创建 File 类对象

每个 File 类的对象都对应了系统的一个磁盘文件或目录,所以创建 File 类对象是需要指明它所对应的文件或目录名。File 类提供三个不同的构造函数,以不同的参数形式灵活的接收文件和目录名信息,如表 11.9 所示。

表 11.9 File 类构造函数

构建方法	简要说明
File(String pathname)	字符串 pathname 指明了新创建的 File 对象对应的磁盘文件或目录名及路径名
File(File dir,String name)	第一个参数是使用一个已经存在的代表某磁盘目录的 File 对象,表示文件或目录的路径,第二个参数 name 表示文件或目录名
File(String path,String name)	第一个参数 pathname 对应的磁盘文件或目录的绝对或相对路径,第二个参数 name 表示文件或目录名

11.4.2 获取文件或目录属性

一个对应于某磁盘文件或目录的 File 对象一经创建,就可以通过调用它的方法来获得该文件或目录的属性。常用的获得文件或目录的属性方法如表 11.10 所示。

表 11.10 文件或目录属性方法

方法名	简要说明
public boolean exists()	判断文件或目录是否存在,若存在返回 true,否则返回 false
public boolean isFile()	如果对象代表的是有效文件,则返回 true
public boolean isDirectory()	如果对象代表的是有效目录,则返回 true
public String getName()	返回文件名或目录名
public String getPath ()	返回文件或目录的路径
public long length()	返回文件的字节数
public boolean canRead()	判断文件是否为可读文件,若可读返回 true,否则返回 false
public boolean canWrite()	判断文件是否为可写文件,若可写返回 true,否则返回 false
public String[] list()	将目录中所有文件名保存在字符串数组中返回
public boolean equals(File f)	判断两个 File 对象是否相同,如果相同返回 true,否则返回 false

11.4.3 文件或目录操作

File 类中还定义了一些对文件或目录进行管理、操作的方法,如表 11.11 所示。

表 11.11 文件或目录操作方法

方法名	简要说明
public boolean renameTo(File newFile)	将文件重命名成 newFile 对应的文件名
public void delete()	将当前文件删除
public boolean mkdir()	创建当前目录的子目录

【例 11.4】 使用 File 类对象在当前路径下（程序存放的文件夹中）创建一个目录为 Document 文件夹，并在该目录下创建子目录为 SubDocument 文件夹，在 Document 文件夹中创建一个空的文本文件 file1.txt，在 SubDocument 文件夹中创建一个空的文本文件 file2.txt。（效果如图 11.5 所示）

创建目录和一些空文件的程序示例：CreateFile.java

```java
import java.io.*;
public class CreateFile
{
    public static void main(String args[])
    {
        File Dir=new File("Document");
        File subDir=new File(Dir, "SubDocument");
        File file1=new File(Dir, "file1.txt");
        File file2=new File(subDir, "file2.txt");
        try
        {
            Dir.mkdir();
            subDir.mkdir();
            file1.createNewFile();
            file2.createNewFile();
        }
        catch (IOException e)
        {   e.printStackTrace();
        }
    }
}
```

以上程序运行后，在当前路径下创建一个目录为 Document 文件夹，并在该目录下创建子目录为 SubDocument 文件夹，在 Document 文件夹中创建一个空的文本文件 file1.txt，在 SubDocument 文件夹中创建一个空的文本文件 file2.txt，结果如图 11.5 所示。

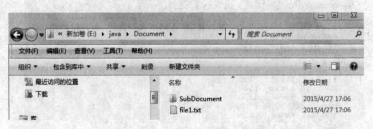

图 11.5　创建目录和空文件的程序示例

【例 11.5】 使用 File 类对象向屏幕显示当前目录下的文件和目录信息。（效果如图 11.6 所示）

```java
import java.io.*;
public class ShowDir
{
    public static void main(String[] args)
    {
```

```java
File Dir=new File(".");
System.out.println("Files in "+Dir.getAbsolutePath());
String sFiles[]=Dir.list();
int DirCount=0,FileCount=0;
//记录子目录的个数和文件的个数
long Size=0;
//用来记录所有文件的总长度
for(int i=0;i<sFiles.length;i++)
    {
        File FTemp=new File(sFiles[i]);
        if(FTemp.exists())                //判断是否是普通文件
        {
            if(FTemp.isFile())
            {
            System.out.println(sFiles[i]+ "\t"+FTemp.length());
            FileCount++;
            Size=Size+FTemp.length();
            }
        if(FTemp.isDirectory())           //判断是否是目录
        {
            System.out.println(sFiles[i]+ "\t<DIR>");
            DirCount++;
          }
        }
    }
System.out.println(FileCount+ "file(s)\t"+Size+"bytes");
System.out.println(DirCount+ "dir(s)");
    }
}
```

编译通过后，运行 ShowDir.class 文件，屏幕显示出当前目录位置和当前目录下的文件和目录信息。

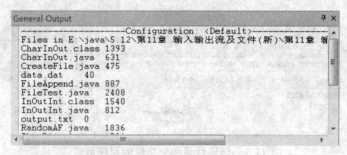

图 11.6 当前目录文件和目录信息程序示例

11.4.4 顺序文件的访问

使用 File 类，可以很方便地建立与某磁盘文件的连接，了解它的有关属性并对其进行一定的管理性操作。如果希望从磁盘文件读取数据或者写入文件，即文件的访问操作，那文件的访问有两种方式：一种是顺序文件访问，另一种是随机文件访问。顺序文件访问是一种简单的文件访问方式，在进行读写操作时，必须从头开始，按顺序进行，而随机访问文件则允许在文件的任意位置随机读写。

顺序文件访问主要通过文件输入/输出流类 FileInputStream 和 FileOutputStream 来完成。利用文件输入/输出流完成磁盘文件的读写操作一般要遵循以下步骤：

1. 创建输入/输出流对象

FileInputStream 有两种常用的构造函数，如表 11.12 所示。

表 11.12 FileInputStream 类构造函数

构 造 函 数	简 要 说 明
FileInputStream(String FileName)	利用已存在的 File 对象创建从该对象对应的磁盘文件中读入数据
FileInputStream(File file)	利用文件名字符串创建从该文件读入数据

无论用哪种构造函数，在创建文件输入或输出流时都可能因给出的文件名不对，或路径不对，或文件属性不对而造成错误。此时，系统会抛出异常 FileNotFoundException，所以创建文件输入/输出流并调用构造函数的语句应该被包括在 try 块中，并有相应的 catch 块来处理它们可能产生的异常。

2. 从文件输入/输出流中读写数据

读写数据有两种方式，一是直接利用 FileInputStream 和 FileOutputStream 自身的读写功能；另一种是以 FileInputStream 和 FileOutputStream 为原始数据源，再套接上其他功能较强大的输入/输出流完成文件读写操作。

FileInputStream 和 FileOutputStream 自身的读写功能是直接从父类 InputStream 和 OutputStream 那里继承来的，并未加任何功能的扩充和增强，如前面介绍过的 read()、write()等方法，都只能完成以字节为单位的原始二进制数据的读写。

为了能更方便地从文件中读写不同类型的数据，一般都采用第二种方式，即以 FileInputStream 和 FileOutputStream 为数据源完成与磁盘文件的映射连接后，再创建其他流类的对象，从 FileInputStream 和 FileOutputStream 对象中读写数据。

一般较常用的是过滤流的两个子类 DataInputStream 和 DataOutputStream，它们甚至还可以进一步简化为如下写法：

```
File MyFile=new File("MyTextFile");
DataInputStream din=new DataInputStream(new FileInputStream(MyFile));
DataOutputStream dour=new DataOutputStream(new FileOutputStream(MyFile));
```

【例 11.6】 利用文件输入/输出流打开一个文件，并向其中追加另一个文件内容。（效果如图 11.7 所示）

```
import java.io.*;
public class FileAppend
{
    public static void main(String[] args)
    {
        BufferedWriter appendTo=null;
        BufferedReader from=null;
        String temp=null;
        try
```

```java
        {
            appendTo=new BufferedWriter(new FileWriter("yuanlai.txt",
                                        true));
            from=new BufferedReader(new FileReader("zhuijia.txt"));
            appendTo.newLine();
            temp= "The following is from file";
            appendTo.write(temp,0,temp.length());
            appendTo.newLine();
            appendTo.newLine();
            from.mark(20);
            while(from.read()!=-1)
            {
                from.reset();
                temp=from.readLine();
                appendTo.write(temp,0,temp.length());
                appendTo.newLine();
                from.mark(20);
            }
            from.close();
            appendTo.close();
            System.out.println("File zhuijia.txt is appended to yuanlai.
                                txt");
        }
        catch(IOException e)
        {
            e.printStackTrace();
        }
    }
}
```

程序运行说明：如果用户执行 FileAppend.class 文件之前，先在 FileAppend.java 程序存放的文件夹中新建名为"yuanlai"和"zhuijia"的文本文件，并在名为名为"zhuijia"的文本文件中随机输入一些内容。

编译通过后，运行 FileAppend.class 文件，zhuijia.txt 文件中的内容将添加到 yuanlai.txt 文件的末尾处。

```
General Output                                        ↕ ×
-------------------Configuration: <Default>-------------
File zhuijia.txt is appended to yuanlai.txt

Process completed.
```

图 11.7 文件输入/输出流打开一个文件并追加到另一个文件内容程序示例

11.4.5 随机文件的访问

Java 中随机文件的访问需要用到 RandomAccessFile 类，它直接从 Object 类继承，并实现接口 DataInput 和 DataOutput。

RandomAccessFile 和其他输入/输出流不一样，其他的输入/输出流都是顺序访问流，要么只能读取，要么只能写入，而 RandomAccessFile 允许从任意位置访问，不仅能读取，而且能写入。

由于 RandomAccessFile 类实现了 DataInput 和 DataOutput 接口中所定义的所有方法，能够从文件中读取基本类型的数据，也能向文件写入基本类型的数据。除了 DataInput 和 DataOutput 接口中定义的方法以外，RandomAccessFile 类还能定义其他的方法来支持文件随机读写操作。

1. 创建 RandomAccessFile 对象

RandomAccessFile 类常用的两上构造函数，如表 11.13 所示。

表 11.13　RandomAccessFile 类构造函数

构 造 函 数	简 要 说 明
RandomAccessFile(File file,String mode)	以文件对象方式创建一个随机访问文件，mode 可以为"r"或"rw"表示读或读写
RandomAccessFile(String name,String mode)	以文件名字符串方式创建一个随机访问文件，mode 可以为"r"或"rw"表示读或读写

创建 RandomAccessFile 对象时，可能产生两种异常：当指定的文件不存在时，系统将抛出 FileNotFoundException；若试图用读写方式打开只读属性的文件或出现了其他输入/输出错误，则会抛出 IOException 异常。下面是创建 RandomAccessFile 对象语句：

```
File BankMegFile=new File("BankFile.txt");
RandomAccessFile MyRaF=new RandomAccessFile(BankMegFile ,"rw");
//读写方式
```

2. 对文件位置针指的操作

RandomAccessFile 类实现的是随机读写文件，与顺序读写操作不一样，它可以在文件的任意位置执行数据读写，而不一定是从头到尾的顺序操作方式。要实现这样的功能，必须定义文件位置指针和移动这个指针的方法。RandomAccessFile 对象的文件位置指针遵循以下规律：

（1）新建 RandomAccessFile 对象的文件位置指针位于文件的开头处。

（2）每次读写操作之后，文件位置指针都相应后移读写的字节数。

操作时常用到的方法如表 11.14 所示。

表 11.14　指针操作常用方法

方　　法	简 要 说 明
public long getPointer()	获取当前文件位置指针从文件头算起的绝对位置
public void seek(long pos)	移动文件位置指针移动到参数 pos 指定的从文件头算起的绝对位置处
public long length()	返回文件的字节长度，一般可以用来判断是否读到了文件尾

3. 读操作

由于 RandomAccessFile 实现了 DataInput 接口，它也可以用多种方法分别读取不同类型的数据，具有比 FileInputStream 更强大的功能。RandomAccessFile 中的读方法主要有：readBoolean()、readChar()、readInt()、readLong()、readFloat()、readDouble()、readLine()、readUTF()等。ReadLine()从当前位置开始，到第一个'\n'为止，读取一行文本，它将返回一个String对象。

4. 写操作

在实现了DataInput接口的同时，RandomAccessFile类还实现了DataOutput接口，这就使它具有了与DataOutputStream类同样强大的含类型转换的输出功能。RandomAccessFile类包含的写方法主要有writeBoolean()、writeChar()、writeInt()、writeLong()、writeFloat()、writeDouble()、writeUTF()等。其中writeUTF()方法可以向文件输出一个字符串对象。

需要注意的是，RandomAccessFile类的所有方法都可能抛出IOException异常，所以利用它实现文件对象操作时应把相关的语句放在try块中，并配上catch块来处理可能产生的异常对象。

【例11.7】 使用RandomAccessFile类对象在当前路径下（程序存放的文件夹中）创建一个名为"record"的文本文件，并向该文件写入一些学生的学号、姓名以及成绩等信息。现要查询或修改某个学生的成绩，指定位置去读写成绩信息。（效果如图11.8所示）

```java
import java.io.*;
public class RandomAF
{
    //查找名为name的记录的起始位置
    static long getPointer(RandomAccessFile f,String name,int len)
    throws IOException
    {
    String temp;
    long pointer;
    f.seek(0L);
    for(int i=0;i<len;i++)
    {
        pointer=f.getFilePointer();
        f.readInt();
        f.readInt();
        temp=f.readLine();
        if(temp.equals(name))
            return pointer;
    }
    return -1;
    }

    //打印名为name的记录信息
    static void PrintRecord(RandomAccessFile f,String name,int len)
    throws IOException
    {
        long pointer=getPointer(f,name,len);
        if(pointer==-1)
```

```java
        {
            System.out.println("The record is not existed!");
            return;
        }
        f.seek(pointer);
        int no=f.readInt();
        int score=f.readInt();
        System.out.println(no+"   "+name+"   "+score);
    }
    public static void main(String[] args)
    {
        int no[]={1,2,3,4,5};
        String name[]={"liming","zhangsi","wangbing","tangmin","linhan"};
        int score[]={80,81,82,83,84};
        RandomAccessFile record=null;
        try
        {
            record=new RandomAccessFile("record.txt", "rw");
            for(int i=0;i<no.length;i++)       //写入记录
            {
                record.writeInt(no[i]);
                record.writeInt(score[i]);
                record.writeBytes(name[i]+ "\n");
            }
            System.out.println("The record of tangmin:");
            PrintRecord(record, " tangmin ",no.length);
            System.out.println("Modify the score of tangmin to 90:");

            //修改记录
            long pointer=getPointer(record, "tangmin",no.length);
            if(pointer!=-1)
            {
                record.seek(pointer);              //将指针移到指定位置
                record.readInt();
                record.writeInt(90);
            }
            PrintRecord(record, "tangmin",no.length);
        }
        catch(IOException e){e.printStackTrace();}
        finally
        {
            try{record.close();}
            catch(IOException e){}
        }
    }
}
```

```
General Output
---------------------Configuration: <Default>---------------------
The record of tangmin:
The record is not existed!
Modify the score of tangmin to 90:
4    tangmin    90

Process completed.
```

图 11.8 随机文件读写程序示例

11.5 综合应用示例

本实例的作用是：用户在一个文本框内输入一个文件名或目录名，按下【Enter】键后，判断该文件或目录存不存在。如果不存在，将会弹出一个消息框告知用户；如果存在，将显示文件的相关属性，显示时有两种情况，当用户输入的是目录名，将显示目录相关信息后，再列出该目录包含的子目录或文件。当用户输入的是文件名，将显示该文件相关信息后，再显示出该文件的内容。程序注释和操作方法如下：

用户在 JTextField 中输入一个文件名或目录名，然后按下【Enter】键。FileTest 类的 actionPerformed 方法创建一个新的 File 对象，并把它赋给 name 引用，接着检测程序的 if 条件 name.exists()。如果用户输入的名字不存在，那么 actionPerformed 方法将显示一个消息对话框，包含用户输入的文件名和" Does Not Exit "，否则将执行 if 结构体中的语句。程序将输出文件或目录名，然后输出 isFile、isDirectory 和 isAbsolute 方法检测 File 对象的结果。接着显示出 lastModified、length、getPath、getAbsolutPath 和 getParent 返回的值。最后，如果 File 对象代表一个文件，则读入文件内容并将其显示于 JTextArea 中。程序使用了 RandomAccessFile 对象以打开一个文件，并用 readLine 方法每次从读取一行。注意，用 File 对象 name 来初始化 RandomAccessFile 对象。如果 File 对象代表一个目录，程序便用 File 类的 list 方法读入目录内容，然后将其显示于 JTextArea 中。

【例 11.8】 用户在一个文本框内输入一个文件名或目录名，按下【Enter】键后，判断该文件或目录存不存在。如果不存在，将会弹出一个消息框告知用户；如果存在，将显示文件的相关属性，显示时有两种情况，当用户输入的是目录名，将显示目录相关信息后，再列出该目录包含的子目录或文件。当用户输入的是文件名，将显示该文件相关信息后，再显示出该文件的内容。（效果如图 11.9 至图 11.11 所示）

```java
import java.awt.*;
import java.awt.event.*;
import java.io.*;
import javax.swing.*;
public class FileTest extends JFrame implements ActionListener
{
    private JTextField enter;
    private JTextArea output;
    public FileTest()
    {
        super("Testing class File");
```

```java
    enter=new JTextField("Enter file or directiory name here");
    enter.addActionListener(this);
    output=new JTextArea();
    Container c=getContentPane();
    ScrollPane p=new ScrollPane();
    p.add(output);
    c.add(enter,BorderLayout.NORTH);
    c.add(p,BorderLayout.CENTER);
    setSize(400,400);
    show();
}

public void actionPerformed(ActionEvent e)
{
    File name=new File(e.getActionCommand());//创建一个新的File对象
    if(name.exists())
    {
    output.setText(name.getName()+"exists\n"+
        (name.isFile()? "is a file\n":"is not a file\n")+(name.
        isDirectory()?"is a directory\n":"is not a directory\n:")+
        (name.isAbsolute()?"is absolute path\n":"is not absolute
        path\n")+"Last modified: "+name.lastModified()+"\nLength:
        "+name.length()+"\nPath:"+name.getPath()+"\nAbsolute path:"+
        name.getAbsolutePath()+"\nparent:"+name.getParent());
    if(name.isFile())
    {
        try
        {
            RandomAccessFile r=new RandomAccessFile(name,"r");
            StringBuffer buf=new StringBuffer();
            String text;
            output.append("\n\n");
            while((text=r.readLine())!=null)
                buf.append(text+"\n");
            output.append(buf.toString());
        }
        catch(IOException e2)
        {
            JOptionPane.showMessageDialog(this,
            "FILE ERROR","FILE ERROR",JOptionPane.ERROR_MESSAGE);
        }
    }
        else if(name.isDirectory())
        {
            String directory[]=name.list();
            output.append("\n\nDirectory contentw:\n");
            for(int i=0;i<directory.length;i++)
            output.append(directory[i]+"\n");
        }
    }
```

```
        else
        {
        JOptionPane.showMessageDialog(this,
            e.getActionCommand()+"  Does Not Exist",
            "FILE ERROR",JOptionPane.ERROR_MESSAGE);
        }
    }
    public static void main(String args[])
    {
        FileTest app=new FileTest();
        app.addWindowListener(new WindowAdapter()
        {
            public void WindowClosing(WindowEvent e)
            {
                System.exit(0);
            }
        }
        );
    }
}
```

当用户在图 11.9 所示的文本框内输入一个文件名或目录名，按下【Enter】键后，如果该文件或目录不存在，则运行结果如图 11.10 所示。

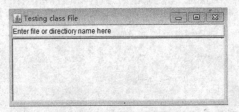

图 11.9　综合程序示例　　　　　图 11.10　文件或目录不存在示例

如果不存在，将会弹出一个消息框告知用户；如果存在，将显示文件的相关属性，显示时有两种情况，当用户输入的是目录名，将显示目录相关信息后，再列出该目录包含的子目录或文件。当用户输入的是文件名，将显示该文件相关信息后，再显示出该文件的内容。

当用户在图 11.9 所示的文本框内输入一个文件名或目录名，按下【Enter】键后，如果该文件或目录存在，当用户输入的是目录名，将显示目录相关信息后，再列出该目录包含的子目录或文件；当用户输入的是文件名，将显示该文件相关信息后，再显示出该文件的内容。运行结果如图 11.11 所示。

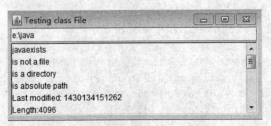

图 11.11　文件或目录存在示例

第 12 章
Java 的网络编程

Java 最初是作为一种网络编程语言出现的,它能够使用网络上的各种资源和数据与服务器建立各种传输通道,将自己的数据传送到网络的各个地方。用户可以用 Java 很轻松地完成这些工作,因为 Java 类库提供了很强大的网络功能。

本章要点

- 网络基础知识。
- Java 网络编程概述。
- Java 网络类和接口。
- 基于 URL 的网络编程。
- 基于 Socket 的网络编程。
- 数据报通信的应用。
- 综合应用示例。

12.1 网络基础知识

12.1.1 IP 地址

IP(Internet Protocol,网际协议)是为计算机网络相互连接进行通信而设计的协议。在因特网中,它是能使连接到网上的所有计算机网络实现相互通信的一套规则,规定了计算机在因特网上进行通信时应当遵守的规则。任何厂家生产的计算机系统,只要遵守 IP 协议就可以与因特网互连互通。正是因为有了 IP 协议,因特网才得以迅速发展成为世界上最大的、开放的计算机通信网络。

IP 是怎样实现网络互连的?各个厂家生产的网络系统和设备,如以太网、分组交换网等,它们相互之间不能互通。不能互通的主要原因是由于它们所传送数据的基本单元("帧")的格式不同。IP 协议实际上是一套由软件程序组成的协议软件,它把各种不同"帧"统一转换成"IP 数据报"格式。这种转换是因特网的一个最重要的特点,使所有各种计算机都能在因特网上实现互通,即具有"开放性"的特点。

IP 协议中还有一个非常重要的内容,那就是给因特网上的每台计算机和其他设备都规定了一个唯一的地址，叫作"IP地址"。由于有这种唯一的地址，才保证了用户在连网的计算机上操作时，能够高效而且方便地从千千万万台计算机中选出自己所需的对象。

IP地址在计算机内部的表现形式是一个32位的二进制数，实际表现为四点格式的数据，由点号（.）将数据分为 4 个数字，比如 210.37.40.4，每个数字代表一个 8 位二进制数，总共 32 位，刚好是一个 IP 地址的位数。这 4 个数字中，每个数字都不能超过 255，因为一个 8 位二进制数的最大值为 255。

用四点格式来表示一个 IP 地址，记忆起来很不方便而且容易记错，为了便于记忆，Internet 提供了一种域名服务，将 IP 地址与某个域名对应起来，这种域名就是通常所说的网址。

12.1.2 端口

计算机"端口"是英文 Port 的义译，可以认为是计算机与外界通信交流的出口。其中硬件领域的端口又称接口，如 USB 接口、串行接口等。软件领域的端口一般指网络中面向连接服务和无连接服务的通信协议端口。我们在这只提的是面向连接的软件端口。一台计算机提供的服务是多种，比如 HTTP 服务和 FTP 服务，要标识每个服务，就需要通过端口来确定，通常某种服务对应于某个协议，并与计算机上的某个唯一的端口号关联在一起的。

计算机中的 1~1024 端口保留为系统服务，在程序中不应让自己设计的服务占用这些端口。

表 12.1 是一些常见的 Internet 服务/协议以及默认的端口。

表 12.1 常见的服务/协议及端口

服务/协议	端口	对应协议
HTTP	80	HTTP 协议，用于 WWW 服务
FTP	21	FTP 协议，用于文件传输
TELNET	23	TELNET 协议，用于远程登录
SMTP	25	SMTP 协议，用于邮件发送
POP3	110	POP3 协议，用于接收邮件

12.1.3 客户机与服务器

处于网络中的机器进行通信和交流，通常有一个信息的提供者和一个信息的接收者，就像我们交谈一样，一方在说，另一方在听。在网络中，将信息的提供者叫作服务器（Server），将信息接收者称为客户机（Client）。客户机连接到服务器，向服务器发送信息请求，服务器则侦听客户的请求，并对请求进行处理，将请求结果返回客户机，这样便完成了客户机与服务器之间的交流。

客户机/服务器（C/S）这种模式是一种先进的分布式计算模式。这种模式最大的特点是使用客户机和服务器两方的智能、资源和计算能力来执行一个特定的任务，也就是说负载由客户机和服务器两方共同承担。

在客户机/服务器系统中，客户机是与用户交互的部分。它具有以下特点：

（1）客户机提供了一个用户界面（User Interface，UI），这个界面负责完成用户命令和数据输入，并根据用户要求提供所得到的结果。

（2）一个客户机/服务器系统中可以包括多个客户机，所以多个界面可以存在于同一个系统中，但每个客户机要有一致的用户界面。

（3）客户机用一个预定义的语言构成一条或多条到服务器的查询或命令，客户机和服务器使用一个标准的语言或用该系统内特定的语言来传递信息，每个用户在客户机上的查询或命令不必对应从客户机到服务器的查询。

（4）客户机可以使用缓冲或优化技术以减少到服务器的查询或执行安全和访问控制检查；客户机还可以检查用户发出的查询或命令的完整性。有时它不必向服务器发出申请，在这种情况下，客户机自己进行数据处理。当然客户机最好不要提供这些应该由服务器完成的功能，因为如果服务器拥有管理机制，入侵者将很难攻破系统。

（5）客户机通过一个进程间通信机制和服务器完成通信，并把查询或命令传到服务器。一个理想的客户机将把下层通信机制向用户隐藏起来。

（6）客户机对服务器送回的查询或命令结果数据进行分析处理，然后把它们提交给用户。

客户机/服务器系统中，服务器是一个或一组进程，向一个或多个客户机提供服务。它具有以下特点：

（1）服务器向客户机提供一种服务，服务的类型由客户机/服务器系统自己确定。

（2）服务器只负责响应来自客户机的查询或命令，不主动和任何客户机建立佳话，它只是作为一个信息的存储者或服务的提供者。

客户机/服务器体系结构实际上是网络应用中比较基本的结构。目前随着 Internet 的迅速普及和推广，出现了更加复杂的网络应用结构，相应地把网络应用分工划分为更细的部分了。实际上，一个客户机程序需要能够工作在不同的客户机计算机上，如果这些机器的软硬件环境不同，客户机端的跨平台性就非常必要了。同样，对服务器端来说，跨平台可以提高网络应用的普遍性。从这个意义上来说，Java 特别适于编写网络应用程序。

12.1.4 URL 概念

URL（Uniform Resource Locator，统一资源定位器）表示 Internet 上某一资源的地址。Internet 上的资源包括 HTML 文件、图像文件、声音文件、动画文件以及其他任何内容（并不完全是文件，也可以是对数据库的一个查询等）。

通过 URL，就可以访问 Internet。浏览器或其他程序通过解析给定的 URL 就可以在网络上查找相应的文件或其他资源。

URL 包括两部分内容：协议名称和资源名称，中间用冒号隔开。

协议名：//资源名

如 http://www.hainu.edu.cn。协议名称指的是获取资源时所使用的应用层协议，如

http、ftp 等；资源名称则是资源的完整地址，包括主机名、端口号、文件名或文件内部的一个引用。

12.1.5 TCP/IP 网络参考模型

网络通信协议是计算机间进行通信所要遵循的各种规则的集合。Internet 的主要协议有：网络层的 IP 协议，传输层的 TCP 和 UDP 协议，应用层的 FTP、HTTP、SMTP 协议等。

其中，TCP/IP（传输控制协议/网际协议）是 Internet 的主要协议，定义了计算机和外设进行通信所使用的规则。TCP/IP 网络参考模型包括 4 个层次：链路层、网络层、传输层和应用层。

1. 链路层

这是 TCP/IP 软件的最低层，负责接收 IP 数据报并通过网络发送之，或者从网络上接收物理帧，抽出 IP 数据报，交给 IP 层。

2. 网络层

负责相邻计算机之间的通信。其功能包括三方面：

（1）处理来自传输层的分组发送请求。收到请求后，将分组装入 IP 数据报，填充报头，选择去往信宿机的路径，然后将数据报发往适当的网络接口。

（2）处理输入数据报。首先检查其合法性，然后进行寻径：假如未到达信宿，则转发该数据报。

（3）处理路径、流控、拥塞等问题。

3. 传输层

提供应用程序间的通信。其功能包括：

（1）格式化信息流。

（2）提供可靠传输。

为实现后者，传输层协议规定接收端必须发回确认，并且假如分组丢失，必须重新发送。

4. 应用层

向用户提供一组常用的应用程序，如电子邮件、文件传输访问、远程登录等。远程登录 Telnet 使用 Telnet 协议提供在网络其他主机上注册的接口。Telnet 会话提供了基于字符的虚拟终端。文件传输访问 FTP 使用 FTP 协议来提供网络内机器间的文件复制功能。

12.2 Java 网络编程概述

一般计算机操作系统或软硬件厂商会提供已完成的底层网络应用模块供用户使用，但在用户程序有特殊需要时，编程人员也可以自己编制底层网络应用程序，如具体实现网络层或传输层的某些协议。由于 Java 中提供了支持这些网络协议的专用类库，所以使用 Java 语言可以编制负责的底层网络应用。

利用 Java 还可以编写高层网络应用。现在已经存在用 Java 编写的复杂大型的商用分布系统，其功能包括网络上的公布式运算、分布式管理、分布式数据库应用等。这类应用一般比较复杂，通常依附在一个已经存在的综合性网络上作为该网络服务的一部分，Internet、Intranet 和 Extranet 就是目前较常见的综合性网络。它们上面可以开通多种由高层网络应用构成的服务，如网上购物、网上教学、网上银行、电子商务等。由于这些综合性网络的普及和其标准化程度的提高，因此用 Java 编写的高级网络应用通常都工作于它们所规定的环境中。

以上是按照工作层次的划分不同的 Java 网络应用。事实上，在同一层次中根据功能的不同还可以将应用细分为不同的部分，这是由网络计算结构的分布式特点所决定的。在网络计算结构中，功能不同的机器其地位和扮演的角色也不同，其上运行的应用也不同，如我们前面介绍过的客户机和服务器，服务器是提供服务的程序或运行这样程序的计算机。客户机是请示服务的程序或运行这样程序的计算机；一个完整的网络应用系统应该由服务器端的应用程序和客户机端的应用程序共同组成，并保证它们能够协同工作。所以在开发网络应用程序之前，应该先进行内容和分工的划分，根据应用的体系结构将整个任务划分为服务器端的应用、客户机端的应用和其他需要的部分，明确各部分各自的功能后才能再进行更进一步的工作。

客户机端的应用和服务器端的应用由于工作环境和任务性质的不同，有着各自不同的特点，在开发设计时应给予充分的考虑。例如，服务器端程序一般工作在高性能、大容量、高运算速度的机器上，一个服务器被设计成能响应多个客户机的服务请求；而客户机端的应用由于直接与用户打交道，且运行的环境差异性很大以及通常性能不高等原因，所以一般多包含精美的画面、活泼的形式和方便的图形用户界面交互功能，而不进行关键性的数据或事务处理。在开发一个具体的网络应用之前，了解客户机和服务器之间的这些差别是很有必要的。

上述的客户机/服务器体系结构实际上是网络计算结构中比较基本的结构。目前，随着 Internet 的迅速普及和推广，出现了更加复杂的网络计算结构，如客户机/Web Sever/Application 服务器、Browser/Web 服务器等，采用这些计算结构将把网络应用划分为分工更细的部分。一个客户机程序需要能够工作在不同的客户机计算机上，如果这些机器的软硬件环境不同，客户机程序的跨平台功能就是必不可少的了。同样，对于服务器来说，跨平台功能可以提高网络应用的普适性，使之能工作在更广泛的范围里，从这个意义上来说，Java 是适合于编写网络应用的语言。另外，Java 的平台无关特性大大简化了 Java 应用的升级和维护工作，进一步巩固了 Java 网络计算工具的地位。

12.3 Java 网络类和接口

Java 中有关网络方面的功能都定义在 java.net 程序包中。Java 所提供的网络功能可大致分为三大类：

（1）URL 类和 URLConnection 类这是三大类功能中最高级的一种。通过 URL 的网络资源表达方式，很容易确定网络上数据的位置。利用 URL 的表示和建立，Java 程序可以直接读入网络上所放的数据，或把自己的数据传送到网络的另一端。

（2）Socket 类，即套接字，可以想象成两个不同的程序通过网络的通道，而这是传统网络程序中最常用的方法。一般在 TCP/IP 网络协议下的客户服务器软件采用 Socket 作为交互的方式。

（3）Datagram 类，是这些功能中最低级的一种。其他网络数据传送方式，都假想在程序执行时，建立一条安全稳定的通道。但是以 Datagram 的方式传送数据时，只是把数据的目的地记录在数据包中，然后就直接放在网络上进行传输，系统不保证数据一定能够安全送到，也不能确定什么时候可以送到。也就是说，Datagram 不能保证传送质量。

另外，InetAddress 类也是经常应用的类，它可以用于标识网络上的硬件资源。它提供了一系列描述、获取及使用网络资源的方法。每个 InetAddress 对象都包含 IP 地址、主机号等信息。InetAddress 类没有构造函数，因此不能用 new 来构造 InetAddress 实例。通常是用它提供的静态方法来获取。

12.4 基于 URL 的网络编程

12.4.1 URL 类和 URL 对象

通过 Java 的 URL 类可以很容易地获取网络上的资源。URL 类封装在 java.net 包中，它提供许多访问远程站点信息的操作，大降低了编程的复杂性。

URL 类提供了多种形式的构建器来创建一个 URL 对象，常用的创建方法如表 12.2 所示。

表 12.2 构建 URL 对象方法

构建 URL 对象方法	简 要 说 明
URL(Stringspec)	通过指定的地址创建 URL 对象
URL(Stringprotocol，Stringhost，intport，Stringfile)	通过协议、主机名、端口号以及文件名创建 URL 对象
URL(Stringprotocol，Stringhost，Stringfile)	通过协议、主机名以及文件名创建 URL 对象
URL(URLcontext，Stringspec)	通过向对位置和具体位置创建 URL 对象

URL 对象生成后，其属性是不能改变的，但可以通过它给定的方法来获取这些属性，表 12.3 是 URL 类的常用方法。

表 12.3 URL 类的常用方法

方 法	简 要 说 明
Booleanequals(Objectobj)	比较两个 URL 对象是否相等
ObjectgetContent()	获得该 URL 所对应的内容
StringgetFile()	获得该 URL 的文件名
StringgetHost()	获得该 URL 的主机名
StringgetPath()	获得该 URL 的路径
IntgetPort()	获得该 URL 的端口
StringgetProtocol()	获得该 URL 的协议
StringgetQuery()	获得该 URL 的查询部分

续表

方　法	简要说明
StringgetRef()	获得该 URL 的参考点
URLConnectionopenConnection()	与该 URL 对应的远程对象建立一个连接，并返回代表该连接的 URLConnection 对象
InputStreamopenStream()	打开与该 URL 对应的连接并返回一输入流对象
BooleansameFile(URLother)	判断两个 URL 是否指向同一网络资源
StringtoString()	返回一代表该 URL 的字符串

【例 12.1】 创建 URL 类的对象，对象的 URL 为 "http://127.0.0.1:80/index.htm"，向屏幕输出 URL 对象的协议、地址、资源。使用 BufferedReader 类对象读取名为 "index.htm" 文件的信息，并向屏幕输出该文件的信息。（效果如图 12.1 所示）

```java
import java.io.*;
import java.net.*;
public class URLAttri
{
    public static void main(String args[])
    {
        URL url=null;
        BufferedReader br=null;
        try
        {
            url=new URL("http://127.0.0.1:80/index.htm");
            System.out.println("RUL:"+url.toString());
            System.out.println("Protocol:"+url.getProtocol());
            System.out.println("Host:"+url.getHost ());
            System.out.println("Port:"+url.getPort());
            System.out.println("File:"+url.getFile ());
            System.out.println("Content:");
            br=new BufferedReader(new InputStreamReader(url.
                openStream()));
            String temp=null;
            temp=br.readLine();
            while(temp!=null)
            {
                System.out.println(temp);
                temp=br.readLine();
            }
        }
        catch(Exception e)
        { e.printStackTrace();}
    }
}
```

程序运行说明：首先新建一个名为 "index" 的页面文件（扩展名为.htm），页面的内容为 "海南大学信息学院"。然后需要在本机 IIS 的默认网站中的主目录指向存放 index.htm 文件的目录。

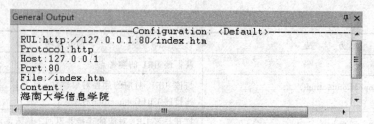

图 12.1　URL 对象的创建及使用程序示例

12.4.2　使用 URL 读取网络资源

可以通过 URL 类提供的三个主要方法来访问它指向的资源（获取 URL 内容）。

1. 用 openStream()方法得到 InputStream 流

方法 openStream()与指定的 URL 建立连接并返回一个 InputStream 对象，将 URL 位置转成一个数据流。通过这个 InputStream 对象，就可以读取资源中的数据。InputStream 类是一个抽象类，作为其他输入流类的基类，对应于读取字节流信息的基本接口。它提供了所有子类都能调用的方法。

DataInputStream 类用来从一个输入流读取 Java 基本数据类型，它提供了更多的读取方式。在 Java 中，为了有更多、更有效的方法从标准输入设备读取数据，经常把 InputStream 类型的 System.in 转换为 DataInputStream 类型。例如：

```
DataInputStream in=new DataInputStream(System.in);
```

然后，可以用 DataInputStream 的 in.readLine()和 readChar()等方法来读取字符串、字符或更多数据类型。

要让浏览器连接到某一指定的 URL 上，可用 AppletContext 类的 showDocment()方法。例如：

```
getAppletcontext().showDocument(new URL(URLString));
```

2. 用 URL 类的 getContent()方法直接获取 URL 内容

建立一个与指定资源的连接并可直接获取 URL 指定的资源，它会试图定流 MIME 类型并将流转换为相应的 Java Object。

MIME（Multipurpose Internet Mail Extensin，多用途 Internet 邮件扩展）允许用户指定二进制数据的各种信息，以便用与该内容类型相应的方式处理数据。

常用标准的 MIME 类型及其含义如表 12.4 所示。

表 12.4　常用 MIME 类型及其含义

MIME 类型	含义
Audio/basic	.snd 或 .au 声音文件
Audio/x-aiff	Audio IFF 声音文件
Audio/x-wav	.wav 文件
Image/gif	.gif 图形文件
Image/jpeg	.jpg 图形文件

续表

MIME 类型	含 义
Image/tiff	.tif 图形文件
Image/x-xbitmap	.xbm 位图文件
Text/html	.html 或 .htm 文件
Text/plain	.txt、.c、.cpp、.h、.pl 和 .java 文件
Video/mpeg	.mpg 文件
Video/quicktime	.mov，即 Applet QuickTime 动画文件
Video/x-sgi-movie	.movie，Silicon Graphics 文件

假如创建了一个指向 GIF 格式图片的 URL，getContent()方法将识别流的类型为 image/gif 或 image/jpeg，并返回 Image 类的一个实例。该 Image 对象包含该 GIF 图片的一个副本，即可以通过 getContent()方法将资源取到一个 Java 对象中，然后进行相应处理。

3. 用 URL 类的 openConnection()方法得到与 URL 的 URL 连接

通过 URL 类提供的方法 openConnection()，就可以获取一个 URL 连接（URLConnection）对象。

12.4.3 通过 URLConnetction 连接网络

使用 URL 可以简单方便地获取信息，但是如果希望在获取信息的同时，还能够向远方的计算机结点传送信息，就需要使用另一个系统类库中的 URLConnetction 类。

URLConnection 是一个抽象类，代表与 URL 指定的数据源的动态连接，URLConnection 类提供比 URL 类更强的服务器交互控制。URLConnection 允许用 POST 或 PUT 和其他 HTTP 请求方法将数据送回服务器。在 java.net 包中只有抽象的 URLConnection 类，其中的许多方法和字段与单个构造器一样是受保护的。这些方法只可以被 URLConnection 类及其子类访问。例如当利用给定的 URL 地址信息创建了一个 URL 对象时，调用该对象的方法 openConnection()就可以返回一个对应于其 URL 地址的 URLConnection 对象：

```
URLMyURL=newURL("http://www.hainu.edu.cn ")
URLConnectionMyURLConnection=MyURL.openConnection()
```

URLConnection 类中的方法可以传递丰富的网络资源，例如 getInputStream()方法可以返回从 URL 结点获取数据的输入输出之外，还有 getOutputStream()方法可以返回向 URL 结点传输数据的输出流。这里的输入/输出都遵循 HTTP 协议中规定的格式，事实上，在建立 URLConnection 对象的同时，就已经在本机和 URL 地址指定的远程结点之上建立了一条 HTTP 协议的连接通路，即像在 Web 浏览器里一样已经连接到了指定的 URL 结点。HTTP 协议是一次连接协议，发送信息之前需要在前面附加一些确认双方身份的信息或 HTTP 协议所规定的附加信息，有了 URLConnection 对象之后，连接过程自动完成，附加信息也由系统负责，大大简化了编程过程。

使用 URLConnection 对象的一般步骤如下：

（1）创建一个 URL 对象。
（2）调用 URL 对象的 openConnection()方法创建这个 URL 的 URLConnection 对象。
（3）配置 URLConnection。
（4）读首部字段。
（5）获取输入流并读数据。
（6）获取输出流并写数据。
（7）关闭连接。

【例 12.2】 使用 URLConnection 从 Web 服务器上读取文件的信息，将文件的信息打印到屏幕。（效果如图 12.2 所示）

```java
import java.io.*;
import java.net.*;
import java.util.Date;
class URLDemo
{
    public static void main(String args[]) throws Exception
    {
        System.out.println("starting....");
        int c;
        URL url=new URL("http://www.hainu.edu.cn");
        URLConnection urlcon=url.openConnection();
        System.out.println("the date is :"+new Date(urlcon.getDate()));
        System.out.println("content_type :"+urlcon.getContentType());
        InputStream in= urlcon.getInputStream();
        while (((c=in.read())!=-1))
        {
            System.out.print((char)c);
        }
        in.close();
    }
}
```

```
General Output                                          ⌶ ×
------------------Configuration: <Default>--------------
starting....
the date is :Wed May 13 02:09:38 CST 2015
content_type :text/html


<!DOCTYPE HTML PUBLIC "-//W3C//DTD HTML 4.01 Transitional/
<!-- saved from url=(0052)/home2013/shtml_index4.asp -->
<HTML xmlns="http://www.w3.org/1999/xhtml"><HEAD><TITLE>??
```

图 12.2　URLconnetction 连接网络程序示例

12.5 基于 Socket 的网络编程

12.5.1 Socket 类

Socket（套接字）是 TCP/IP 协议的编程接口，即利用 Socket 类提供一组 API 就可以编程实现 TCP/IP 协议。在 Java 里，这个 API 就是若干事先定义好的类。

客户基于服务器之间使用的大部分通信组件都是基于 Socket 接口来实现的。Socket 是两个程序之间进行双向数据传输的网络通信端点，有一个地址和一个端口号来标志。每个服务程序在提供服务时都要在一个端口进行，而想使用该服务的客户机也必须连接该端口。Socket 因为是基于传输层，所以它是比较原始的通信协议机制。通过 Socket 的数据表现形式为字节流信息，因此通信双方要想完成某项具体的应用则必须按双方约定的方式进行数据的格式化和解释。所以，使用 Socket 编程比较麻烦，但是它具有更强的灵活性和更广泛的使用领域。

在 Java 中，流式通信主要是 Socket 类和 ServerSocket 类来完成的，二者分别用于客户机和服务器端，在任意两台机器间建立连接。

Socket 类用在客户端，用户通过构造一个 Socket 类来建立与服务器的连接。Socket 连接可以是流连接，也可以是数据报连接，这取决于构造 Socket 类时使用的构造方法。

一般使用流连接，流连接的优点是所有数据都能准确、有序地送到接收方；缺点是速度较慢。

Socket 类的构造方法有 4 种：

（1）Socket(InetAddress address,int port)：创建一个流套接字连接到指定 IP 地址的指定端口。

（2）Socket(InetAddress address,int port,InetAddress localAddr,int localPort)：创建一个套接字连接到指定的指定远程端口。

（3）Socket(String host,int port)：创建一个流套接字连接到指定主机名的指定端口。

（4）Socket(String host,int port, InetAddress localAddr,int localPort)：创建一个套接字连接到指定主机的指定远程端口。

12.5.2 ServerSocket 类

每个服务器套接字运行在服务器上特定的端口，监听在这个端口的 TCP 连接。当远程客户端的 Socket 试图与服务器指定端口建立连接时，服务器被激活，判定客户程序的连接，并打开两个主机之间固有的连接。一旦客户端与服务器建立了连接，则两者之间就可以传送数据，而数据是通过这个固有的套接字传递的。

在 ServerSocket 类中包含了创建 ServerSocket 对象的构造方法、在指定端口监听的方法、建立连接后发送和接收数据的方法。

ServerSocket 类的构造方法有以下两个：

（1）ServerSocket(int)：在指定端口上构造一个 ServerSocket 类。

（2）ServerSocket(int ,int)：在指定端口上构造一个 ServerSocket 类，并进入监听状

态。第二个 int 类型的参数是监听时间长度。

12.5.3 Socket 通信的过程

进行一个 Socket 通信，大致可以分为以下几个步骤：
（1）打开 Socket 连接。
（2）打开连接到 Socket 的输入/输出流。
（3）对 Socket 进行读写操作。
（4）关闭 Socket。

12.5.4 客户端 Socket

客户端程序设计的主要流程如下：

（1）首先调用 Socket 类的构造函数，以服务指定的 IP 地址或指定的主机名和指定的端口号为参数，创建一个 Socket 流，在创建 Socket 流的过程中包含了向服务器请求建立通信连接的过程实现。

（2）建立了客户端通信 Socket 后，就可以使用 Socket 的方法 getInputStream()和 getOutputStream()来创建输入/输出流。这样，使用 Socket 类后，网络输入/输出也转化为使用流对象的过程。

（3）可使用输入/输出流对象的相应方法读写字节流数据，因为流连接着通信所用的 Socket，Socket 又是和服务器端建立连接的一个端点。因此，数据将通过连接从服务器得到或发向服务器。这时就可以对字节流数据按客户端和服务器之间的协议进行处理，完成双发的通信任务。

（4）待通信任务完毕后，用流对象的 close()方法来关闭用于网络通信的输入/输出流，再用 Socket 对象的 close()方法来关闭 Socket。

下面给出一个简单的 Socket 的客户端程序，先创建一个 Socket 并和主机 server 上的端口 5000 相连接，然后打开输入/输出流；接着程序从标准输入接收字符并写入流中，当用户按【Enter】键时，就把缓冲区内的字符串送往服务器上的服务器端程序进行处理，等待服务器端的应答。最后关闭 Socket 输入/输出流，再关闭 Socket 和服务器端的连接。

12.5.5 服务器 Socket

在 ServerSocket 类中包含了创建 ServerSocket 对象的构造方法、在指定端口监听的方法、建立连接后发送和接收数据的方法。

ServerSocket 的工作过程如下：

（1）用 ServerSocket()方法在指定端口创建一个新的 ServerSocket 对象。

（2）ServerSocket 对象调用 accept( )方法在指定的端口监听到来的连接。accept( )一直处于阻塞状态，直到有客户端试图建立连接。这时 accept( )方法返回连接客户端与服务器的 Socket 对象。

（3）调用 getInputStream( )方法或者 getOutputStream( )方法或者两者全调用建立与客户端交互的输入流和输出流。具体情况要看服务器的类型而定。

（4）服务器与客户端根据一定的协议交互，直到关闭连接。
（5）服务器、客户机或者两者都关闭连接。
（6）服务器回到第（2）步，继续监听下一次的连接。

12.5.6　C/S 环境下 Socket 的应用

例 12.3 和例 12.4 是用 Socket 进行通信的实例，客户机和服务器可用同一台机器，但是客户机和服务器处理的信息以及信息的处理方式是不同的。例 12.3 为客户端的程序，例 12.4 为服务器端的程序。再这将一台机既作为客户机，又作为服务器。例 12.3 是从控制台输入字符串，发送到服务器端，并将服务器端返回的信息显示出来；例 12.4 是从客户机接收数据并打印，同时将从标准输入获取的信息发送给客户机。

【例 12.3】C/S 环境下使用 Socket 进行客户机与服务器通信的 Socket 客户端程序示例：ClientCommunication.java。

```java
import java.net.*;
import java.io.*;
public class ClientCommunication
{
    public static void main(String args[]) throws IOException
    {
        Socket client=null;
        client=new Socket(InetAddress.getLocalHost(),5000);
        try
        {
            BufferedReader input=new BufferedReader
                (new InputStreamReader(System.in));
            BufferedReader in=new BufferedReader
                (new InputStreamReader(client.getInputStream()));
            PrintWriter out=new PrintWriter
                (new OutputStreamWriter(client.getOutputStream()));
            String clientString=null;
            String serverString=null;
            System.out.println("Hello,Enter bye to exit.");
            boolean flag=false;
            while(!flag)
            {
                serverString=in.readLine();
                if(serverString!=null)
                    System.out.println("Servr: "+serverString);
                System.out.print("Client: ");
                clientString=input.readLine();
                if(clientString.equals("bye"))
                    flag=true;
                if(clientString!=null)
                {
                    out.println(clientString);
                    out.flush();
                }
```

```
            }
            in.close();
            out.close();
        }
        finally
        {
            client.close();
        }
    }
}
```

【例 12.4】 客户机/服务器环境下使用 Socket 进行客户机与服务器通信的 Socket 服务器端程序示例:ServerCommunication.java。

```
import java.net.*;
import java.io.*;
public class ServerCommunication
{
    public static void main(String args[]) throws IOException
    {
        Socket server=null;
        ServerSocket serverSocket=new ServerSocket(5000);
        try
        {
            server=serverSocket.accept();
            try
            {
            BufferedReader input=new BufferedReader
                (new InputStreamReader(System.in));
            BufferedReader in=new BufferedReader
                (new InputStreamReader(server.getInputStream()));
            PrintWriter out=new PrintWriter
                (new OutputStreamWriter(server.getOutputStream()));
            String clientString=null;
            String serverString=null;
            System.out.println("Hello,Enter bye to exit.");
            System.out.print("Server: ");
            serverString=input.readLine();
            boolean flag=false;
            while(!flag)
            {
            if(serverString!=null)
            {
            out.println(serverString);
            out.flush();
            }
            clientString=in.readLine();
            if(clientString!=null)
                System.out.println("Client: "+clientString);
            System.out.print("Server: ");
            serverString=in.readLine();
```

```
            if(serverString.equals("bye"))
                flag=true;
        }
        in.close();
        out.close();
    }
    finally
    {
        serverSocket.close();
    }
   }
   finally
   {
       serverSocket.close();
   }
  }
}
```

编译通过后，先运行服务器端程序(ServerCommunication.class)启动服务，然后运行客户机程序（ClientCommunication.class），就可以通过在控制台输入信息进行客户机与服务器之间的通信。运行结果服务器端启动服务如图 12.3 所示，客户端启动服务如图 12.4 所示。接着在服务器端输入" I am server. "，客户端显示的结果如图 12.5 所示；最后在客户端输入"I am client."，服务器端显示的结果如图 12.6 所示。如果输入" bye "，将退出。

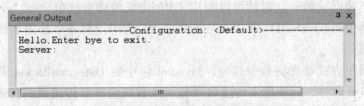

图 12.3　服务器端启动服务示例

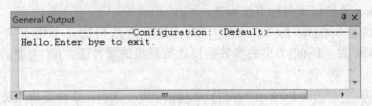

图 12.4　客户端启动服务示例

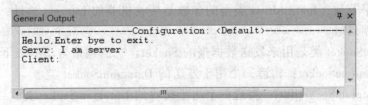

图 12.5　服务器端向客户端通信示例

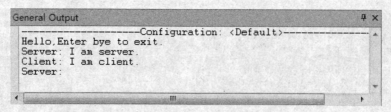

图 12.6　客户端向服务器端通信示例

12.6　数据报通信的应用

12.6.1　数据报概述

数据报（Datagram）是一种尽力而为的传送数据的方式，它只是把数据的目的地记录在数据包中，然后就直接放在网络上，系统不保证数据是否能安全送到，或者什么时候可以送到，也就是说它并不保证传送质量。

数据报是网络层数据单元在介质上传输信息的一种逻辑分组格式。它是一种在网络中传播的、独立的、自身包含地址信息的消息。它能否到达目的地、到达的时间、到达时内容是否会变化不能准确地知道。它的通信双方是不需要建立连接的，对于一些不需要很高质量的应用程序来说，数据报通信是一个非常好的选择。还有就是对实时性要求很高的情况，如在实时音频和视频应用中，数据包的丢失和位置错乱是静态的，是可以被人们所忍受的，但是如果在数据包位置错乱或丢失时要求数据包重传，就是用户所不能忍受的。这时就可以利用 UDP 协议传输数据包。在 Java 的 Java.net 包中有两个类 DatagramSocket 和 DatagramPacket，为应用程序中采用数据报通信方式进行网络通信。

使用数据包方式首先将数据打包，Java.net 包中的 DategramPacket 类用来创建数据包。数据包有两种，一种用来传递数据包，该数据包有要传递到的目的地址；另一种数据包用来接收传递过来的数据包中的数据。要创建接收的数据包，通过 DatagramPacket 类的以下两种方法构造：

（1）public DatagramPacket(byte [],int)：这种方法构造一个用于接受数据报的 DatagramPacket 类。Byte[]类型的参数是接收数据报的缓冲区，int 类型的参数是接收的字节数。

（2）public DatagramPacket(byte [],int,InetAddress,int)：这种方法构造一个用于发送数据的 DatagramPacket 类。Byte[]类型的参数是接收数据报的缓冲区，int 类型的参数是接收的字节数，InetAddress 类型的参数是接收机器的 Internet 地址，最后一个参数是接受的端口号。

DatagramSocket 类是用来发送数据报的 Socket，它的构造方法有以下两种：

（1）DatagramSocket：构造一个用于发送的 DatagramSocket 类。

（2）DatagramSocket(int)：构造一个用于接收的 DatagramSocket 类。

构造完 DatagramSocket 类后，就可以发送和接收数据报了。

12.6.2 发送和接收工作流程

1. 客户端的工作流程

（1）首先要建立数据报通信的 Socket，可以通过创建一个 DatagramSocket 对象来实现它。

（2）创建一个数据报文包，用来实现无连接的包传送服务。每个数据报文包用 DatagramPacket 类来创建。

（3）创建完 DatagramSocket 和 DatagramPacket 对象，就可与发送数据报文包。发送是通过调用 DatagramSocket 对象的 send 方法实现。

（4）创建一个新的 DatagramPacket 对象，用来接收服务器返回的结果。用到的方法是 public DatagramPacket(byte [],int,InetAddress,int)，指明存放接收数据报的缓冲区和长度。调用 DatagramSocket 对象的 receive()方法来完成接收工作。

（5）通信完毕后，调用 DatagramSocket 对象的 close()方法来关闭数据报通信 Socket。

2. 服务器端的工作流程

服务器端的工作流程跟客户端的工作流程非常相似，也要建立数据报通信 DatagramSocket，构建数据报文包 DatagramPacket，接收数据报和发送数据报，处理接收缓冲区内的数据；通信完毕后，关闭数据报通信 Socket。不同的是，服务器端要面向网络中的所有计算机，所有服务器应用程序收到一个包文要分析它，得到数据报的源地址信息，这样才能创建正确的返回结果报文给客户机。

12.6.3 利用数据报通信的客户机/服务器程序

例 12.5 和例 12.6 是用数据报进行通信的实例，客户机和服务器可用同一台机器，但是客户机和服务器处理的信息以及信息的处理方式是不同的。例 12.5 为服务器端的程序，例 12.6 为客户端的程序。再这将一台机既作为客户机，又作为服务器，这台机器的 IP 地址为 222.61.103.64。程序运行后，客户端把数据发送到服务器端，服务器端从客户机接收数据并打印。

【例 12.5】 客户机/服务器环境下使用数据报（Datagram）进行客户机与服务器通信的服务器端程序示例: UDPServerCommunication.java。

```
import java.net.*;
import java.io.*;
public class UDPServerCommunication
{
    static public void main(String args[])
    {
        try
        {
            DatagramSocket receiveSocket = new DatagramSocket(5000);
            byte buf[]=new byte[1000];
            DatagramPacket receivePacket=new DatagramPacket(buf,buf.
                length);
            System.out.println("startinig to receive packet");
```

```
                while (true)
                {
                    receiveSocket.receive(receivePacket);
                    String name=receivePacket.getAddress().toString();
                    System.out.println("\n来自主机: "+name+"\n端口: "+
                        receivePacket.
                    getPort());
                    String s=new String(receivePacket.getData(),0,receivePacket.
                    getLength());
                    System.out.println("the received data: "+s);
                }
            }
            catch (SocketException e)
            {
                e.printStackTrace();
                System.exit(1);
            }
            catch(IOException e)
            {
                System.out.println("网络通信出现错误，问题在"+e.toString());
            }
        }
    }
```

程序注释：先分别实例化了一个 DatagramSocket 对象 receiveSocket 和一个 DatagramPacket 对象 receivePacket，都是通过调用各自的构造函数实现的。为建立服务器做好准备，在 while 这个永久循环中，receiveSocket 这个套接字始终尝试 receive() 方法接收 DatagramPacket 数据包，当接收到数据包后，就调用 DatagramPacket 的一些成员方法显示一些数据包的信息。在程序中调用了 getAddress()获得地址，getPort()方法获得客户端套接字的端口，getData()获得客户端传输的数据。getData( )返回的是字节数组，我们把它转化为字符串显示。

【例 12.6】 客户机/服务器环境下使用数据报（Datagram）进行客户机与服务器通信的客户端程序示例：UDPClientCommunication.java。

```
import java.net.*;
import java.io.*;
public class UDPClientCommunication
{
    public static void main(String args[])
    {
        try
        {
            DatagramSocket sendSocket=new DatagramSocket(3456);
            String str="Send data to server";
            byte[] databyte=new byte[100];
            databyte=str.getBytes();
            DatagramPacket sendPacket=new DatagramPacket
                (databyte,str.length(), InetAddress.getByName("222.
```

```
                    61.103.64 "),5000);
            sendSocket.send(sendPacket);
            System.out.println("send the data: hello ! this is the client");
        }
        catch (SocketException e)
        {
            System.out.println("不能打开数据报 Socket,
                或数据报 Socket 无法与指定端口连接!");
        }
        catch(IOException ioe)
        {
            System.out.println("网络通信出现错误,问题在"+ioe.toString());
        }
    }
}
```

程序注释：用 DatagramSocket 的构造函数实例化一个发送数据的套接字 sendSocket。然后实例化了一个 DatagramPacket，其中数据包要发往的目的地是 123.95.111.215，端口是 5000。当构造完数据包后，就调用 send( )方法将数据包发送出去。

编译通过后，先运行服务器端程序 UDPServerCommunication.class 启动服务，服务器端运行结果如图 12.7 所示，然后运行客户机程序 UDPClientCommunication.class，客户端运行结果如图 12.8 所示，客户端启动运行后服务器端显示结果如图 12.9 所示。

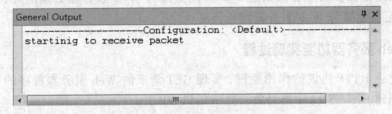

图 12.7　服务器端启动运行结果

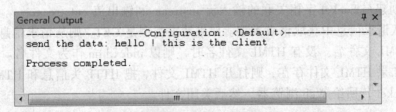

图 12.8　客户端启动运行结果

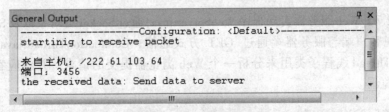

图 12.9　客户端启动运行后服务器端显示结果

12.7 综合应用示例

本实例运用 Java 构建自己的 Web 服务器。

12.7.1 HTTP 协议的作用原理

WWW 是以 Internet 作为传输媒介的一个应用系统，WWW 网上最基本的传输单位是 Web 网页。WWW 的工作基于客户机/服务器计算模型，由 Web 浏览器和 Web 服务器构成，两者之间采用超文本传送协议(HTTP)进行通信。HTTP 协议是基于 TCP/IP 协议之上的协议，是 Web 浏览器和 Web 服务器之间的应用层协议，是通用的、无状态的、面向对象的协议。HTTP 协议的作用原理包括 4 个步骤。

（1）连接（Connect）：Web 浏览器与 Web 服务器建立连接，打开一个称为 Socket 的虚拟文件，此文件的建立标志着连接建立成功。

（2）请示（Request）：Web 浏览器通过 Socket 向 Web 服务器提交请求。HTTP 的请求一般是 GET 或 POST 命令。

（3）应答（Response）：Web 浏览器提交请求后，通过 HTTP 协议传送给 Web 服务器。Web 服务器接到后，进行事务处理，处理结果又通过 HTTP 传回给 Web 浏览器，从而在 Web 浏览器上显示出所请求的页面。

（4）关闭连接。当应答结束后，Web 浏览器与 Web 服务器必须断开，以保证其他 Web 浏览器能够与 Web 服务器建立连接。

12.7.2 Web 服务器功能实现过程

根据上述 HTTP 协议的作用原理，实现 GET 请求的 Web 服务器程序的方法如下：

（1）创建 ServerSocket 类对象，监听端口 8080。

（2）等待、接收客户机连接到端口 8080，得到与客户机连接的 Socket。

（3）创建与 Socket 字相关联的输入流 instream 和输出流 outstream。

（4）从请求信息中获取请求类型。如果请求类型是 GET，则从请求信息中获取所访问的 HTML 文件名。没有 HTML 文件名时，则以 index.htm 作为文件名。

（5）如果 HTML 文件存在，则打开 HTML 文件，把 HTTP 头信息和 HTML 文件内容通过 Socket 传回给 Web 浏览器，然后关闭文件。

12.7.3 Web 服务器实现程序代码

【例 12.7】Web 服务器实现程序 WebServer.java，通过 Socket 类对象以及 ServerSocket 类对象实现客户端与服务器端通过 GET 方式通信；ConnectionThread.java 程序中的 ConnectionThread 线程子类用来分析一个 Web 浏览器提交的请求，并将应答信息传回给 Web 浏览器。

```
import java.io.*;
import java.net.*;
public class WebServer
```

```java
{
    public static void main(String args[])
    {
        int i=1,port=8080;
        ServerSocket server=null;
        Socket client=null;
        try
        {
            server=new ServerSocket(port);
            System.out.println("Web Server is listening on port "+server.
            getLocalPort());
            for(;;)
            {
                client=server.accept();                //接收客户机的连接请求
                new ConnectionThread(client,i).start();
                i++;
            }
        }
        catch(Exception e)
        {
            System.out.println(e);
        }
    }
}

/* ConnectionThread类完成与一个Web浏览器的通信 */
import java.io.*;
import java.net.*;
class ConnectionThread extends Thread
{
    Socket client;                          //连接Web浏览器的Socket字
    int counter;                            //计数器
    public ConnectionThread(Socket c1,int c)
    {
        client=c1;
        counter=c;
    }
    public void run()                       //线程体
    {
    try
    {
        String destIP=client.getInetAddress().toString();
                                            //客户机IP地址
        int destport=client.getPort();      //客户机端口号
        System.out.println("Connection"+counter+":Connected to"+
        destIP+"onport"+destport+".");
        PrintStream outstream=new PrintStream(client.getOutputStream());
        DataInputStream instream=new DataInputStream(client.
                            getInputStream());
```

```java
            String inline=instream.readLine();//读取Web浏览器提交的请求信息
            System.out.println("Received:"+inline);
            if(getrequest(inline))
            { //如果 GET 请求
                String filename=getfilename(inline);
                File file=new File(filename);
                if(file.exists())
                { //若文件存在,则将文件送给 Web 浏览器
                    System.out.println(filename+" requested.");
                    outstream.println("HTTP/1.0 200 OK");
                    outstream.println("MIME_version:1.0");
                    int len=(int)file.length();
                    outstream.println("Content_Length: "+len);
                    outstream.println("");
                    sendfile(outstream,file);  //发送文件
                    outstream.flush();
                }
                else
                { //文件不存在时
                   String notfound="<html><head><title> Not Found</title></head>
                        <body> <h1> Error 404-file not found</h1></body>
                        </html>";
                   outstream.println("HTTP/1.0 404 on found");
                   outstream.println("Content_Type:text/html");
                   outstream.println("Content_Length:"+notfound.length()+2);
                   outstream.println("");
                   outstream.println(notfound);
                   outstream.flush();
                }
            }
            long m1=1;
            while(m1<11100000)
            { m1++;} //延时
            client.close();
         }
         catch(IOException e)
         {
            System.out.println("Exception"+e);
         }
    }
    /*获取请求类型是否为"GET" */
    boolean getrequest(String s)
    {
        if(s.length()>0)
        {
            if (s.substring(0,3).equalsIgnoreCase("GET"))
                return true;
        }
        return false;
```

```
        }
        //获取要访问的文件名
        String getfilename(String s)
        {
            String f=s.substring(s.indexOf(' ')+1);
            f=f.substring(0,f.indexOf(' '));
            try
            {
             if(f.charAt(0)=='/')
                 f=f.substring(1);
            }
            catch (StringIndexOutOfBoundsException e)
            {
                System.out.println("Exception:"+e);
            }
            if(f.equals(""))
                f="index.html";
            return f;
        }
        //把指定文件发送给Web浏览器
        void sendfile(PrintStream outs,File file)
        {
            try
            {
                DataInputStream in=new DataInputStream(new
                              FileInputStream(file));
                int len=(int)file.length();
                byte buf[]=new byte[len];
                in.readFully(buf);
                outs.write(buf,0,len);
                in.close();
            }
            catch(Exception e)
            {
                System.out.println("Error retrieving file.");
                System.exit(1);
            }
        }
    }
```

程序中的 ConnectionThread 线程子类用来分析一个 Web 浏览器提交的请求，并将应答信息传回给 Web 浏览器。其中，getrequest()方法用来检测客户的请求是否为 "GET"；getfilename(s)方法是从客户请求信息 s 中获取要访问的 HTML 文件名；sendfile() 方法把指定文件内容通过 Socket 传回给 Web 浏览器。

对上述程序的 getrequest()方法和相关部分作修改，也能对 POST 请求进行处理。

12.7.4 运行 Java 服务器

为了测试上述程序的正确性，将编译后的 WebServer.class、Connectionthread.class

和下面的 index.html 文件置于网络的某台主机的同一目录中。

index.html 的源代码：

```
<HTML>
<HEAD>
<META HPPT-EQUIV="Content-Type" content="text/html; charset=gb_2312-80">
<TITLE>Java Web 服务器</TITLE>
</HEAD>
<BODY>
<h5>Welcome to my HomePage</h5>
<h5>这是用JAVA写出的Web服务器主页</h5>
2015 年 4 月 28 日
</BODY>
</HTML>
```

在主机上运行 WebServer.class 后，运行结果如图 12.10 所示，表示 Java Web 服务器已经启动。在客户机的浏览器地址栏输入 WebServer 程序所属的 URL 地址，就在浏览器窗口显示出指定的 HTML 文档。如果在单机上进行测试，在浏览器地址栏输入 http://localhost:8080 或 http://127.0.0.1:8080，客户端运行结果图 12.11 所示，表示上面的 Index.html 文件已经运行。此时，Java Web 服务器端显示结果如图 12.12 所示。

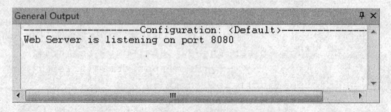

图 12.10 Java Web 服务器启动运行结果

图 12.11 客户端浏览器运行 HTML 文件结果

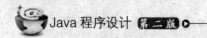

图 12.12 客户端浏览器运行 HTML 文件后 Java Web 服务器显示结果

参 考 文 献

[1] [美]埃克尔. Java 编程思想[M]. 4 版. 北京：机械工业出版社，2007.
[2] [美]霍斯特曼，科内尔. Java 核心技术卷 I 基础知识[M]. 9 版. 北京：机械工业出版社，2014.
[3] [美]霍斯特曼，科内尔. Java 核心技术卷 II 高级特性[M]. 9 版. 北京：机械工业出版社，2014.
[4] 刘文杰，郑玉，刘志昊. Java 7 实用教程[M]. 北京：清华大学出版社，2013.
[5] 于波，齐鑫，唐光义. Java 程序设计与工程实践[M]. 北京：清华大学出版社，2013.
[6] 徐传运，张杨，王森. Java 高级程序设计[M]. 北京：清华大学出版社，2014.
[7] 王爱国，关春喜. Java 面向对象程序设计[M]. 北京：机械工业出版社，2014.
[8] 印旻，王行言. Java 语言与面向对象程序设计[M]. 2 版. 北京：清华大学出版社，2013.
[9] 苑俊英，陈海山. Java 程序设计及应用：增量式项目驱动一体化教程[M]. 北京：电子工业出版社，2013.
[10] 黄岚，王岩，王康平. Java 程序设计[M]. 北京：机械工业出版社，2013.
[11] 张永常，胡局新. Java 程序设计实践教程[M]. 北京：电子工业出版社，2013.
[12] 张跃平. Java 程序设计教学做一体化教程[M]. 北京：清华大学出版社，2012.
[13] 郭振民，生桂勇. Java 程序设计案例教程[M]. 北京：水利水电出版社，2009.
[14] 耿祥义，张跃平. Java 大学实用教程[M]. 3 版. 北京：电子工业出版社，2012.
[15] 杨厚群，陈静. Java 异常处理机制的研究[J]. 计算机科学，2007（3）.
[16] 程杰. Java7 面向对象程序设计教程[M]. 北京：清华大学出版社，2013.
[17] 叶核亚. Java 程序设计实用教程[M]. 4 版. 北京：电子工业出版社，2014.
[18] 董洋溢. Java 程序设计实用教程[M]. 北京：机械工业出版社，2014.
[19] 李广建. Java 程序设计基础与应用[M]. 北京：北京大学出版社，2013.
[20] 陈国君. Java 程序设计基础[M]. 4 版. 北京：清华大学出版社，2013.